改訂第六版

ゼロからはじめる ITパスポートの教科書

滝口直樹

とりい書房

はじめに

情報化が進み，日本の社会人全般に求められるITに関する知識やスキルは，日に日に高度になっています。ほんの数年前までは，ITを使いこなせなくても十分に仕事ができる環境があり，一方ITを使いこなす人はスペシャリストとして扱われていました。しかし，現在では，誰もがITを活用できなければならなくなっています。

そのため，2009年度に「初級システムアドミニストレータ」から置き換わった「ITパスポート」の試験要綱の中では，“職業人が共通に備えておくべき情報技術に関する基礎的な知識をもち，情報技術に携わる業務に就くか，担当業務に対して情報技術を活用していこうとする者”が対象とされています。

前身の「初級システムアドミニストレータ」がユーザー側のITリーダーを目指す人のための資格でしたが，その対象が**社会人全てのひとが対象**に変わった点がポイントであり，これは現代の社会人にとってITの知識は必須であるということを意味しています。

この変化には，**企業活動の中でIT，とりわけ業務システムを活用することが常識になった**背景があります。業務システムはエンジニアのみで開発するものではなく，むしろ**業務に精通したユーザーを中心に開発を進める必要**があります。なぜならば，エンジニアはあくまでITの専門家であって，実際にシステムを使うのは他でもないエンジニア以外の社会人だからです。経営戦略をベースにきめ細やかな配慮に富んだシステムを取り入れて有効活用するには，**業務システムのユーザーもITに精通する必要がある**ということです。

また，近年では，**セキュリティ上のトラブルや事件が後を絶ちません**。実はそれらは，**知識不足による運用上の油断やミス，IT技術に関する理解不足に起因**していることが多く，ユーザーのITリテラシーの向上が大きな課題になっています。この点からもITパスポートを取得すべきという機運は年々高まりつつあります。

本書もお蔭様で好評をいただいており，このたび改訂第六版を出すことができました。第六版では，**2018年シラバス改訂により追加された新キーワードを本文に加えて新しいシラバスに対応できるように**いたしました。

業務に直結したシステムを活用し，安全に運用するための知識を体系的に学べるITパスポートは，今後も評価を高め続けていくことになるはずです。本書が皆様のITパスポート合格への近道として，活用いただければ幸いです。

著　者

本書について

■ テキストの特徴

本書は，情報処理推進機構（以下，IPA）が定めるITパスポートシラバスに則った教科書形式のテキストです。

シラバスの中で触れられているキーワードや内容の詳細な説明を中心に，IPAより提供されているサンプル問題や初級システムアドミニストレータ時代の過去問も収録しています。

試験の出題では，紛らわしいキーワードを含んだ選択肢が多く出題されます。その対策として，関連するキーワードを一緒に覚えておくことは非常に重要なことで，これは問題集だけではなかなか身につきにくい知識です。

本書は，ITやビジネス全般に関わる内容を，できるだけ簡潔にまとめました。また，大切なことを見落としてしまうことがないように，脚注がないスタイルで作成しています。

重要キーワードは赤文字，一覧で整理しておくべきものは表形式と，問題集だけでは理解しにくい用語の意味や違いなどが把握できるので，用語の理解だけでなく，知識の整理にも活用できます。

■ 勉強の進め方

時間が十分にある場合には，あせらずに本書の最初から順に学習を進めることをお勧めします。既に自分には知識があると思っている分野であっても，知識が虫食い状態で紛らわしい別のキーワードとの区別が付いていなかったり，試験で自分の考えている範囲以上の知識を問われたりする可能性があるからです。

時間があまりない場合や，問題集を中心とした学習の補足資料として活用する場合は，巻末の索引を元に，意味の確認などをするだけでなく，是非その前後数ページと，章末の「キーワードマップ」を確認してください。これにより，理解できていないキーワードを“1語”だけ理解するのではなく，苦手な“範囲”の対策として学習することができます。そうすることではじめて，試験で紛らわしい選択肢が出てきたときに対応できるようになると考えてください。

■ 収録した問題について

本書にはIPAが提供しているサンプル問題を中心に解説付きで収録しました。これらの問題については，後回しにせずに出てきたそのときに解くようにしましょう。直前に勉強した内容が出題されているので，簡単に解けてしまうと思いますが，この「一度問題を解く」という行為によって，内容がきちんと記憶として残るようになります。問題は，各項の最後にも用意してありますので，もったいないと思わずに解くようにしましょう。

また，各項の最後に5問前後の問題が用意してあります。これらは基本的に，ITパスポート試験の過去問題を中心に抜粋して出題してあります。問題は章ではなく項単位で用意しましたので，やりがいのある問題数となっています。

なお，ITパスポートの公開問題はIPAのサイトに掲載されています。ぜひ入手して活用しましょう。

■「ポイント」「プラスα」「コラム」

本書では，ポイント，プラスα，コラムといった項目が設けてあります。

特に重要な内容は「ポイント」，理解を深めるために知っておくとよい内容が「プラスα」，コーヒーブレイクとしての「コラム」となっていますが，もちろん「ポイント」と「プラスα」は飛ばさずに勉強してください。

「ポイント」では，試験で頻出の内容や，実際に出た問題形式を用いた解説などをしています。試験直前に総復習をする際に，最優先すべき内容という位置づけなので，付箋などを利用しつつ，何度も確認するようにしてください。「プラスα」には，紛らわしい用語の区別のヒントや時間に余裕があったら是非覚えてほしい内容が書かれています。

■ キーワードマップ

本書の最大の特徴が各章の最後に設けたキーワードマップです。一見するとキーワードがただ並んでいるだけに見えますが，利用目的次第で様々な活用が可能になっています。

(1) キーワードのつながりの整理に利用する

同じ項にどのような関連するキーワードがあるかひと目で分かるので，まとめて整理して覚えることができます。

(2) キーワードについて自分が説明できるかを確かめるトレーニング

キーワードのみが掲載されているため，1問1答的に自分で意味を答えられるかトレーニングすることができます。

(3) 試験直前の知識の呼び起こし

試験直前ざっと目を通すことで，勉強した知識を思い出して活性化させることができます。

目次

ストラテジ系

第1章 企業と法務

第2章 経営戦略

第3章 システム戦略

マネジメント系

第4章 開発技術

第5章 プロジェクトマネジメント

第6章 サービスマネジメント

テクノロジ系

第7章 基礎理論

第8章 コンピュータシステム

第9章 技術要素

受験案内

受験日時

CBT方式による随時試験。試験時間は120分です。

※特別措置対象者のみ毎年4月第3週，10月第3週の日曜日に筆記形式で受験できます。

申込方法と受験料

受験日の3ヵ月前から，前日まで申込み可能。インターネットから申し込みます。詳しくは，IPA（情報処理推進機構）のホームページ（www.ipa.go.jp）をご覧ください。

受験費用は，5,700円（消費税込み）で，支払方法はクレジットカードによる1回払い，バウチャー，またはコンビニエンスストア払込みが利用できます。

試験会場と試験日を選び，空席があれば申込みできます。

出題範囲

出題分野は，ストラテジ系，マネジメント系，テクノロジ系の3分野に分かれています。

100問（四肢択一）です。

※2016年3月5日以降は中問が廃止されました。

- ストラテジ系（経営全般・35問程度）
  企業の仕組みや法務，契約など，ITのみならずビジネス全般に関する広い知識が問われます。また，OR・IEなどのように経営戦略や経営管理手法といった企業活動の目標設定と実現のためのIT活用の考え方についても広く問われます。
- マネジメント系（IT管理・20問程度）
  システム開発のプロセスを中心に，マネジメントの考え方や手法について問われます。ユーザー側としてシステム開発に参加する上で必要な基本的な知識が必要です。
- テクノロジ系（IT技術・45問程度）
  基礎理論と呼ばれるコンピュータの内部処理に関する知識やコンピュータのハードウェアに関する知識，マルチメディアやデータベース，ネットワーク，セキュリティといったIT活用を支える技術など，非常に広い出題範囲になります。

合格基準

次の①，②の両方を満たす場合に合格です。

① 出題3分野（ストラテジ系／マネジメント系／テクノロジ系）ごとの得点がそれぞれ30%以上であること。（分野別評価点が300点／1000点 以上）

② 3分野の合計得点が600点／1000点以上であること。

ストラテジ系

第1章

企業と法務

1. 企業活動

2. 法務

1-1 企業活動

□ 1-1-1　経営・組織論

企業が活動するにあたって，どのような考え方やルールがあるのでしょうか？
ここでは，経済活動の中心である企業のしくみや経営管理について学びます。

1. 企業活動と経営資源

企業活動

私たちが暮らす社会では，至る所で企業活動が行われています。企業は，商品を提供し対価を得るだけでなく，企業理念に基づいた様々な活動をしています。

企業の目的

・商品・サービスを社会に提供し収益を追求する
・従業員に給料を支払う
・株主などの出資者に配当を支払う
・国や地方公共団体に税金を収める
・ステークホルダー（利害関係者）に対し社会的責任（CSR）を負う

CSR（Corporate Social Responsibility：企業の社会的責任）

決算などの情報公開，環境対策，公正取引など，ステークホルダー（消費者，投資家，社会全体など）に対して，企業活動が与える影響への責任。
従業員の**ワークライフバランス**（仕事と生活の調和）を考慮し，従業員が力を発揮し健康的な生活が送れる様に**メンタルヘルス**に取り組むことも求められています。

コーポレートブランド

企業の社会的イメージを表す言葉で，イメージを高めることで，業績の向上につなげます。省エネルギーなIT機器の活用やリサイクルなど**グリーンIT**への取り組みはコーポレートブランド向上につながります。

経営資源

企業活動に欠かせない要素を総称して**経営資源**と呼びます。企業は，経営資源のバランスを取りながら経営を進める必要があります。

4つの経営資源

・ヒト（経営者や従業員などの人的資源）・モノ（材料や工場・機械などの物的資源）
・カネ（資金などの財務資源）・情報（経営情報や顧客情報などの情報資源）

2. 経営管理

経営管理とは，企業が経営目標を達成するために，財務，資産，人事，情報などを管理することです。

PDCAサイクル

Plan（計画），Do（実行），Check（評価），Act（改善）を繰り返し，業務改善をする手法です。仕事の基本的な考え方として多くの業務で応用されています。

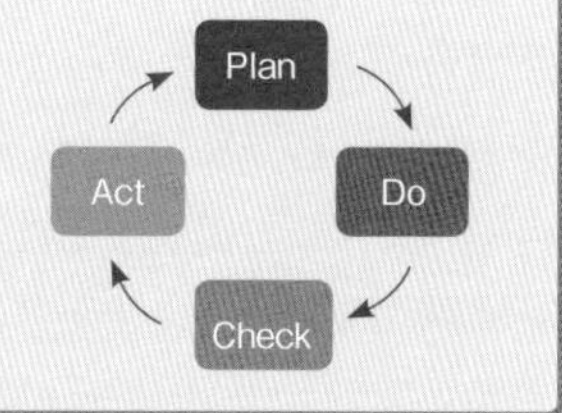

HRM（Human Resource Management：人的資源管理）

HRMは，企業活動の中で，人材を資源として捉えて有効活用するための取り組みにあたり，労働者のニーズへの対応や報酬の調整，労使関係の安定化，適切な能力開発などを行うことで最適な人材管理を実現することを指します。

MBO（Management by objectives：目標による管理）

社員自らが個別に目標を設定し，達成を目指す目標管理制度で，各年度末にその達成度を評価します。

タレントマネジメント

企業の人材活用の取り組みのひとつで，従業員の持つ特性・能力を活かす適材適所の人事配置や採用，リーダーの育成，評価・報酬などを最適化するものです。

ダイバーシティ

元々は多様性を意味する言葉で，企業活動においては性別や国籍，専門性など従業員の持つ多様性を活用して競争優位につなげる取り組みのことを指します。

HRテック(HR Tech)

AIやクラウドサービスの活用など，テクノロジーを利用することで人的資源活用の効率化や質の向上を図るサービスです。

リスクアセスメント

リスクアセスメントは，企業が抱えるリスクの特定や見積もりを行い，その中で優先度や対応策を決定する手順を指します。優先度は，リスクが発生する確率と発生した際の影響(被害)の大きさ，対応した際にかかるコストなどを元に決定します。

このリスクアセスメントに実際の対応の実施や管理を加えたものが**リスクマネジメント**(9-5-2参照)になります。

BC(Business Continuity：事業継続性)

災害や事故など予期せぬ事態が発生した際に，残された経営資源を元に，事業を継続または再開することを指します。

BCP(Business Continuity Plan:事業継続計画)

BC(事業継続性)を実現するための計画を指します。災害や事故などが発生した際に，最低限の事業活動を継続，または目標時間内での再開ができるようにするために，事前に策定される企業の行動計画のことです。

BCM(Business Continuity Management:事業継続管理)

BCP(事業継続計画)の策定・導入，運用，フィードバック，修正などBC(事業継続性)の実現・体制の確保のためのマネジメントのことです。リスク把握のための分析から従業員への教育訓練まで幅広い活動となります。

3. 経営組織

経営資源である人の集合体を経営組織といい，企業の規模や内容によって構成されます。

主な経営組織

説明	図
階層型組織 社長の下に部長，その下に課長・係長・一般社員といったようなピラミッド型の組織です。 原則として，上位職の命令に下位職が従います。	社長 部長 部長 課長 課長 課長 課長
職能別組織 営業・経理・人事など，職能に応じて分けられている組織です。 専門性を持った仕事を行うことができます。	社長 営業 総務 経理 広告

<table>
<tr><td>マトリックス組織
職能別や地域別など，複数の組織形態で細かく分ける組織を指します。マトリックスとは「マス目状の」という意味です。</td><td></td></tr>
<tr><td>事業部制組織
企業が進める事業ごとに独立性を持ち，権限を与えられた組織。事業単位の経営判断が可能になります。</td><td>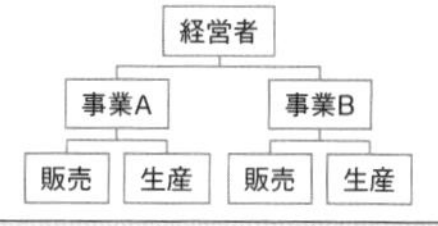</td></tr>
<tr><td>カンパニ制組織
事業部制よりもさらに独立性の高い組織。人事などスタッフ部門の権限も与えられ，あたかも別の企業のような企業活動を行うことができます。</td><td>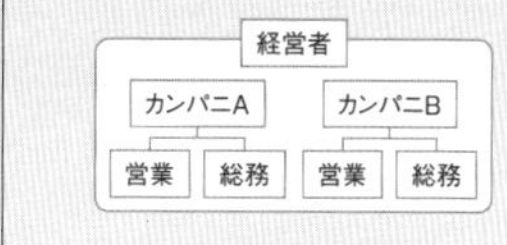</td></tr>
<tr><td>プロジェクト組織
プロジェクトの期間限定の組織。プロジェクト目標達成に必要な人材を様々な部署から選抜して構成します。</td><td>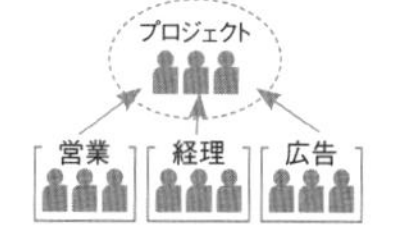</td></tr>
</table>

ライン部門とスタッフ部門

一般的に，企業の目的を遂行する部署を**ライン部門**（購買・製造・営業など），ライン部門を支援する部署を**スタッフ部門**（総務・経理・人事など）と区別します。

最近では国内においても欧米にならった役職名を使う企業があります。
他の略称と混乱しないように，これらも覚えておきましょう。
CEO（Chief Executive Officer：最高経営責任者）
COO（Chief Operating Officer：最高執行責任者）
CIO（Chief Information Officer：最高情報責任者）

持株会社

グループ企業全体の経営判断の中心となる会社でグループ配下の企業の株式を持ちます。株式のみを保持し，株式の配当で成り立つ純粋持ち株会社と自らも事業を展開する事業持ち株会社に分類されます。

4. 人材育成

教育・研修制度

企業では様々な教育・研修が行われます。教育手法として有名なものは次の通りです。

OJT（On-the-Job Training）

実際に仕事をしながら，上司や先輩社員から仕事を学ぶ，非常に実践的な教育手法です。

Off-JT (Off the Job Training)

外部講師による集合研修や技術訓練への参加，大学への留学などのトレーニングを指します。社外で学ぶことで，一般化された技能や知識について学ぶことが主な目的です。

ロールプレイング

役割(ロール)を演じる(プレイ)ことでコツや問題点に気付かせる手法です。

コーチング

教育担当者が対象者との対話によって目標達成につなげる手法です。質問を投げかけることで，従業員の自発的な行動を促します。

メンタリング

教育担当者が対象者との対話によって自らの経験などを伝えることで足りない知識や意識を植え付け，従業員の自立につなげる手法です。コーチングの前段階の教育に位置づけられることが多く，まだコーチングで具体的な解決法を導き出せない社員に効果的な教育手法になります。

CDP (Career Development Program:経歴開発計画)

従業員の考え方や視野を広げるために，ひとつの職種ではなく，多くの職種を経験させる能力開発を進めます。長期的に従業員を育成していく点が特徴です。

アダプティブラーニング

従業員ひとりひとりの能力に合わせた教育研修を提供することです。

コンピュータリテラシ

コンピュータを使いこなす能力を**コンピュータリテラシ**といいます。企業や社会全般のIT化が進んだことで，社会人のコンピュータリテラシが重要視されています。

主なコンピュータリテラシ

- コンピュータの基本的なしくみと特徴の理解
- コンピュータの適切な活用シーンについての理解
- キーボード・マウスなどの扱い方
- ワープロソフトや表計算ソフトなどの基本的な操作方法
- インターネットの利用方法

最近では，コンピュータリテラシ評価基準や社内研修のガイドラインとして，経済産業省が定めた**ITSS**(IT skill standard:ITスキル標準)を活用する企業が増えています。また，ITパスポートをはじめとする情報系の資格もコンピュータリテラシの証明として活用されています。

✎サンプル問題

問1　システム開発などを行うために，必要な技術や経験の保有者を各部署から選抜して適宜構成する組織はどれか。

ア　事業部制組織　　イ　職能別組織　　ウ　プロジェクト組織　　エ　マトリックス組織

(ITパスポートシラバス　サンプル問題1)

問1　解答：ウ
企業の組織体系に関する問題です。
問題文中にある“適宜”には，“臨機応変に”という意味がありますので，必要があるときにメンバーを選抜する組織のことを指しています。
ア　事業部制組織は，事業ごとにある程度の権限を持った形で構成されている組織です。
イ　職能別組織は，従業員の技能ごとに分けられた継続的な組織です。
ウ　正解です。プロジェクト組織は，目標に向け選抜した期間限定の組織です。
エ　マトリックス組織は，従業員が商品や地域，職能などで分けられた複数の組織に所属する組織形態です。

問2　企業が，異質，多様な人材の能力，経験，価値観を受け入れることによって，組織全体の活性化，価値創造力の向上を図るマネジメント手法はどれか。

ア　カスタマーリレーションシップマネジメント
イ　ダイバーシティマネジメント
ウ　ナレッジマネジメント
エ　バリューチェーンマネジメント

(ITパスポート試験　平成29年春期　問25)

問2　解答：イ
ダイバーシティは，元々は多様性を意味する言葉で，企業活動においては性別や国籍，専門性など従業員の持つ多様性を活用して競争優位につなげる取り組みのことを指します。
ア　顧客との関係性を適切に保ち，企業活動に活かします。
ウ　従業員の知識やノウハウを社内で共有します。
エ　商品の価値を価値の連鎖と捉えて，それぞれの担当部門で価値の向上に取り組みます。

□ 1-1-2　OR・IE

企業が目標を達成するために欠かせないのが業務分析です。ここでは，業務の把握，業務分析と業務計画，意思決定，問題解決手法の4段階に分けて勉強します。

1. 業務の把握

企業において，業務は各担当が把握しているだけはなく，上位者である上司も把握する必要があります。また，同様に上位者が業務に関して指導を行う場合にも，業務を把握しておくことが必須になります。

業務の把握では，業務フローなど業務のビジュアル化を行うことが重要です。

2. 業務分析と業務計画

業務分析をし，意思決定に至るまでの手法には，主にORとIEがあります。

また，業務分析や業務計画には，それぞれの目的に応じた図式を用います。

OR(Operations Research：オペレーションズ・リサーチ)

ORは，現在，多くの企業で取り入れられている，合理的かつ科学的な分析手法です。

日程を把握・計画するためのPERT，サービス提供を待っている人の行列の効率的な処理を考える待ち行列，制約条件を満たしつつ目的の最大化または最小化を計算する線形計画法などがこれに含まれます。

IE(Industrial Engineering：経営工学・生産工学)

IEは，企業などがヒト・モノ・カネ・情報などの資源を効果的・効率的に運用できるように様々な環境，工程，制度などを再編成し適用する体系技術のことです。

業務分析・業務計画で利用する図式

円グラフ 項目ごとのデータを扇形で表し，すべてを合わせると円(100%)になるグラフです。全体に占める項目ごとの比率の把握に用いられます。	
棒グラフ ある特定の時点での項目の値の大きさを，棒の長さで表現するグラフです。項目ごとの値の比較に頻繁に用いられます。	

パレート図 棒グラフを値が大きい順に並べ替え，その累積構成比（%）を折れ線グラフで表現したグラフです。 全体の項目の中で，それぞれの項目の占める割合が明確になり，優先度把握に役立ちます。累積構成比で区切るABC分析にも活用されます。	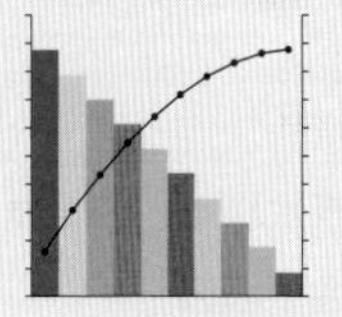
ヒストグラム 階級で区切った値を棒グラフ化したものです。階級で区切るため棒の間に空白がないのが特徴で，階級ごとの値の比較に用いられます。	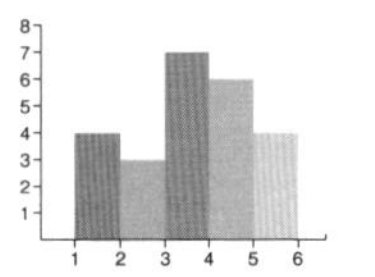
折れ線グラフ 時系列で変化するデータを点で表し，それを直線で結んだグラフです。データの推移や変化を読みとることができます。	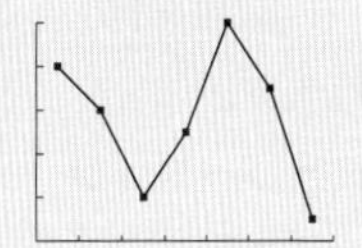
管理図 値を折れ線グラフで表し，2本の管理限界線（上限限界（UCL），下限限界（LCL））がある図です。 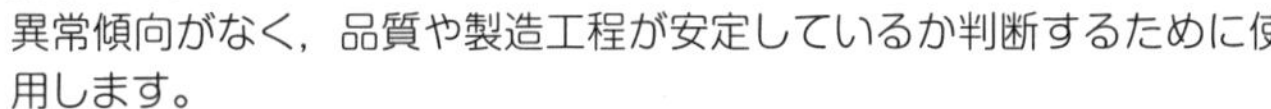異常傾向がなく，品質や製造工程が安定しているか判断するために使用します。	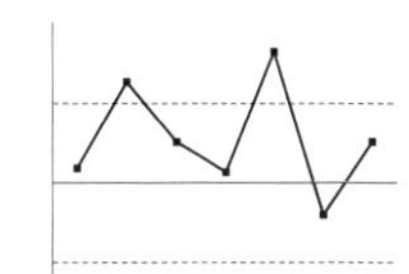
散布図 2項目の関係を点で表したもの。縦軸と横軸で異なる項目をとります。項目間に相関関係があるかを把握するときに役立ちます。	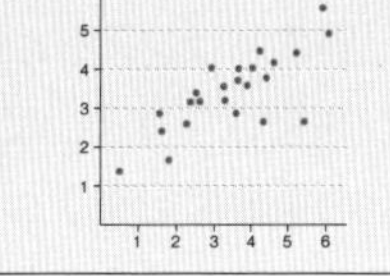
回帰分析 2つ以上項目間の関係を分析した上で，そこから把握したい値を予測します。予測する値を従属変数，予測の元になる値を独立変数と呼びます。	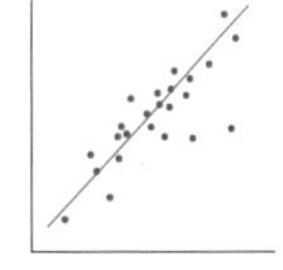
レーダーチャート 複数の項目を多角形上に表し，隣同士の値を線で結んだものです。全体のバランスや特徴の把握，項目間の比較に役立ちます。	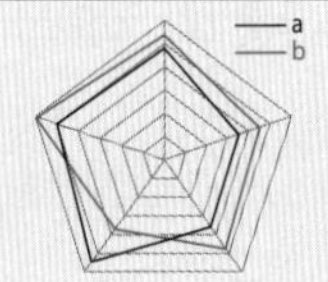
PERT（パート）（アローダイアグラム） 作業工程の流れを図式化したものです。矢印で作業（アクティビティ），丸印でイベント（ノード）を表します。作業にかかる時間の把握や工程管理に利用されます。	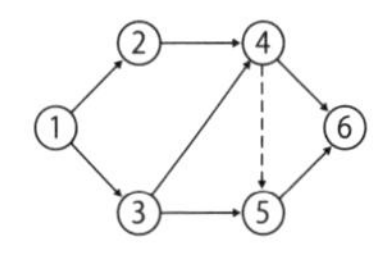

3. 意思決定

意思決定とは，複数の案から答えを決めることです。分析同様に図式化をはじめ，便利な手法が多くの企業で利用されています。

特性要因図

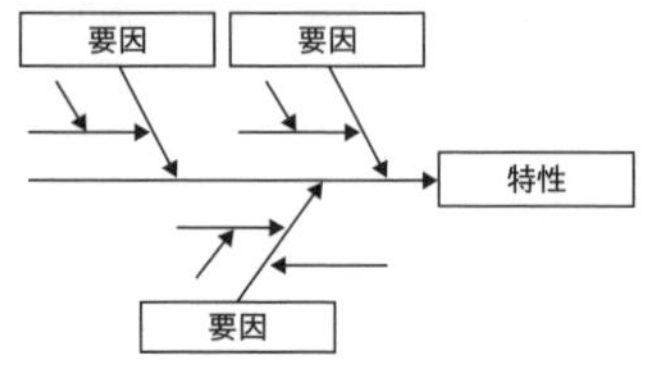

特性（課題や結果）の要因の関係を整理するために利用される図式です。整理した図が魚の骨のように見えるので，**フィッシュボーンチャート**とも呼ばれます。

通常は，右端に書いた特性に向かって水平の矢印（背骨）を書き，その上下から斜めに要因を矢印で書きます，要因の要因はさらに分岐して描かれます。

シミュレーション

シミュレーションという言葉には色々な意味がありますが，ここでは経営の意思決定の手助けとなる業務のモデル化を指します。環境や季節などによるニーズの変化を読み取り，企業側が取るべき対応の決定に役立てます。

在庫管理

文字通り，商品や原材料の在庫を管理する手法です。在庫を抱えることはコストが伴いますので，いかに不足なく最小限の在庫を保持できるかが重要です。在庫コストとサービス品質のバランスをとることに役立ちます。

在庫管理をする上で非常に役立つのが**ABC管理**という手法です。この手法は，自社の商品の重要度を売上などから三段階（ABC）に分類する**ABC分析**（重点分析）を元に，在庫の管理方法を変えて在庫管理の効率化を図ります。

主な**発注方式**に，在庫残が基準（発注点）に達した時点で発注する**定量発注方式**と，予測の元に定期的に発注を行う**定期発注方式**があります。

与信管理

与信とは，商取引において取引相手に信用を供与することであり，与信管理は，債権が回収できないリスクをできる限り防ぐリスク管理のことです。

取引先の経営状態に応じて，取引可否や取引の規模を考え，債権（未回収分の売上金）の大小をコントロールすることなどがこれに当たります。

4. 問題解決手法

業務把握や意思決定を通じて生じた様々な問題を解決する手法が存在します。

ブレーンストーミング（ブレスト）

少人数のグループで，問題の解決に向けてのアイデアを自由に出し合う手法です。発想の誘発を促す手法として活用されています。実施には次のルールがあります。

1. 批判厳禁（批評・批判は行わない）
2. 自由奔放（乱暴・雑なアイデアも歓迎）
3. 質より量（アイデアの量を求める）
4. 便乗歓迎（他人のアイデアの発展，組み合わせなども歓迎）

KJ法

情報をカードに記述してグループごとにまとめ，図式や文書にまとめる手法です。

デシジョンツリー（決定木）

考えうる選択肢を連ねることで意思決定の過程を可視化します。それぞれの選択肢の期待値を比較検討することで，意思決定を助けます。

親和図法

既存の知識では整理できない情報やアイデアなどを，そのキーワードの類似性や関係性によって整理し図式化します。

プラス α

ここまで紹介したいくつかの手法は，**QC（品質管理）**の分野でも利用されます。QCで特に重要な手法をまとめて以下のように呼びます。

QC7つ道具

グラフ，パレート図，ヒストグラム，管理図，散布図，特性要因図，チェックシート

新QC7つ道具

親和図法，連関図法，系統図法，マトリックス図法，PDPC，アローダイアグラム図法，マトリックスデータ解析法

✎サンプル問題

あるプロジェクト計画の作業リストを示す。これをアローダイアグラムで表したものはどれか。

〔作業リスト〕

作業	先行作業
A	なし
B	なし
C	A
D	A, B

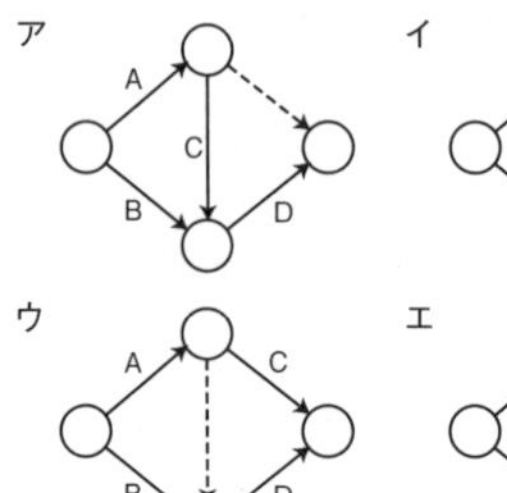

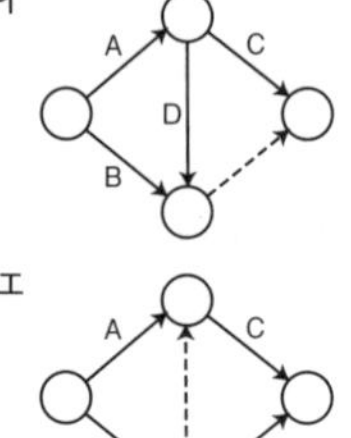

（ITパスポートシラバス　サンプル問題　問2）

解答：ウ

アローダイアグラム（PERT）では，作業を矢印で表します。先行作業とは，その作業を始めるにあたり事前に完了していなければならない作業です。

なお，直接つながりのないみなし先行作業は，破線の矢印で表します。

ア　作業Dの先行作業が作業Bと作業Cとなっているため誤りです。

イ　作業Dの先行作業が作業Aとなっているため誤りです。

ウ　正解です。破線矢印の出発点が作業Aが完了するノードになっています。

エ　作業Cの先行作業が作業Aと作業Bとなっているため誤りです。

COLUMN

企業の業務に関する問題は，社会人にとっては常識的な内容かもしれません。一方，学生の方など企業に属していない人にとっては，なかなか面倒な内容のようです。

この範囲は，本試験の中問形式の問題を理解する上で大前提となる知識にもなるので，理解できていないと思いのほか大きなダメージになりますよ。

□ 1-1-3　会計・財務

企業活動の大命題である経済活動には，会計や財務といった金銭に関する情報の取り扱いが必須です。ここでは，会計と財務に関する基礎的な内容を学習します。

1. 会計と財務

会計とは，財産（金銭・物品など）の変動や損益の発生を貨幣単位で記録し，経営状況を管理する手法です。一方，財務とは，資金(現金・有価証券等)の管理手法を指します。

売上と利益の関係

商品やサービスに対し支払われる対価を**売上**と呼びます。商品の価格には，商品提供に至るまでに必要な**費用**と企業の発展などに活用するために上乗せされる**利益**が含まれます。商品の直接的な費用のことを**商品原価**とも呼びます。

売上	商品・サービス提供の対価として得る金額。	
費用	商品・サービスの提供までに必要な金額。費用＝変動費＋固定費	
	変動費	販売量や生産量によって変化する費用（材料・配送など）。 変動費＝商品１つ当たりの変動費×生産量
	固定費	販売量に関係なくかかる費用（機械・土地など）。 固定費＝一定（商品の生産数に関係ない）
利益	売上から費用を引いた残りの金額。利益＝売上－費用	
	売上総利益 （粗利益）	商品提供のみで得た利益。 売上総利益＝商品売上－商品原価
	営業利益 （事業利益）	企業の本業での利益。 営業利益＝売上総利益－販売費及び一般管理費
	経常利益	営業利益に営業外収支（利息など）を加えた利益。 経常利益＝営業利益＋営業外収益－営業外費用
	純利益 （最終利益）	経常利益に特別収支（固定資産売却など）を加えた利益。 純利益＝経常利益＋特別利益－特別損失

損益分岐点

損失が出るか利益が出るかの分かれ目となる売上高や数量のことを損益分岐点といいます。

固定費を含めた総費用＝売上になる点が損益分岐点です。

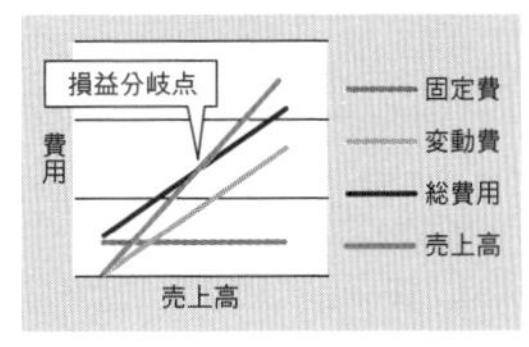

損益分岐点の計算

試験では，損益分岐点の意味だけでなく，実際に計算をして損益分岐点を求める出題が予想されます。
損益分岐点の計算式は次の通りです。
損益分岐点＝ 固定費／(1－(変動費／売上高))
仮に，固定費が100万円，変動費が800万円，売上高が1000万円だったときの損益分岐点は，
100／(1－(800／1000))＝100／(1－0.8)＝100／0.2＝500(万円)
よって，500万円が損益分岐点となります。
なお，売上総利益は，1000－(100＋800)＝100(万円)になります。

財務諸表の種類と役割

財務諸表とは，企業の財務状態を説明するための表です。株主等への説明資料としては，主に損益計算書，貸借対照表，キャッシュフロー計算書を利用します。

決　算

企業などが1年間(会計年度)の収益と費用を計算し，その情報を**決算書**にまとめて，財産状況を明らかにすることです。企業が投資者や債権者などのステークホルダに情報公開することを**ディスクロージャ**とも呼びます。

損益計算書(P/L:Profit and Loss Statement)

企業の一定期間の損益を表すのが損益計算書です。企業の経営状況を把握するためによく使われます。期間ごとの企業の収益変化を見るときにも便利です。

損益計算書では，売上高，売上原価，利益から税金などを差し引いた最終的な**当期純利益**まで一覧で表します。

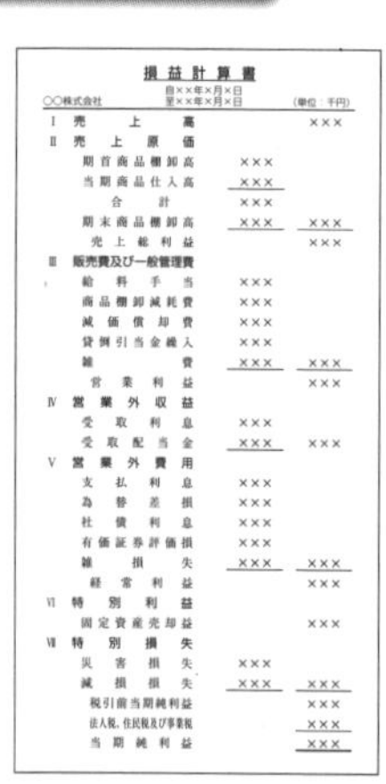

損益計算書

○○株式会社　自××年×月×日 至××年×月×日　(単位：千円)

Ⅰ	売上高		×××
Ⅱ	売上原価		
	期首商品棚卸高	×××	
	当期商品仕入高	×××	
	合計	×××	
	期末商品棚卸高	×××	×××
	売上総利益		×××
Ⅲ	販売費及び一般管理費		
	給料手当	×××	
	商品棚卸減耗費	×××	
	減価償却費	×××	
	貸倒引当金繰入	×××	
	雑費	×××	×××
	営業利益		×××
Ⅳ	営業外収益		
	受取利息	×××	
	受取配当金	×××	×××
Ⅴ	営業外費用		
	支払利息	×××	
	為替差損	×××	
	社債利息	×××	
	有価証券評価損	×××	
	雑損失	×××	×××
	経常利益		×××
Ⅵ	特別利益		
	固定資産売却益		×××
Ⅶ	特別損失		
	災害損失	×××	
	減損損失	×××	×××
	税引前当期純利益		×××
	法人税，住民税及び事業税		×××
	当期純利益		×××

貸借対照表(B/S:Balance Sheet)

特定の時点の企業の資産，負債，純資産をまとめ，企業の財政状態の把握に役立つものが貸借対照表です。資産は，負債と純資産の合計に等しくなります。

- **資産**　**流動資産**

  1年以内に現金化・費用化ができる資産のことです。会社の通常の営業取引の過程で生じた資産(現金預金，受取手形，売掛金，棚卸資産，前払費用など)は，流動資産に分類されます。

固定資産

1年以上継続的に保有される資産のことです。形のある土地，建物，機械，備品などを有形固定資産（有形資産），形を有しない著作権，特許権，意匠権などは無形固定資産（無形資産）と分類します。また，すぐに現金化しない長期貸付金などは投資その他の資産として，固定資産に含めます。

貸借対照表

○○株式会社　××年×月×日現在　（単位：千円）

＜資産の部＞	
Ⅰ 流動資産	
流動資産合計	×××
Ⅱ 固定資産	
1 有形固定資産	
有形固定資産合計	×××
2 無形固定資産	
無形固定資産合計	×××
3 投資その他の資産	
投資その他の資産合計	×××
固定資産合計	×××
Ⅲ 繰延資産	
繰延資産合計	×××
資産合計	××××

＜負債の部＞	
Ⅰ 流動負債	
流動負債合計	×××
Ⅱ 固定負債	
固定負債合計	×××
負債合計	×××
＜純資産の部＞	
Ⅰ 株主資本	
1 資本金	×××
2 資本剰余金	
(1) 資本準備金	×××
(2) その他資本剰余金	×××
資本剰余金合計	×××
3 利益剰余金	
(1) 利益準備金	×××
(2) その他利益剰余金	
○○積立金	×××
繰越利益剰余金	×××
利益剰余金合計	×××
4 自己株式	△×××
株主資本合計	×××
Ⅱ 評価・換算差額等	
1 その他有価証券評価差額金	×××
評価・換算差額等合計	×××
Ⅲ 新株予約権	×××
純資産合計	×××
負債・純資産合計	×××

繰延資産

営業年度だけの費用とせずに，資産として計上することで複数年にわたって分割して償却する特別な資産のことです。創立費，開業費，開発費，株式交付費，社債発行費の5つだけが認められています。

● 負債　流動負債

企業の本業である営業取引によって発生した買掛金などの負債のことです。また，短期（1年以内）に返済する借入金や未払い金などを指します。

借入金などについては一年基準で判定し，流動負債に含めるか判断します。

固定負債

企業の本業である営業取引以外で発生する負債のうち，返済期日が貸借対照表日の翌日から起算して1年以内に到来しない負債のことです。流動負債と同様に，一年基準で判定し，流動負債に含めるか判断します。

● 純資産　株主資本（資本金，資本剰余金，利益剰余金，自己株式）など

キャッシュフロー計算書（C/S：Cash Flow Statement）

キャッシュフロー計算書は，会計期間におけるキャッシュフロー（収入と支出）を営業活動，投資活動，財務活動ごとに分けてまとめたものです。

実際の損益と現金収支は，必ずしも一致しませんので，企業の財務状況の健全性に確証を得るには，損益計算書だけではなく，キャッシュフロー計算書も重要になります。

キャッシュ・フロー計算書

自　平成01年4月 1日
至　平成02年3月31日　（単位：円）

Ⅰ 営業活動によるキャッシュ・フロー	
税引前当期純利益	40,000
減価償却費	700
貸倒引当金の増加額	40
賞与引当金の増加額	100
受取利息及び配当金	−549
為替差益	−320
投資有価証券売却損	150
売上債権の増加額	−2,000
前払金の減少額	290
棚卸資産の増加額	−1,200
前払費用の増加額	−70
仕入債務の減少額	−4,080
前受金の増加額	510
小計	33,571
利息及び配当金の受取額	544
法人税等の支払額	−18,000
営業活動によるキャッシュ・フロー	16,115
Ⅱ 投資活動によるキャッシュ・フロー	
投資有価証券の売却による収入	150
投資活動によるキャッシュ・フロー	150
Ⅲ 財務活動によるキャッシュ・フロー	
配当金の支払額	−2,000
財務活動によるキャッシュ・フロー	−2,000
Ⅳ 現金及び現金同等物に係る換算差額	20
Ⅴ 現金及び現金同等物の増加額	14,285
Ⅵ 現金及び現金同等物の期首残高	27,850
Ⅶ 現金及び現金同等物の期末残高	42,135

財務状態の指標

流動比率

短期的な支払能力がどれくらいあるのかを示す指標で，企業の支払い能力の評価に利用されます。流動比率は，次の式で求められます。

流動比率(%) = 流動資産 ÷ 流動負債　× 100

流動比率が高いほど，資金繰りが楽に行えるとされます。

ROI(収益性投資利益率)：Return On Investment

投資回収率とも呼ばれ，企業が投資に見合った利益を生んでいるかどうかを判断するための指標です。企業の事業や資産，設備の収益性を測る指標として利用されています。
ROIは次の式で求められます。

ROI(%) = 利益 ÷ 投資額　× 100

システムなどのIT投資に対する評価をする上でも利用されます。

✎サンプル問題

損益計算書中のaに入るものはどれか。ここで，網掛けの部分は表示していない。

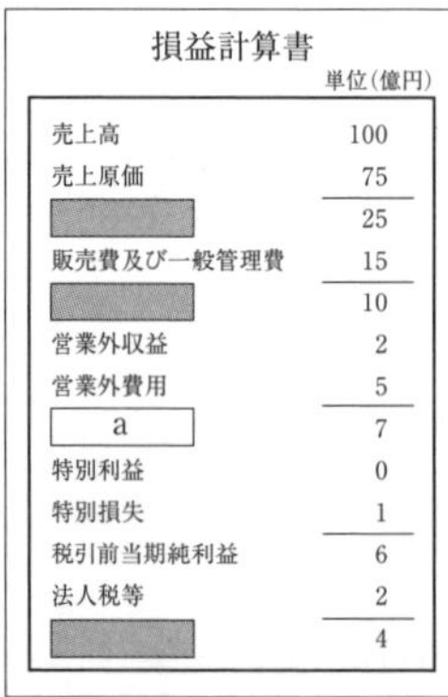

損益計算書

単位(億円)

売上高	100
売上原価	75
	25
販売費及び一般管理費	15
	10
営業外収益	2
営業外費用	5
a	7
特別利益	0
特別損失	1
税引前当期純利益	6
法人税等	2
	4

ア　売上総利益
イ　営業利益
ウ　経常利益
エ　当期純利益

(ITパスポートシラバス　サンプル問題　問3)

解答：ウ
損益計算書は，一定期間の企業の損益を表した財務諸表のうちの１つです。
上から1つ目の網掛けは，売上高－売上原価＝売上総利益(ア)です。
2つ目の網掛けは，売上総利益－販売費及び一般管理費＝営業利益(イ)です。
3つ目の網掛け(a)は，営業利益＋営業外収益－営業外費用＝経常利益(ウ)です。
4つ目の網掛けは，税引前当期純利益－法人税等＝当期純利益(エ)です。

練習問題

問1

自動車製造販売を行っているA社は，販売台数に応じて植樹活動を行っている。このように，企業が環境活動を行う概念として，適切なものはどれか。

ア　CEO　　イ　CSS　　ウ　CSR　　エ　OJT

（オリジナル）

問2

情報システム部門に所属するAさんは，上司の指示で社内システムに関する質問件数の取りまとめをすることになった。質問内容を分類した上で優先順位をもって対応するための資料を作成するときに利用する図表として適切なものはどれか。

ア　パレート図　　イ　レーダーチャート　　ウ　ヒストグラム　　エ　PERT

（オリジナル）

問3

大規模な自然災害を想定したBCPを作成する目的として，最も適切なものはどれか。

ア　経営資源が縮減された状況における重要事業の継続
イ　建物や設備などの資産の保全
ウ　被災地における連絡手段の確保
エ　労働災害の原因となるリスクの発生確率とその影響の低減

（ITパスポート試験　平成28年秋期　問7）

問4

表は，技術者A，B，Cがそれぞれ製品X，Y，Zを製造する場合の1日の生産額を示している。各技術者は1日に1製品しか担当できないとき，1日の最大生産額は何万円か。ここで，どの製品も必ず生産するものとする。

単位　万円／日

		技術者		
		A	B	C
製品	X	6	6	5
	Y	7	6	8
	Z	8	7	8

ア　20　　イ　21　　ウ　22　　エ　23

（ITパスポート試験　平成29年秋期　問1）

問5

ある商品を表の条件で販売したとき，損益分岐点売上高は何円か。

販売価格	300円／個
変動費	100円／個
固定費	100,000円

ア　150,000　　イ　200,000　　ウ　250,000　　エ　300,000

（ITパスポート試験　平成30年秋期　問27）

問6

貸借対照表を説明したものはどれか。

ア　一定期間におけるキャッシュフローの状況を活動区分別に表示したもの
イ　一定期間に発生した収益と費用によって会社の経営成績を表示したもの
ウ　会社の純資産の各項目の前期末残高，当期変動額，当期末残高を表示したもの
エ　決算日における会社の財務状態を資産・負債・純資産の区分で表示したもの

（ITパスポート試験　平成31年春期　問18）

練習問題の解答

問1　解答：ウ
環境問題への対応など，企業が利益追求以外に社会的な責任を持って活動する概念を「企業の社会的責任」といいます。
ア　CEOは，最高経営責任者（Chief Executive Officer）の略です。
イ　CSSは，スタイルシート（Cascading Style Sheets）の略です。
ウ　CSRは，企業の社会的責任（Corporate Social Responsibility）の略です。
エ　OJTは，企業の教育手法であるOn-the-Job Trainingの略です。

問2　解答　ア
業務分析における図表化の問題です。問題文のポイントは，件数を取りまとめる点と優先順位をつける点です。件数順に並べ替え，優先順位の決定などに役立つABC分析も可能なパレート図が最も適しています。
ア　正解です。
イ　レーダーチャートは，項目のバランスを見るのに役立ちます。
ウ　ヒストグラムは，階級で区切った値を棒グラフ化したものです。
エ　PERT（アローダイアグラム）は，作業工程の流れを図式化したものです。

問3　解答　ア

災害や事故など予期せぬ事態が発生した際に，残された経営資源を元に，事業を継続または再開するための活動をBC（事業継続性）と呼びます。そのBCを実現するための計画がBCP（事業継続性計画）です。災害や事故などが発生した際に，最低限の事業活動を継続，または目標時間内での再開ができるようにするために，事前に策定される企業の行動計画になります。

イ　ファシリティマネジメントの説明です。

ウ　災害時に連絡手段の確保は重要ですが、BCPの目的としては不適切です。

エ　リスクマネジメントの説明です。

問4　解答　ウ

どの製品も必ず生産するものとするとあるので、各技術者と製品の組み合わせから生産額が最大になる組合せを考えます。

技術者と製品の組合せは全部で6通り考えられます。

Aの担当	Bの担当	Cの担当	生産額
X	Y	Z	6+6+8=20
X	Z	Y	6+7+8=21
Y	X	Z	7+6+8=21
Y	Z	X	7+7+5=19
Z	X	Y	8+6+8=22
Z	Y	X	8+6+5=19

以上より、最も生産額が大きい組合せは「A：Z，B：X，C：Y」の22（万円）になり，ウが正解となります。

問5　解答　ア

損益分岐点の計算式は次の通りです。

損益分岐点＝固定費／(1－(変動費／売上高))

変動費／売上高を変動費率と呼び、変動費率は販売数に関わらず一定になるので1個当たりの売上高と変動費からも求めることができます。

固定費は100,000円，販売価格／個が300円，変動費／個が100円ですので、

損益分岐点＝100,000／（1－(100／300)）　＝100／(2／3)＝150,000（千円）

となります。

問6　解答：エ

貸借対照表（B/S：Balance Sheet）は，決算日など特定の時点の企業の資産，負債，純資産をまとめ，企業の財政状態の把握に役立つものです。

ア　キャッシュフロー計算書の説明です。

イ　損益計算書の説明です。

ウ　株主資本等変動計算書の説明です。

□ 1-2-1　知的財産権

人が考えたもの・創作した無形のものを財産（知的財産）とみなし，その財産を守る権利を知的財産権といいます。ここでは，個人の作品や，企業の商品やサービスが，どのような法律やルールで守られているのかを学習します。

1. 著作権法

知的創作物には，**著作権**という知的財産権が自然発生します。この著作権を守るための法律が**著作権法**です。著作権は「思想または感情を創作的に表現したものの内，文学・学術・美術・音楽の範囲に属する」著作物に対する知的財産権と著作権法に定義されています。

制作者である**著作者**には，**著作者人格権**と**著作財産権**が与えられます。著作者人格権は，著作者がその著作物を制作したことを証明する権利で，公表権，氏名表示権，同一性保持権が含まれます。著作財産権は，著作物を財産として扱う権利で，複製権，上映権・演奏権などを含みます。なお，著作財産権については譲渡することが可能です。譲渡された人を著作者と区別し，**著作権者**と呼びます。

著作権で守られる著作物は，複製権のある著作者，著作権者に無断でコピーや公開をすることが禁止されています。ただし，著作財産権については，一部を除き，著作者の没後50年で失効します。

対象となる主なもの

- 音楽
- 映画・絵画
- コンピュータプログラム

対象外となる主なもの

- アルゴリズム
- プログラム言語
- アイデア

ソフトウェアライセンス

ソフトウェアの著作権者と契約することで得るソフトの利用許諾をソフトウェアライセンスと呼びます。ソフトウェアの開発者・著作権者の権利を保護するために設けられるルールです。

一般的には，コンピュータ1台につき1ライセンスが必要ですが，ライセンス契約という，1つのソフトウェアパッケージを複数台で使用できるライセンスを一括購入する契約形態もあります。このように，ソフトウェアライセンスに関する条件は，権利者によって定められるため，ソフトウェアによって異なります。

なお，一定期間の試用の後に継続利用する場合にライセンス料を支払う**シェアウェア**や，無料で配布されている**フリーウェア**についても著作権は存在します。

著作権を放棄した無料のソフトウェアである**パブリックドメインソフトウェア**と呼ばれるものもありますが，日本では著作権を完全に放棄できないため，厳密には国内に存在しません。

なお，ソフトウェアのライセンスを保有していることを証明する手続きを，**アクティベーション**（ライセンス認証）と呼びます。ソフトウェアをインストールした際にインターネットなどを通じてアクティベーションを行うことで，継続的にソフトウェアを利用することができます。

また，ソフトウェアやサービスの販売形態として，導入時の一括払い（買い切り）ではなく，利用期間に応じて利用料金を支払う販売形態である**サブスクリプション契約**を利用するベンダ（提供元）が増えています。

2. 産業財産権関連法規

著作権が，主に個人の創作物に対して発生する権利であるのに対して，産業のアイデアや技術，デザインなどの権利を総称して**産業財産権**と呼びます。産業財産権は，発明やデザインなどについて，制作者に独占権を与えることで模倣を防止し，信用力の向上や研究開発の発展を図るための権利です。

著作権と異なり，権利の自然発生はせず，特許庁に出願し登録されることによって，一定期間，独占的に使用できる権利として認められます。

産業財産権には，**特許権，実用新案権，意匠権，商標権**の4つの権利が含まれ，それぞれ特許法，実用新案法，意匠法，商標法によって権利が守られています。

- **特許権**　発明の保護と利用を図る権利
- **実用新案権**　物品の形状，構造，組み合わせに係る考案を保護する権利
- **意匠権**　物品のデザイン（形状・模様・色彩）を保護する権利
- **商標権**　名称やマークなど物品の信用力（ブランド）を保護する権利
  商標・登録商標のことを**トレードマーク**とも呼び，そのうち医療など特定の役務（サービス）を表すものを**サービスマーク**と呼びます。

ビジネスモデル特許

ビジネスの仕組み(ビジネスモデル)に与えられる特許のことです。
「儲けの仕組み」自体を内容とする特許ですが，一般には企業のビジネスモデルを実現するための情報システムやソフトウエアなどを，特許として認めています。

3. 不正競争防止法

事業者間の公正な取引と国際約束の的確な実施を確保するために制定されたのが，**不正競争防止法**です。不正競争防止法では，競争相手の悪評を流す，商品やアイデアを真似する，開発技術や**営業秘密（トレードシークレット）**を盗む，虚偽表示を行うといった不正な行為を禁止しています。

プラス α

法律はありませんが，判例により認められた次の権利もあります。

肖像権
プライバシーの権利の一部。自分の肖像(顔や姿)を無断で写真や絵画にされ，公表されないための権利です。

パブリシティ権
プライバシーの反対語がパブリシティで，そのまま「公になる権利」のことです。著名人が，自身の氏名や肖像が持つ経済的価値を独占的に所有・利用するための権利をいいます。

✎サンプル問題

市販の風景写真集に対して著作者の許可を得ることなく行った行為のうち，著作権法に照らして違法となるものはどれか。

ア　気に入った写真と同じ対象の写真を撮る。
イ　掲載されている写真を切り抜き自室の壁にはる。
ウ　掲載されている写真を自分のWebページに掲載，公開する。
エ　自分のブログで写真集の感想を記述する。

(ITパスポートシラバス　サンプル問題　問4)

解答：ウ
風景写真集という商品の著作者の権利を侵害しているのはどれかを問う問題です。
ア　対象が風景なので著作権の侵害にはなりません。
イ　自室に貼る場合は，著作権侵害とまではいえません。
ウ　著作者に無断で掲載・公開することは，著作権の侵害に当たります。これが正解です。
エ　書籍に関する感想を述べることは，著作権の侵害には当たりません。

□ 1-2-2　セキュリティ関連法規

コンピュータとインターネットの普及に伴い，これらに関連した犯罪も増加しています。ここでは，これらの犯罪に対する法規についてまとめます。

1. 個人情報保護法

企業では，顧客の個人情報保護の漏えいを防ぎ，悪用されないようにしなければならない義務があり，そのために**個人情報保護法**などの法律や認定制度の整備が進んでいます。

個人情報とは，生存する個人に関する情報であって，当該情報に含まれる氏名，生年月日その他の記述等により特定の個人を識別することができるものを指します。

なお，個人情報保護法では，国や地方公共団体，行政法人を除く，個人情報データベース等を事業の用に供している者を**個人情報取扱事業者**と呼びます。以前は個人情報を5000件以上持つという条件がありましたが，2015年の改正により撤廃されました。

要配慮個人情報

個人情報のうち，本人の人種，信条，社会的身分，病歴，犯罪の経歴，犯罪により害を被った事実その他本人に対する不当な差別，偏見その他の不利益が生じないようにその取り扱いに特に配慮を要するものとして政令で定める記述等が含まれる情報です。要配慮個人情報は，あらかじめ本人の同意を得ないで取得することが禁止されます。

匿名加工情報

特定の個人を識別することができないように個人情報を加工し，当該個人情報を復元できないようにした情報のことです。一定のルールの下であれば，本人同意を得ることなく，パーソナルデータの利活用を促進することを目的に事業者間におけるデータ取引やデータ連携が可能になっています。

個人情報保護委員会

マイナンバー法の施行に伴い，マイナンバー（個人番号）などの個人情報の適正な取り扱いを確保するために内閣府の外局として設置された組織です。個人情報保護法およびマイナンバー法に基づいて，個人情報の監視･監督，苦情相談，リスク対策評価の指針作成，個人情報保護に関する基本方針の策定・推進などを行います。

2. セキュリティ関連法規

サイバーセキュリティ基本法

国による情報セキュリティ施策に関する法律で，基本理念や国家戦略，国や地方公共団体の責務などをまとめたものです。

国や地方公共団体のサイバーセキュリティ戦略の策定やその他当該施策の基本となる事項等を規定し，内閣にサイバーセキュリティ戦略本部の設置を定めています。

不正アクセス禁止法

他人のIDを無断利用してコンピュータに侵入したり，**セキュリティホール**(セキュリティ上の問題点)を突いてシステムに侵入するといった**不正アクセス**を防ぐために定められたのが，**不正アクセス禁止法**(不正アクセス行為の禁止等に関する法律)です。

不正アクセス禁止法は，実害がなくても取り締まることができるので，犯罪抑制に有効な法律の1つです。

不正アクセスに当たる行為

- 他人の識別符号(IDやパスワードなど)を無断で入力する
- 他人の識別符号(IDやパスワードなど)を無断で第三者に提供する
- ソフトウェアやネットワークの脆弱性(ぜいじゃくせい)を利用して，システム内に侵入する

不正アクセスの予防・対応

- パスワードを定期的に変更する
- IDロック(特定の回数パスワードを間違えた場合にIDを使用不可にする)の使用
- ウイルスやセキュリティホールへの対応

特定電子メール法

不特定多数のメールアドレスに宣伝メールなどを配信する迷惑メールを規制する法律です。宣伝メールの配信には，受信者の事前の許諾が必要です。

不正指令電磁的記録に関する罪(ウイルス作成罪)

コンピュータウイルスの作成，提供，取得，保管などで成立する犯罪で，2011年の刑法改正により新たに設けられました。

3. セキュリティ対策基準

法律ではありませんが，経済産業省が公開しているセキュリティ対策の各基準もあります。これらの基準に則ったシステム構築や運用も重要です。

コンピュータ不正アクセス対策基準

コンピュータ不正アクセスによる被害の予防，発見及び復旧並びに拡大及び再発防止について，企業等の組織及び個人が実行すべき対策をとりまとめたものです。IDやパスワードの管理，情報管理から事後対応，教育までさまざまな対策がまとめられています。

コンピュータウイルス対策基準

コンピュータウイルスに対する予防，発見，駆除，復旧等について実効性の高い対策をとりまとめたものです。コンピュータウイルスに関する規定や，予防，発見，対応について様々な基準が示されています。

情報セキュリティ管理基準

情報セキュリティ監査で用いられる中心的な基準で，企業が効果的な情報セキュリティマネジメント体制を構築し，適切な管理策を整備・運用するための規範として策定されたものです。情報セキュリティマネジメントの枠組みと管理項目を規定しています。

サイバーセキュリティ経営ガイドライン

経済産業省が策定するガイドラインで，サイバーセキュリティに対する経営者の責任やサイバー攻撃を受けた際の復旧体制の整備などについてまとめられています。

企業はこのガイドラインを参考にセキュリティ体制を強化することが望まれます。

中小企業の情報セキュリティ対策ガイドライン

IPAが策定する中小企業の情報セキュリティ対策に関するガイドラインです。中小企業にとって重要な情報を漏えいや改ざん，喪失などの脅威への対策について，考え方や実践方法をまとめています。

✎サンプル問題

問1　不正アクセス禁止法において，不正アクセスと呼ばれている行為はどれか。

ア　共有サーバにアクセスし，ソフトウェアパッケージを無断で違法コピーする。

イ　他人のパスワードを使って，インターネット経由でコンピュータにアクセスする。

ウ　他人を中傷する文章をインターネット上に掲載し，アクセスを可能にする。

エ　わいせつな画像を掲載しているホームページにアクセスする。

（ITパスポートシラバス　サンプル問題　問5）

解答：イ

不正アクセス禁止法は，主に不正アクセス（侵入）を抑止するための法律です。

ア　ライセンス違反で違法になりますが，不正アクセス行為ではありません。

イ　他人のパスワードを使うことは，不正アクセスにあたります。これが正解です。

ウ　名誉棄損にあたりますが，不正アクセス行為とはいえません。

エ　不正アクセス行為ではありません。

問2　我が国における，社会インフラとなっている情報システムや情報通信ネットワークへの脅威に対する防御施策を，効果的に推進するための政府組織の設置などを定めた法律はどれか。

ア　サイバーセキュリティ基本法

イ　特定秘密保護法

ウ　不正競争防止法

エ　マイナンバー法

（ITパスポート試験　平成29年秋期　問13）

解答：ア

ア　正解です。現在は内閣官房に内閣サイバーセキュリティセンター（NISC）が設置されています。

イ　秘匿するべき安全保障に関する情報とその保護について定めた法律です。

ウ　事業者間の公正な競争と国際約束の的確な実施を目的とした法律です。

エ　国民の個人情報をマイナンバーと呼ばれる個人識別番号によって効率的に管理することを定めた法律です。

□ 1-2-3　労働関連法規・取引関連法規

社会の中で企業活動に加わる以上，労働者の労働条件に関する法律や取引に関する法律についても知っておかなければなりません。確認しておきましょう。

1. 労働関連法規

労働基準法

労働基準法は，労働環境の最低基準について定めています。労働時間や賃金などの基準や禁止事項が定められており，雇用側は基準を満たさなければなりません。

主な内容

- 労働者・使用者の定義
- 労働条件の原則・明示(契約期間の明示・均等待遇・男女同一賃金の原則など)
- 労働時間の原則(1日8時間・週40時間，休憩・休日など)
- 最低年齢や妊産婦に関する規定
- 強制労働の禁止
- 中間搾取(さくしゅ)の禁止
- 就業規則の作成・届出義務

プラスα

労働基準法以外にも労働者の権利を守るための法律があります。
最低賃金法…賃金の最低額を保証し，労働者の生活の安定を図る。
労働組合法…労働組合の組織を認め，使用者との対等な交渉を実現する。
労働関係調整法…労働関係の公正な調整を図り，労働争議を予防する。
労働契約法…労働者と使用者間の労働契約が円滑に行われるために守るべき事項を定める。

守秘義務

守秘義務とは，職務上で知った秘密を，正当な理由なく漏らしてはならない義務のことを指します。
公務員，医師・看護師，薬剤師，弁護士などの特定の職種については，法律で守秘義務が定められています。
一般の企業においては，雇用契約の中で守秘義務を定めている場合が多く，現実的に守秘義務はどの労働者にとっても課せられている義務になります。

新しい労働制度

フレックスタイム制

一定期間（1ヵ月以内）の総労働時間を事前に定め，その時間内で労働者が就業開始時刻と終了時刻を自主的に決定し働く制度です。

一般的に**コアタイム**（必ず就業する時間）を定め，その前後にいつ勤務してもいいフレキシブルタイムを設定します。

裁量労働制

労働基準法に定められた労働形態のひとつで，仕事の内容に応じてみなし労働時間を定めて給与を確定します。（労働時間によって給与が変動しません）

労働時間と成果・業績が必ずしも連動しない法で定められた職種（業務）において適用され，仕事の具体的な進め方や時間配分を従業員の裁量にゆだねられます。

労働者派遣法（労働者派遣事業法）

労働者派遣法は，労働者派遣事業に関して，派遣会社及び派遣先会社が守らなければならない基準・ルールを定めたものです。派遣会社は，自社の労働者を，派遣先企業で労働に従事させることができます。一般的な**雇用契約**と異なり，派遣社員の業務は，この法律によって定められたものに限られます。

派遣労働者を従事させる場合には，**派遣契約**を結びます。派遣契約では，派遣社員への指揮命令権は派遣先企業にありますが，雇用関係は派遣元会社がそのまま維持します。

なお，雇用関係にない人間（派遣されてきた社員など）を，他社にさらに派遣することは，**二重派遣**とみなされ認められていません。

プラス α

請負契約は，派遣契約に似ているので混乱しがちなので注意しましょう。
発注元（請負先）は，**請負元**（請負契約社）の人員に対して，指揮命令権は持ちません。
もし，請負元の社員に対して指揮命令を行うと，**偽装請負**とみなされ，処罰の対象になります。
請負契約や派遣契約などの契約方式を総称して**契約類型**と呼びます。

派遣契約と請負契約の違い(イメージ)

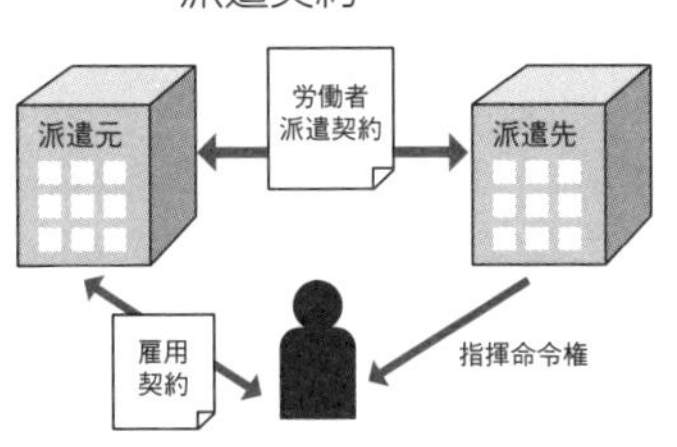

※指揮命令権は派遣先にある

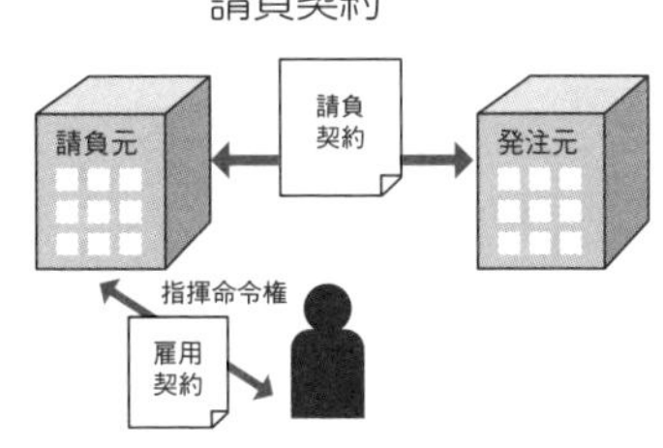

※指揮命令権は請負元にある

> **(準)委任契約**
>
> 事実行為を委託する場合の契約のことです。(「委託」は法律に関する内容を委任する場合に使われます)
> 請負契約との大きな違いは完成責任(成果物責任)を負わないことです。
> また，準委任契約の場合，業務の指揮命令権は発注元にありません。

2. 取引関連法規

下請法(下請代金支払遅延等防止法)

下請法は，下請取引において，親事業者の下請事業者に対する取引を公正なものとし，下請事業者の利益を保護することを目的とした法律です。なお，対象は，製造委託，修理委託，情報成果物作成委託，役務提供委託(建設工事を除く)となっています。

主な内容

- 支払期日(受領日から60日以内)
- 書面の交付(給付内容，下請代金，支払期日，支払方法など)
- 親事業者の遵守事項(受領拒否や支払遅延の禁止，代金減額や買い叩きの禁止など)

PL法(製造物責任法)

PL法は，その名の通り，製品の欠陥により，購入者や使用者が生命，身体または財産に損害を被った場合に，被害者が製造会社などに対して損害賠償を求めることを認めた法律です。購入先の小売店ではなく，製造元に直接責任を求めることができる点が特徴です。

対象となる製品は，「製造又は加工された動産」とされており，不動産や未加工の農産物，電気，ソフトウェアは対象となりません。

特商法（特定商取引に関する法律）

訪問販売等，業者と消費者の間の取引について，紛争を回避するための規制（勧誘行為の規制など）と紛争解決手続（クーリング・オフ制度など）を設けることで，取引の公正性と消費者被害の防止を図る法律です。

平成20年の改正で，インターネット販売をはじめとする通信販売に関する内容が強化され，返品の可否及び条件について広告に記載がない場合に8日間契約解除が可能になった点やオプトアウトメール（事前承諾のない顧客に対する電子メール）広告の禁止などが話題になりました。

資金決済法

金融分野におけるITの活用に関連する法律として制定されたもので，資金決済サービスの適切な運営などについて定められています。

同法によって，金融機関だけにもとめられていた為替取引が，規定に従って登録した資金移動業者にも認められました。また，電子マネーなどの取り扱いなどについても触れています。

金融商品取引法

金融市場における利用者保護ルールの徹底と利便性の向上，投資活動の活発化，国際化への対応などを目的に制定された金融分野におけるITの活用に関する法律です。

リサイクル法

廃棄物の抑制や環境対策の観点から使用済み商品の回収と再資源化について定めた法律です。一部の業種では，再資源化への取り組みが義務付けられています。

IT分野ではPCの回収と再資源化がパソコンメーカーに義務付けられています。

✎サンプル問題

労働基準法を説明したものはどれか。

ア　生活の安定，労働力の質的向上のために最低の賃金を保障した法律

イ　短時間労働者の福祉の増進を目的に定められた法律

ウ　必要な技術をもった労働者を企業に派遣する事業に関しての法律

エ　労働時間，休憩，休暇など労働条件の最低ラインを定めた法律

（ITパスポートシラバス　サンプル問題　問6）

解答：エ

労働基準法は，労働における最低限の基準を定めた法律です。

ア　最低賃金法によって定められています。

イ　パートタイム労働法によって定められています。

ウ　労働者派遣法によって定められています。

エ　正解です。最低ラインを定めているのが労働基準法です。

□ 1-2-4　ガイドライン・情報倫理

企業には，法律を守ることはもちろん，社会倫理を意識した企業活動が求められます。ここでは，企業の守るべきガイドラインと情報倫理について学習します。

1. コンプライアンス（法令遵守）

企業活動において法令をきちんと守ることを**コンプライアンス（法令遵守）**と呼びますが，これまで挙げてきた法令だけでなく各種基準や倫理についても，対応が求められています。

情報分野において守るべき主な事柄

- 各種法律（個人情報保護法，労働基準法，労働者派遣法，下請法など）
- 各種基準（コンピュータ不正アクセス対策基準，コンピュータウイルス基準，情報セキュリティ対策ガイドラインなど）
- 情報倫理（プライバシーの保護，ネチケットなど）

プロバイダ責任制限法

インターネット上の掲示板などで誹謗中傷を受けたり，個人情報が不当に掲載されたりした場合に，権利者はプロバイダ事業者や掲示板管理者などに対して，これを削除するよう要請することができ，事業者側はこれらを削除したことについては，損害賠償の責任を免れるということを定めた法律です。
また，プロバイダ事業者などに対して権利を侵害する情報を発信した人の，情報の開示請求ができることも規定しています。

プラス α

ネチケットは，インターネット上のエチケットを略した造語で，メール，ネットコミュニティなどで守るべきルール・倫理規定を指します。
・言葉遣いに気をつける。掲示板で個人への誹謗中傷を行わない。
・メールに必要以上の大きなファイルを添付しない。
・個人情報を勝手に漏らさない。
・ウイルス感染したパソコンをインターネット接続しない。
など様々なネチケットが存在します。

2. コーポレートガバナンス（企業統治）

企業活動，中でも経営活動の健全化を目的とした取り組みを，**コーポレートガバナンス（企業統治）**と呼びます。企業は，コーポレートガバナンスによって市場や顧客から信頼を得ることができます。昨今，注目を浴びている企業の課題の１つです。

主な取り組み内容

- 経営者や社員の不祥事や不正の予防と発生時の対応
- 情報開示(透明性の高い経営の実現や，市場・顧客への説明責任を果たすこと)
- 社外監視の強化(社外監査役や社外取締役の設置など)
- 内部統制の体制強化(組織の健全な運営のための基準や手続きを定め，運用すること)

コーポレートガバナンスを支える法・制度

公益通報者保護法

企業のコンプライアンス経営を強化するための法律です。

公益通報をしたという理由による通報者の解雇の無効や，公益通報に関し事業者や行政機関がとるべき措置を定め，公益通報者の保護等を図ることも定めています。

内部統制報告制度

企業の内部統制を強化するための制度です。金融商品取引法に基づき義務付けられる制度で，内部統制の目的達成のための対応を経営者自らが評価する報告を作成し，公認会計士または監査法人の監査証明を受け，事業年度ごとに内閣総理大臣に提出する必要があります。

3. 行政機関への情報開示請求

行政機関の保有する情報の公開に関する法律(情報公開法)では，国の行政機関が作成した文書については，誰でも情報開示請求をすることで確認することができます。独立行政法人においても，同様の独立行政法人情報公開法があります。

✎サンプル問題

個人情報取扱事業者であるX社は，自社製品の販売促進のための個人顧客向けセミナを開催し，最後に参加者に対してアンケートを実施した。アンケート用紙には，個人情報の利用目的は今後の自社製品に関する案内であることを明示し，顧客の氏名，住所，電話番号，案内希望の要・不要を表記した。

個人情報保護法に照らして，違法となるX社の行為はどれか。

ア　回収したアンケート用紙から顧客リストを作成し，製品に関連する案内を希望している顧客に対してダイレクトメールを発送した。

イ　回収したアンケート用紙とセミナ実施後に作成した顧客リストは，必要時以外は鍵付きロッカーに保管する措置をとった。

ウ　関連会社であるY社の製品の販売促進のために，X社の独自判断で，回収したアンケート用紙から作成した顧客リストをY社に手渡しした。

エ　製品に関する案内を希望している顧客から住所変更の連絡があったので，本人であること，案内の継続希望を確認した上で，顧客リストを訂正した。

（ITパスポートシラバス　サンプル問題　問7）

解答：ウ
X社が回収したアンケートによる個人情報を他社（Y社）で利用することは，利用目的の「自社製品に関する案内」に反します。
関連会社でも，この行為は個人情報保護法違反です。

4. 標準化関連

標準化

産業分野における**標準化**とは，製品の技術的な仕様を共通化または互換性をもたせることです。異なる製造元の製品であっても，販売者や利用者が利用しやすく，また製造元にとっても技術標準として利用できるメリットがあります。身近なところでは，電池の仕様やCD・DVDの規格などが挙げられます。

公的機関の標準化基準には原則従わなければならず，特定の業界では，市場内での競争によって業界標準として認められた，**デファクトスタンダード**と呼ばれる規格もあります。

また，非常口マークなどのように，標準化することによって誰にでも理解できるように情報を伝えることができるというメリットもあります。

ITにおける標準化の例

バーコード(一次元コード)

商品に表記されていて，主にレジスターでの精算や在庫管理などで使われているのが**バーコード**です。バーコードは，縦縞の太さや組み合わせで数値や文字を表すコードも表記されます。キーボードで数値を入力する代わりに，バーコードをなぞるだけで情報を読み取ることができます。

国内では，**JAN**(ジャン)**コード**という統一規格が利用され，バーコードの下に文字も記載されます。なお，JANコードには，標準タイプ（13桁）と短縮タイプ（8桁）があります。

QRコード(二次元コード)

横方向に読み取る一次元バーコードに対し，より多くの情報を表すことができる二次元コードであるQRコードも普及してきました。

QRコードは，黒と白のパターンで情報を表し，バーコードより多くの情報を記載できるため,様々な場所で活用できます。特に携帯電話のQRコードリーダー機能の普及に伴い,広く利用されるようになりました。

企業の広告サイトへの誘導に加え，近年は決済サービスといった方法でよく利用されています。(「QRコード」は(株)デンソーウェーブの登録商標です)

標準化団体と規格

公的機関や業界団体などが標準化団体として，様々な標準化規格を策定しています。

ISO(国際標準化機構：International Organization for Standardization)

ISO9000(品質マネジメントシステム)やISO14000(環境マネジメントシステム)などの電気分野を除く工業分野の規格を策定している標準化団体です。

IEC(国際電気標準会議：International Electrotechnical Commission)

ガウス・ヘルツなどの単位規格を策定する電気・電子技術分野の標準化団体です。

IEEE(アイトリプルイー)(電気電子学会：The Institute of Electrical and Electronics Engineers, Inc.)

IEEE802.3(無線LAN)IEEE 1394(機器接続)などの電気・電子技術分野の規格を策定している標準化団体です。

W3C(ワールド・ワイド・ウェブ・コンソーシアム：World Wide Web Consortium)

HTML(WWW記述言語)，XML(WWW記述言語)，CSS(HTMLなどの装飾)などの規格を策定するインターネット上の言語表記技術分野の標準化団体です。

JSA(日本規格協会：Japanese Standards Association)

JIS X 0208(日本語文字コード)JIS X 0213(日本語文字コード)などのJIS(ジス)規格(日本工業規格)を策定しています。

プラスα

ISO/IEC27000(情報セキュリティマネジメントシステム)

ISO(国際標準化機構)とIEC(国際電気標準会議)が共同で策定する情報セキュリティ(ISMS)の国際標準規格です。

ISO/IEC 27000(ISMS規格の概要と用語集)単体の名称でもありますが，ISO/IEC 27001(ISMSの確立，導入，運用，監視，レビュー，維持改善のための要求事項)，ISO/IEC 27003(ISMS 実装ガイド)などの規格群の総称としても扱われます。

✎サンプル問題

図のQRコードの特徴はどれか。

ア　画像を圧縮して記号化したものであり，情報伝達に用いられる。

イ　情報量が10バイトほどしかなく，商品コードの暗号化に用いられる。

ウ　二次元バーコードの一種で，英数字，漢字などの多くの情報を記録できる。

エ　ICタグでの利用を目的に開発されたコードで，非接触型の商品管理に用いることができる。

（ITパスポートシラバス　サンプル問題　問8）

解答：ウ

ア　画像の符号化の説明です。ISOなどが策定したJPEG方式などの標準化規格があります。

イ　一次元のバーコードの説明です。

ウ　正解です。QRコードは二次元コードであり，多くの情報が記録できます。

エ　RFIDと呼ばれる電波を用いた認証方式の説明です。

✎練習問題

問1

著作権法の保護対象として，適切なものはどれか。

ア　プログラム内の情報検索機能に関するアルゴリズム

イ　プログラムの処理内容を記述したプログラム仕様書

ウ　プログラムを作成するためのコーディングルール

エ　SFAプログラムをほかのシステムが使うためのインタフェース規約

(ITパスポート試験　平成31年春期　問9)

問2

公開することが不適切なWebサイトa～cのうち，不正アクセス禁止法の規制対象に該当するものだけを全て挙げたものはどれか。

a. スマートフォンからメールアドレスを不正に詐取するウイルスに感染させるWebサイト

b. 他の公開されているWebサイトと誤認させ，本物のWebサイトで利用するIDとパスワードの入力を求めるWebサイト

c. 本人の同意を得ることなく，病歴や身体障害の有無などの個人の健康に関する情報を一般に公開するWebサイト

ア　a，b，c　　イ　b　　ウ　b，c　　エ　c

(ITパスポート試験　平成31年春期　問20)

問3

労働者派遣に関する説明のうち，適切なものはどれか。

ア　業務の種類によらず，派遣期間の制限はない。

イ　派遣契約の種類によらず，派遣労働者の選任は派遣先が行う。

ウ　派遣先が派遣労働者に給与を支払う。

エ　派遣労働者であった者を，派遣元との雇用期間が終了後，派遣先が雇用してもよい。

(ITパスポート試験　平成28年秋期　問1)

問4

PL法における製造物の対象となるのはどれか。

ア　ユーザーサポート　　イ　オフィスソフト　　ウ　ハードディスク　　エ　OS

(オリジナル)

問5

コーポレートガバナンスを説明したものとして，適切なものはどれか。

ア　企業が企業活動を行う上で守るべき道徳や価値規範のこと

イ　企業のメンバが共有する価値観，思考・行動様式，信念などのこと

ウ　企業の目的に適合した経営が行われるように，経営を統治する仕組みのこと

エ　企業も社会を構成する一市民としての義務を負うべきとする考え方のこと

（ITパスポート試験　平成24年度秋期　問10）

問6

ISOが定めた環境マネジメントシステムの国際規格はどれか。

ア　ISO 9000

イ　ISO 14000

ウ　ISO/IEC 20000

エ　ISO/IEC 27000

（ITパスポート試験　平成29年秋期　問10）

COLUMN

知的財産権は，情報が大きな財産価値を持つようになり，日増しに重要視されてきています。一方で，IT，特にインターネット分野における法整備の遅れが指摘されているのが実情です。もしかすると，このテキストで学習している時期に，新たな法律が成立しているかもしれませんので，余裕があれば試験前に一度チェックしておくと安心です。

練習問題の解答

問1　解答：イ

知的創作物には，著作権という知的財産権が発生します。この著作権を守るための法律が著作権法です。著作権は「思想または感情を創作的に表現したものの内，文学・学術・美術・音楽の範囲に属する」著作物に対する知的財産権と著作権法に定義されています。

なお、著作権の具体的な対象となるのは、音楽や映画・絵画、コンピュータプログラムがありますが、アルゴリズムやプログラム言語、アイデアについては知的創作物ではないため、保護の対象とはなりません。

ア　アルゴリズムは著作権の対象ではありません。

イ　正解です。仕様書は文書であり、著作権の対象となります。

ウ　ルールは著作権の対象ではありません。

エ　規約は著作権の対象ではありません。

問2　解答：イ

他人のIDを無断利用してコンピュータに侵入したり，セキュリティホール（セキュリティ上の問題点）を突いてシステムに侵入するといった不正アクセスを防ぐために定められたのが，不正アクセス禁止法（不正アクセス行為の禁止等に関する法律）です。

不正アクセス禁止法は，実害がなくても取り締まることができるので，犯罪抑制に有効な法律の1つです。

a. 不正指令電磁的記録に関する罪（ウイルス作成罪）の規制対象になります。

b. 不正アクセス禁止法の規制対象になります。

c. 個人情報保護法の規制対象になります。

以上より、正解はイとなります。

問3　解答：エ

ア　一部の例外を除き，派遣期間は最長で3年に制限されています。

イ　紹介予定派遣を除き，派遣労働者の選任は派遣先が行うことはできません。

ウ　派遣労働者の給与は派遣元から支給されます。

エ　正解です。派遣契約期間の終了後は，自社の社員として雇用することが可能です。

問4　解答：ウ

PL法の対象となる製造物は，「製造又は加工された動産」であると定義されています。したがって，原材料や部品から作り出された製品や，手を加えて価値が付加された加工品が対象となります。不動産や原材料を加工しない農産物，無形のサービスなどは PL法の適用対象外です。

問5　解答：ウ

ア　企業倫理の説明です。
イ　経営理念の説明です。
ウ　正解です。
エ　CSR(企業の社会的責任)の説明です。

問6　解答：イ

ア　ISO 9000は，品質マネジメントシステムについての国際標準規格です。対応するJISとして，JIS Q 9000とJIS Q 9001およびJIS Q 9004～JIS Q 9006があります。
イ　正解です。ISO 14000は，組織の環境マネジメントシステムについての国際標準規格です。
ウ　ISO/IEC 20000は，ITサービスマネジメントシステムについての国際標準規格です。
エ　ISO/IEC 27000は，情報セキュリティマネジメントシステムについての国際標準規格です。

第1章　企業と法務
キーワードマップ

1-1　企業活動

1-1-1 経営・組織論

1. 企業活動と経営資源
   - ・企業活動　⇒CSR(企業の社会的責任)，コーポレートブランド，グリーンIT，ワークライフバランス，メンタルヘルス
   - ・経営資源　⇒4つの経営資源(ヒト・モノ・カネ・情報)
2. 経営管理　⇒PDCAサイクル
   - ・BC　⇒BCP，BCM
   - ・HRM　⇒MBO，タレントマネジメント，ダイバーシティ，HRテック
   - ・リスクアセスメント
3. 経営組織　⇒マトリックス組織，事業部制組織，カンパニ制組織
プロジェクト組織，ライン部門，スタッフ部門，持株会社
4. 人材育成
   - ・教育・研修制度　⇒OJT，Off-JT，ロールプレイング，コーチング，メンタリング，CDP，アダプティブラーニング
   - ・コンピュータリテラシ　⇒ITSS

1-1-2 OR・IE

1. 業務の把握
2. 業務分析と業務計画
   - ・OR(オペレーションズ・リサーチ)
   - ・IE(経営工学)　⇒パレート図，ヒストグラム，管理図，散布図，回帰分析，レーダーチャート，PERT(アローダイアグラム)
3. 意思決定　⇒特性要因図，シミュレーション，在庫管理，発注方式，与信管理
4. 問題解決手法　⇒ブレーンストーミング，KJ法，デシジョンツリー，親和図法

1-1-3 会計・財務

1. 会計と財務
   - ・売上と利益の関係　⇒売上，費用，利益，商品原価，売上総利益，営業利益，経常利益，純利益，損益分岐点
   - ・財務諸表の種類と役割 ⇒決算，損益計算書(P/L)，貸借対照表(B/S)，キャッシュフロー計算書(C/S)，ディスクロージャ，流動資産，固定資産，繰延資産，流動負債，固定負債，流動比率，ROI

1-2　法務

1-2-1 知的財産権

1. 著作権法　⇒著作権，ソフトウェアライセンス
2. 産業財産権関連法規　⇒特許権，実用新案権，意匠権，商標権，ビジネスモデル特許
3. 不正競争防止法　⇒営業秘密(トレードシークレット)，肖像権，パブリシティ権

1-2-2 セキュリティ関連法規

1. 個人情報保護法
   - ・要配慮個人情報
   - ・匿名加工情報
2. セキュリティ関連法規
   - ・サイバーセキュリティ基本法
   - ・不正アクセス禁止法
3. セキュリティ対策基準
   - ・コンピュータ不正アクセス対策基準
   - ・コンピュータウイルス対策基準
   - ・情報セキュリティ管理基準
   - ・サイバーセキュリティ経営ガイドライン
   - ・中小企業の情報セキュリティ対策ガイドライン

1-2-3 労働関連法規・取引関連法規

1. 労働関連法規

・労働基準法　　　⇒労働関係調整法，最低賃金法，労働組合法，労働契約法，守秘義務
・新しい労働制度　⇒フレックスタイム制，裁量労働制
・労働者派遣法　　⇒派遣契約，二重派遣，請負契約，偽装請負，(準)委任契約

2. 取引関連法規

・下請法(下請代金支払遅延等防止法)
・PL法(製造物責任法)
・特商法(特定商取引に関する法律)
・資金決済法
・金融商品取引法
・リサイクル法

1-2-4 ガイドライン・情報倫理

1. コンプライアンス(法令遵守)

⇒ネチケット，コンピュータウイルス基準，コンピュータ不正アクセス対策基準，情報セキュリティ対策ガイドライン，プロバイダ責任制限法

2. コーポレートガバナンス(企業統治)

⇒内部統制，公益通報者保護法，内部統制報告制度

3. 行政機関への情報開示請求

⇒情報公開法

4. 標準化関連

・標準化　⇒デファクトスタンダード
・ITにおける標準化の例⇒バーコード，JANコード，QRコード
・標準化団体と規格　⇒ISO，IEC，IEEE，W3C，JSA，HTML，XML，CSS，ISO9000，ISO14000，IEEE802.3，IEEE1394，JIS規格

ストラテジ系

第2章

経営戦略

1. 経営戦略マネジメント
2. 技術戦略マネジメント
3. ビジネスインダストリ

2-1 経営戦略マネジメント

□ 2-1-1　経営戦略手法

企業が健全な経営をしていくためには，適切な経営戦略（ストラテジ）が必要です。ここでは，経営戦略に関する基本的な知識とそれを活用するための手法について学びます。

1．経営戦略に関する用語

経営戦略には，様々な用語が用いられます。ビジネスの現場において常識的に使われる用語については，業種や職種を問わず覚えておかなければなりません。

経営戦略の主な用語

用語	説明
顧客満足度・CS (Customer Satisfaction)	企業や製品の評価につながる顧客の満足度。
競争優位	競合他社よりも，顧客にとってより良い価値を提供する仕組み。
コア・コンピタンス	競合他社が簡単に真似できない強みのこと。競争優位につながる。
アライアンス	企業間で提携し，共同で事業を進めていくこと。
アウトソーシング	自社の業務の一部を，専門業者などの外部に委託（外注）すること。
ビジネスモデル	事業の仕組み。商品の付加価値の提供と収益獲得の方法のこと。
フレームワーク	枠組み，構造，ひな形，設計モデル，処理パターンなどの意味。
ファブレス	工場を所有せずに製造業としての活動を行う企業のことです。よって，生産活動は，外部企業に全て委託していることになります。
フランチャイズチェーン	本部がフランチャイズ加盟店に対し販売権を提供し，加盟店は定められた手数料を支払う小売形態です。 本部から加盟店には，商品やサービスに加え，経営全般のノウハウも提供されます。

ベンチマーキング	自社の経営改善・業務改善のために，自社の企業活動を継続的に測定・評価し，競合他社やその他の優良企業の経営手法と比較する分析手法です。 比較対象とする最も優れた経営手法をベストプラクティスと呼び，そのベストプラクティスに近づく方法を学び，実践します。
ロジスティクス	顧客のニーズなどに応じて，原材料の調達から製品が顧客の手に渡るまでの過程を最適化する経営手法のことです。 製品を無駄なく，最小限の費用で供給しようとする考え方ともいえます。
経験曲線	累積の生産量（経験）が増加するにつれて，効率性が高まる（生産性が向上する）ので，コストを下げることができるという関係性を表した曲線です。
M&A（Mergers and Acquisitions）	企業の買収・合併のこと。
MBO（Management Buyout：経営陣による自社買収）	M&Aの手法のひとつで，企業の経営陣が自身が所属している企業や事業部門を買収して独立することを指します。企業のオーナーから経営陣が独立するためのM&A手法といえます。
TOB（Take Over Bid：株式公開買付け）	MBOと同様に株式を買収する手法のひとつですが，MBOと違い，経営陣ではない株主が買収することを指します。 買取り株数や価格，期間を公告し，不特定多数の株主から株式市場外で株式等を買い集める方法をとります。 国内でも自社の株式を購入したり，他企業の経営権取得を目的に実施する企業が増えています。
規模の経済	生産規模が拡大されることで，製品やサービスを生産する平均費用が減少することで，利益率が高まる傾向のことを指します。 企業の経営を考えるうえで重要なコスト低減についての概念です。
垂直統合	自社の仕入先，あるいは販売先とのM&Aやアライアンスを行うことで，事業の領域を広げることを指します。 事業の領域を広げることで，バリューチェーンの効率化を図ることができます。 垂直統合には，原材料の調達力強化などを狙って事業領域を拡大する川上統合と，販売・マーケティング活動などに事業領域を拡大する川下統合があります。
カニバリゼーション	元々は共食いの意味ですが，経営戦略の分野では，自社商品が自社の他商品を侵食してしまう現象のことを指します。 新商品の投入により，他社からシェアを獲得するのではなく，自社の既存商品の売り上げが減少してしまう現象などがこれに当たります。

2. 経営情報分析手法

市場の動向や，自社製品の市場におけるポジション，競争優位などを把握することは，適切な経営戦略マネジメントを行う上で重要です。そのために情報を活用するには，得た情報を適切に分析する必要があります。そこで，一般的によく活用されている経営情報分析手法についてまとめます。

SWOT分析

SWOT（スウォット）分析は，経営戦略を立案する過程で必要となる，企業の**外部環境**と**内部環境**の情報を分析するための手法です。経営環境の分析を行うことができるので，経営戦略構築のための情報分析のほかに経営戦略の評価にも使われるフレームワークです。

企業を取り巻く様々な環境を，企業内部の「**強み**(Strengths)」と「**弱み**(Weaknesses)」，外部環境における「**機会**(Opportunities)」と「**脅威**(Threats)」の4つに分類整理します。それぞれの頭文字を取って名付けられています。

- 強み(Strengths)　　　…自社の製品や経営資源が競争相手に比べて優れている点
- 弱み(Weaknesses)　　…自社の製品や経営資源が競争相手に比べて劣っている点
- 機会(Opportunities)…社会情勢や市場規模などの外部要因で自社に有利になる点
- 脅威(Threats)　　　　…社会情勢や市場規模などの外部要因で自社に不利になる点

SWOT分析から見る戦略方針		外部環境	
		機会	脅威
内部環境	強み	強みを活かす	縮小を検討する
	弱み	弱みを克服する	撤退を検討する

PPM(Products Portfolio Management)

PPM (Products Portfolio Management) は，複数の事業や製品を持つ企業が，最も効果的な経営資源の配分になるような事業や製品の組み合わせ（ポートフォリオ）を決定するための経営情報分析手法です。

市場の成長率と市場における自社の占有率（シェア）を元に分析し，市場成長率が高くシェアも大きい製品を「**花形製品**(star)」，市場成長率が低いがシェアは大きいものを「**金のなる木**(cash cow)」，逆に市場の成長率は高いがシェアが小さいものを「**問題児**(problem child)」，市場の成長率が低くシェアも小さいものを「**負け犬**(dogs)」と分類します。

PPMの分類(戦略方針)		市場成長率	
		高い	低い
シェア	大きい	花形製品(成長から維持)	金のなる木(安定利益)
	小さい	問題児(育成)	負け犬(撤退)

一般的に，負け犬は撤退，金のなる木には追加投資せずに利益を上げ，利益を問題児に多く使って育成，花形製品は市場の成長に合わせ投資を続けるといった経営戦略になります。

3C分析

自社(Company)，**競合**(Competitor)，**市場，顧客**(Customer)の3つの点から**KSF**(Key Success Factor：目標達成のための成功要因)を見つけ出し，企業の全体像や特徴(強み・弱み)を分析する経営戦略手法です。戦略立案などに役立てられます。

3. オフィスツールの活用

経営戦略手法の実現やそこで得た情報を集約しまとめるにあたって，オフィスツールの活用は重要です。一般的にオフィスツールは，ワープロソフト，表計算ソフト，プレゼンテーションソフト，データベースソフトなどの複合パッケージとなっており，それぞれのソフト間での連携も可能になっています。これらのソフトを目的に応じて使い分けることで，経営情報を適切に処理し提示することができます。

オフィスツールの利用例

- ワープロソフト…分析調査結果を報告書などの文書形式でまとめるときに利用します。
- 表計算ソフト…収集したデータの計算や簡単な統計分析などのデータ加工に利用します。
- プレゼンテーションソフト…プレゼン資料の作成と発表ツールとして利用します。
- データベースソフト…データの収集と蓄積，必要なデータの絞り込みなどに利用します。

✎サンプル問題

SWOT 分析は，企業の戦略立案の際に，機会と脅威，強みと弱みを検討する分析手法である。強みと弱みの評価の対象となるものはどれか。

ア　競合する企業の数　　　　イ　自社の商品価格

ウ　ターゲットとしている市場の伸び　　　　エ　日本経済の動向

(ITパスポートシラバス　サンプル問題　問9)

解答：イ

強みと弱みの対象となるのは，内部環境，つまり自社内の情報になります。逆に，自社外で事業や商品の戦略に影響する情報は外部環境となり，機会と脅威として分析します。

ア　競合企業数は，自社以外の企業数ですから外部環境となります。

イ　正解です。自社の商品価格は内部環境になります。

ウ　市場の伸びは，外部環境になります。

エ　日本経済の動向は，外部環境になります。

□ 2-1-2 マーケティング

一般的に，マーケティングというと広告や市場調査という印象が強いようですが，本来の意味は市場創造，つまり企業が顧客と相互理解を得ながら，公正な競争を通じて行う活動全体のことを指します。ここでは，マーケティングの基本について学習します。

1. マーケティングの基礎

マーケティング活動には，**市場調査（マーケティングリサーチ）**や販売促進のほかに，販売計画，製品計画，仕入計画といった戦略的な計画も含まれ，結果として顧客満足の向上が命題となります。顧客満足を向上させることによって，自社の顧客や市場そのものの拡大につながることが，マーケティングの本質になるわけです。

マーケティングには，その目的に応じて様々な手法があります。主なものを確認しておきましょう。

手法	説明
マーケティングの4P	製品(Product)，価格(Price)，流通・売り場(Place)，販売促進・広告(Promotion)の4つの視点から戦略を練る考え方です。
マーケティングの4C	顧客にとっての価値（Customer Value），顧客の負担（Cost to the Customer），入手の容易性(Convenience)，コミュニケーション（Communication）の4つの顧客視点を重視したマーケティングの考え方です。 対して，マーケティングの4Pは企業側からの視点となり， 商品(Product)⟷顧客にとっての価値(Customer Value) 価格(Price)⟷顧客の負担(Cost to the Customer) 流通・売り場(Place)⟷入手の容易性(Convenience) 広告(Promotion)⟷コミュニケーション(Communication) とお互いに密接に関係した要素になります。
マーケティング・ミックス	企業がターゲットとする市場で目標を達成するために，複数のマーケティング要素を組み合わせることです。 いわゆる「マーケティングの4P」と呼ばれる，製品・サービス(Product)，価格(Price)，流通・売り場(Place)，広告(Promotion)の4つのマーケティング要素を指すことが多くなっています。
オムニチャネル	実店舗やインターネットなどを問わず，あらゆる販売チャネルによって顧客とつながるマーケティング手法です。

O to O(Online to Offline)	インターネット上の活動や情報から来店などの現実の行動を促す取り組みです。
マスマーケティング	対象を特定せずに，すべての消費者にマーケティング活動を行う手法です。
セグメントマーケティング	市場を地理以外の視点で分類(セグメンテーション)し，そのセグメントごとに展開する手法です。セグメントで絞り込んで活動する方法もあります。
パーミッションマーケティング	事前に許諾(パーミッション)を得た顧客に対し，販売促進(製品情報の配信など)を行う手法です。顧客との関係を築きやすい利点があります。
ニッチマーケティング	特定の分野や消費者に対してターゲットを絞ったマーケティング手法です。市場の隙間を狙います。
ワントゥワンマーケティング	顧客1人ひとりの価値観や嗜好，環境などを把握し，その要求(ニーズ)に合わせて異なるアプローチをする手法です。

プロダクトライフサイクル

市場に商品が投入されてから，次第に売れなくなり姿を消すまでのプロセスのことをいいます。商品を生物の一生に例えて，ライフサイクルという表現を使います。
導入期，成長期，成熟期，衰退期の4段階で表現され，その段階ごとにマーケティング活動を変更し，各段階で収益の最大化を目指します。
また，商品が寿命を終えても，それに代わる改良版の商品が登場することからPDCAサイクルは，プロダクトライフサイクルのひとつと捉えることができます。

プラスα

商品の利用者が得ることができる体験や反応，感情などをまとめた言葉をUX(User Experience：ユーザ体験)と呼びます。
UXの評価向上はマーケティング，特に商品企画において非常に重要な存在となっています。

戦略的な計画

販売計画

どのような顧客に，どの商品やサービスを，どのように売っていくかを決めることです。販売予測，販売目標，販売予算などの販売活動において必要な事柄を明確にします。

製品計画

消費者のニーズにあった製品を市場に提供する計画のことです。

既存製品と新製品の構成(プロダクト・ミックス)や数・量を計画します。

製品間の差別化や製品の位置づけを明確にし，消費者にどのように認識してもらうかといったことにまで踏み込みます。

仕入計画

販売計画と非常に密接に関係している計画で，販売計画を達成するための適正在庫を維持するために，仕入をするタイミング・量・価格などの最適な計画をします。

販売計画から売上などの情報を得て，健全な資金繰りを実現する必要があります。

インターネットマーケティング

インターネットの発展に伴い，近年インターネット上のマーケティング活動が盛んです。インターネットマーケティングと呼ばれるマーケティング活動について主なものを見ておきましょう。

SEM(Search Engine Marketing)

検索エンジンに関係するマーケティング活動の総称です。

SEO(Search Engine Optimization)

SEMの中で検索エンジンでの掲載順位に特化した検索エンジンへの最適化手法です。

リスティング広告(キーワード連動型広告)

検索エンジンのキーワード検索結果とともに表示される文字広告です。

アフィリエイト広告

Webサイトに広告を掲載し，来訪者の行動(広告クリックや商品購入)に応じて，サイト管理者に報酬を与える広告です。

メールマガジン

情報を一斉にメール配信するためのツールですが，ネットショップ会員の囲い込みや広告配信にも多く利用されています。

バナー広告

Webサイトにハイパーリンクを設定した画像を貼る形式の広告です。広告の画像をクリックすることで，ハイパーリンクで指定されたWebサイトが表示されます。

オプトインメール広告

広告メールを受け取ることを承諾している人に送信されるメール広告です。商品購入時に販売元にメールアドレス情報を提供する際に，新商品情報やセール情報などの提供にメールアドレスを利用することを承諾した場合に，その販売元から新商品情報やセール情報などのメールマガジンが送付されます。承諾がない場合は，広告メールを送付することはできません。

レコメンデーション

商品購入などの行動履歴や登録情報からユーザの興味分野を分析し，ユーザごとに興味を持ちそうな情報を表示するサービスのこと。

> **プラスα**
>
> **オピニオンリーダ（世論形成者）**
>
> 集団の意思決定（流行，買物，選挙など）に関して，大きな影響を及ぼす人物のことを指し，顧客の購買行動に重大な影響を与える人物になります。

2. マーケティングのための分析手法

RFM分析

RFMとは，Recency（最終購買日），Frequency（購買頻度），Monetary（累計購買金額）の略で，これらの顧客の情報から，顧客分析を行うための手法です。

顧客分析から，顧客の選別や格付けを行い，セグメンテーションマーケティングなどにつなげます。

アンゾフの成長マトリクス

製品－市場 成長マトリクスと呼ばれる，企業の成長戦略の方向性を分析・評価するための分析ツールです。

「製品」と「市場」をそれぞれ「既存」と「新規」に分け，その組み合わせから成長戦略を「市場浸透」「製品開発」「市場開拓」「多角化」の4つに分類します。

ポジショニング

自社の商品は競合商品を含む市場の中で，どのような位置づけにあるのかを明確にすることです。自社の商品を差別化し，顧客に認知してもらえるように，その商品の特性を明確にすることに役立てられます。

		製品	
		既存	新規
市場	既存	**市場浸透**	**製品開発**
	新規	**市場開拓**	**多角化**

3. マーケティング戦略

ニッチ戦略

いわゆる「市場のすきま」を狙う戦略のことです。

あまり注目されていない市場で商品·サービス提供を行うことで，その市場においてシェアや収益性を確保しようとする戦略です。

ブランド戦略

企業または商品・サービスのブランド確立のための戦略を指します。

ブランドを確立することで，商品・サービスに付加価値がつき，競争優位を確保することができます。

プッシュ戦略

企業が直接的に働きかけて販売促進を図る戦略を指します。

消費者に対して営業担当者が直接，売り込みをするだけでなく，卸・小売店に対して，販売奨励金を出したり，販売応援要員を派遣するといったこともこれに該当します。

プル戦略

小売店にメーカーが社員を派遣したり，小売店に対して販売奨励金などを提供したりすることで，小売現場での販売強化を図り，消費者の需要を積極的に喚起する戦略です。

✎サンプル問題

ワントゥワンマーケティングを説明したものはどれか。

ア　市場シェアから企業の地位を想定し，その地位に合った活動を行う。

イ　市場という集団を対象とするのではなく，個々の顧客ニーズに個別に対応する。

ウ　セグメントのニーズに合った製品やマーケティングミックスを展開する。

エ　単一製品を，すべての顧客を対象に大量生産・大量流通させる。

(ITパスポートシラバス　サンプル問題　問10)

解答：イ

ワントゥワンマーケティングは，顧客1人ひとりの特性を把握した上で，そのニーズに合わせたマーケティング活動を行う手法です。

ア　シェアを根拠にしているので，SWOT分析を活用したマーケティング活動です。

イ　正解です。個々の顧客ニーズへの対応が特徴になります。

ウ　セグメントマーケティングの説明です。

エ　マスマーケティングの説明です。

□ 2-1-3　ビジネス戦略と目標・評価

企業は経営戦略の目標を実現するために，ビジョンの明確化やビジネス戦略の具体化，その評価や見直しをしていく必要があります。

1. ビジネス戦略立案及び評価のための情報分析手法

ビジネス戦略立案や評価のための情報分析には様々な手法が利用されます。ここでは，主な手法について確認していきます。

BSC(Balanced Scorecard)

BSC(バランス・スコア・カード)とは，ビジネス戦略や各業務の評価をし，見直しを行うために使われる情報分析手法です。企業のビジョンや戦略がどのように業績に影響しているのかを可視化する業績評価の手法ともいうことができます。

BSCでは，企業の過去・現在・未来を，**財務の視点**，**顧客の視点**，**業務プロセスの視点**，**学習と成長の視点**，という4つの視点から評価します。

- **財務の視点**…財務状況の向上のため，企業の財務状態を分析・評価・見直し。
- **顧客の視点**…顧客視点での評価，満足度の向上のため，業務の評価・見直し。
- **業務プロセスの視点**…競争優位や企業基盤の向上のため，業務プロセスを評価・見直し。
- **学習と成長の視点**…成長力や学習能力向上のため，投資や組織体制の評価・見直し。

CSF(Critical Success Factors：主要成功要因)

CSF(**主要成功要因**)とは，目標実現のために重要な成功要因を明らかにする手法です。重要な成功要因を明確にすることで，そこに経営資源を集中させるというような戦略をとることができます。

また，CSFは，戦略レベルだけでなく，部門や個人といったレベルまで分析します。

必要に応じて，戦略達成目標をより具体的に定義した指標であるKGI(Key Goal Indicator：**重要目標達成指標**)や，目標達成に向けて重要な業務の状況を，より定量的に把握する指標であるKPI(Key Performance Indicator：**重要業績評価指標**)という指標まで詳細に分析して，戦略目標の達成に役立てられています。

VE(Value Engineering)

企業の製品価値やサービス価値の向上を目指すための手法が，VE(バリューエンジニアリング)です。

VEは，製品やサービスが果たす機能をコストで割ることで商品の価値を把握します。その上で，顧客が求める機能の強化を進め，並行してコストの削減を行うことで，企業の競争優位を高めます。単なるコストダウンではなく，商品の品質や性能に影響を及ぼさずに創意工夫を進める点がポイントです。

✎サンプル問題

バランススコアカードの視点は，財務，顧客，業務プロセスと，もう一つはどれか。

ア　学習と成長　　イ　コミュニケーション

ウ　製品　　エ　強み

(ITパスポートシラバス　サンプル問題　問11)

解答：ア

バランススコアカードは，財務，顧客，業務プロセス，学習と成長の4つの視点から企業を評価し，経営目標の達成に生かす分析主法です。

財務は過去の視点，顧客と業務プロセスの視点は現在，学習と成長は未来という枠組みで，企業を評価します。

COLUMN

この範囲の重要な用語は，他の範囲のものと似ていて混乱することが多いようです。

ここまでで出てきたアルファベット3文字の略称で表された用語について，すでに区別が怪しいなと感じている人は，このタイミングで一度復習しておくことをお勧めします。

それぞれの意味を覚えるだけでなく，正式名称や日本語訳を同時に覚えることが暗記の手助けになると思いますので，面倒ですが一緒に覚えましょう。

また，単語カードのようなものを作成して，時間があるときに小まめに確認するのもお勧めです。

□ 2-1-4　経営管理システム

経営管理システムとは，企業の経営管理を効果的かつ効率的に行うための仕組みです。ここでは，企業経営を支える手法について学習しましょう。

1. 経営管理システム

経営管理システムは，プログラム構築されたシステムではなく，経営管理手法を指します。管理システムを実現するためのコンピュータシステムと混同しないようにしましょう。

CRM（Customer Relationship Management：顧客関係管理）

CRM（**顧客関係管理**）は，顧客との長期的な関係を築くために活用する手法です。顧客データベースを作成し，購入履歴や問い合わせ履歴など個々の顧客とのすべてのやり取りを管理することで，顧客を囲い込み顧客満足度の向上を目指します。

CRMシステム

CRM実現のために，様々なコンピュータシステムが存在します。

コールセンターシステム

顧客の電話応対システムで，大人数のオペレータによる業務を可能にします。顧客の情報を参照できるため，顧客開拓やマーケティング活動にも利用されます。

CTI（Computer-Telephony Integration）

電話やFAXをコンピュータにつないだシステムで，コールセンターシステムと組み合わせることで，即座に顧客情報をオペレータに表示することなどができます。

SFA（Sales Force Automation：営業支援システム）

営業支援を行うためのシステムです。一元化された顧客情報データベースから顧客情報を分析，抽出するなどの機能を備えています。営業チーム内のスケジュール情報の共有機能など様々な機能が備えられているシステムが多いようです。

DMシステム

企業から見込み客に送られるDM（ダイレクトメール）を活用した販売促進活動をサポートするシステムです。カタログやセール情報などを送信します。

SCM(Supply Chain Management：供給連鎖管理)

SCM（サプライチェーンマネジメント）は，資材調達から製造，流通，販売にいたる商品供給の流れを**供給連鎖（サプライチェーン）**と捉えて，その連鎖に参加する部門や外部企業との情報共有によって業務の効率化を目指す手法です。

VCM(Value Chain Management：価格連鎖経営)

VCM（バリューチェーンマネジメント）は，企業の業務の流れを機能ごとに分類し，価格の連鎖と捉える手法です。業務・機能単位で価値とコストを加えていき，その最終的な価値を向上させ，競争優位につなげることを目的に，外部企業との連携や外注なども視野に入れながら業務改善を進めます。SCMが商品供給プロセスの全体最適化を目指すのに対し，VCMは部門個々の業務改善を行うことで顧客視点での価値向上を目指します。

製造業なら，各業務（資材調達，開発，製造，流通，販売，サービス）の価値を分析し，その価値の蓄積からコストを引いたマージン（利潤）を増加する業務改善を行います。

QC(Quality Control：品質管理)

TQC（Total Quality Control:全社的品質管理）

企業の中のあらゆる人が参加して品質管理を推進することです。

設計・調達・製造・広告・販売・保守といった各部門が連携し，統一的な目標に向けて品質管理を行うことで，企業や商品の価値向上につなげます。

日本企業に向いている手法として注目を浴びました。

TQM（Total Quality Management:総合的品質管理）

TQC（組織全体による品質管理目標への取り組み）を発展させたもので，業務や経営全体の質を向上させるための管理手法のことです。

経営の質を客観的に評価するツールであるISO9000シリーズを利用することで，より品質の高い業務・経営の実現を目指します。

シックスシグマ

TQCを研究・発展させた品質管理手法または経営手法です。

製造工程をはじめとする各工程での品質の"ばらつき"を減らすよう，原因追求と対策をすることで，品質を追求し顧客満足度の向上などにつなげます。

ナレッジマネジメント

特定の従業員だけが持っている情報や知識を共有し，組織全体で有効活用することで，業務改善や業績向上につなげる経営手法です。

対象となるのは情報（データ）だけではなく，経験やノウハウといった知識も共有しようとする点が特徴です。企業内で利用されるグループウェアは，ナレッジマネジメントを実現するための代表的なツールになります。

TOC（Theory Of Constraints：制約理論）

生産管理・改善のための理論体系であり，問題解決のための手法として利用されています。

生産過程でボトルネックとなる工程（制約）が，全体の生産量を決定するので，全体のスケジュールをボトルネック工程に合わせることで無駄のない生産ができるという考え方です。よって，生産性を向上させるにはボトルネック工程を改善する必要があるということになります。

✎サンプル問題

SCM を説明したものはどれか。

ア　顧客に関係する部門が情報共有しながら，顧客とのやり取りを一貫して管理することで，顧客との関係を強化し，企業収益の向上に結びつけていく手法である。

イ　個々の社員がビジネス活動から得た客観的な知識や経験・ノウハウなどを，ネットワークによって企業全体の知識として共有化する手法である。

ウ　販売，生産，会計，人事などの業務で発生するデータを統合データベースで一元管理し，各業務部門の状況をリアルタイムに把握するための手法である。

エ　部品の調達から製造，流通，販売に至る一連のプロセスに参加する部門と企業間で情報を共有・管理することで，業務プロセスの全体最適化を目指す手法である。

（ITパスポートシラバス　サンプル問題　問12）

解答：エ

SCMは，商品供給までの活動に参加する部門や企業で情報共有し，全体最適化を目指します。

ア　CRM（顧客関係管理）の説明です。

イ　ナレッジマネジメントの説明です。

ウ　ERP（Enterprise Resource Planning：企業資源計画）の説明です。

✎練習問題

問1

ある業界への新規参入を検討している企業がSWOT分析を行った。分析結果のうち，機会に該当するものはどれか。

ア　既存事業での成功体験

イ　業界の規制緩和

ウ　自社の商品開発力

エ　全国をカバーする自社の小売店舗網

（ITパスポート試験　平成30年春期　問17）

問2

プロダクトポートフォリオマネジメント（PPM）における“花形”を説明したものはどれか。

ア　市場成長率，市場占有率ともに高い製品である。成長に伴う投資も必要とするので，資金創出効果は大きいとは限らない。

イ　市場成長率，市場占有率ともに低い製品である。資金創出効果は小さく，資金流出量も少ない。

ウ　市場成長率は高いが，市場占有率が低い製品である。長期的な将来性を見込むことはできるが，資金創出効果の大きさは分からない。

エ　市場成長率は低いが，市場占有率は高い製品である。資金創出効果が大きく，企業の支柱となる資金源である。

（初級システムアドミニストレータ試験　平成19年度春期　問61）

問3

ニッチマーケティングの具体例はどれか。

ア　顧客を性別と年齢層で分類し，それぞれの対象ごとに雑誌広告を掲載した。

イ　テレビCMを制作し，大々的に宣伝活動を行った。

ウ　インターネットで専門用語のキーワード連動型広告を配信した。

エ　製品，価格，流通，広告の視点を元に，マーケティング戦略会議を行った。

（オリジナル）

問4

CRMに必要な情報として，適切なものはどれか。

ア　顧客データ，顧客の購買履歴

イ　設計図面データ

ウ　専門家の知識データ

エ　販売日時，販売店，販売商品，販売数量

（ITパスポート試験　平成28年春期　問11）

練習問題の解答

問1　解答：イ
SWOT分析は，経営戦略を立案する過程で必要となる，企業の外部環境と内部環境の情報を分析するための手法です。経営環境の分析を行うことができるので，経営戦略構築のための情報分析のほかに経営戦略の評価にも使われるフレームワークです。企業を取り巻く様々な環境を，企業内部の「強み（Strengths）」と「弱み（Weaknesses）」，外部環境における「機会（Opportunities）」と「脅威（Threats）」の4つに分類整理します。
ア　強みに該当します。
イ　正解です。機会に該当します。
ウ　強みに該当します。
エ　強みに該当します。

問2　解答：ア
ア　正解です。市場成長率，市場占有率ともに高い製品が花形になります。
イ　市場成長率，市場占有率ともに低いので，負け犬に分類されます。
ウ　成長率は高いが，自社の占有率が低い製品は問題児というカテゴリです。
エ　企業の支柱となる資金源であり，占有率は高く，成長率は低いので，金のなる木です。

問3　解答　ウ
ア　地理以外の分類を活用するのは，セグメントマーケティングの事例です。
イ　すべての消費者に行うマーケティング活動に当たるので，マスマーケティングの事例です。
ウ　正解です。ターゲットを絞った広告になるので，ニッチマーケティングです。
エ　マーケティングの4Pの事例です。

問4　解答　ア
CRM（顧客関係管理）は，顧客との長期的な関係を築くために活用する手法です。顧客データベースを作成し，購入履歴や問い合わせ履歴など個々の顧客とのすべてのやり取りを管理することで，顧客を囲い込み顧客満足度の向上を目指します。

2-2 技術戦略マネジメント

□ 2-2-1 技術開発戦略の立案・技術開発

企業が将来的な市場のニーズに答え，競争優位を得ていくためには，自社の技術評価に加え，技術動向や製品動向の調査・分析をした上で，技術開発戦略を立案し，その戦略に基づいた技術開発をしていく必要があります。ここでは，技術開発戦略の立案と技術開発計画に関する手法について見ていきます。

1. MOT（Management Of Technology：技術経営）

技術の研究開発の成果を経済的な価値にする経営のことです。

たとえ技術の研究開発に成功しても，必ずしも事業に結びつくとはかぎりません。

むしろ技術と経営の両方を理解した技術経営のできる人材は少なく，その育成に日本でも経済産業省を中心に取り組んでいます。

技術ポートフォリオ

企業が研究開発を進める技術のうち，どの技術領域にどれだけ経営資源を投入するかを判断すること。PPM同様に，最も効果的な配分を決定するための情報分析手法です。

イノベーション（技術革新）

イノベーション（技術革新）とは、新技術などを用いて抜本的な業務改善や、新製品の開発、新たな商品価値の創造などを実現する取り組みのことです。

プロセスイノベーション

研究開発，製造，物流の各業務プロセスにおける改革のことを指します。

プロダクトイノベーション

革新的な新技術を取り入れた新製品を開発するなど，製品に関する技術革新のことを指します。

オープンイノベーション

新たな技術や製品の開発に際して，組織の枠組みを越え，広く知識・技術の結集を図る取り組みです。産学官連携プロジェクトによる共同開発や大企業とベンチャー企業による共同開発などがこれに該当します。

デザイン思考

イノベーション（技術革新）のための方法論のひとつで，企業のあらゆる活動において活用できるデザイナー的な思考のことです。データや経験則だけに頼らず，顧客の声に耳を傾けて，課題の発見や解決につなげる考え方になります。

プラス α

イノベーションのジレンマ

大きなシェアを獲得した企業が顧客の意見に耳を傾け，既存商品の改善に注力することで結果的にイノベーション（技術革新）の遅れを発生させて失敗を招くという考え方です。

特許戦略

企業が開発した技術などの知的財産に対して，効率的に特許を取得する戦略のことを指します。

新しい技術を開発したとしても，その技術を利用した製品が増えなければ，特許を取得したことの利点は少なく，やみくもに特許出願をしても，コスト面で無駄が生じてしまいます。

2. 技術開発戦略の立案

技術予測手法

技術戦略の立案のために必要な将来的な技術の進歩を予測する手法のことで，代表的な手法にデルファイ法があります。その他，技術の進歩の傾向が比較的安定している分野については，過去の傾向を元に将来を予測する傾向外挿法も利用されています。

デルファイ法

デルファイ法は，技術戦略の立案のために必要な技術動向や製品動向を分析するために活用される手法です。

匿名制のアンケートを複数回実施し，複数の専門家が持つ直観的な意見や経験からの判断を集約し，技術動向や製品動向といった未来予測に役立てられます。直接専門家同士が顔をあわせて話し合うパネルディスカッションなどに比べ，他の専門家の影響を排除することができるため，より率直な意見を得ることが可能です。

技術戦略マーケティングの障壁

技術経営や技術戦略マーケティングでは，技術を商品として市場に流通させるためにいくつかの障壁があります。

死の谷(デスバレー)

技術経営において，研究開発したものを事業化するうえで存在する障壁のことを指します。優れた研究の成果があったとしても，それを事業化することが難しい状況を作っている資金や人材面での問題などがこれに該当します。

ダーウィンの海

研究開発より得られた新技術を事業化した時に，市場においてその事業を成功させるために存在する障壁のことを指します。事業化した商品の収益性を確保するために，競争優位を確保し競争に勝つために必要な課題がこれに該当します。

キャズム

ハイテク業界において新製品・新技術を市場に浸透させていく際に見られる，初期市場から市場への浸透への移行を阻害する深い溝のことを指します。

普及学においては，消費者は新商品や新技術に積極的に早い段階から興味を持つ「イノベーター」から順に「アーリーアダプター」「アーリーマジョリティ」「レイトマジョリティ」「ラガード」の5つの対応に区分され，そのうち特にアーリーアダプターとアーリーマジョリティの間に存在する障壁がこれに該当します。

3. 技術開発

技術開発計画

技術開発戦略を元に，具体的な技術開発計画を立てます。

ロードマップ

技術開発計画に基づき，リリース予定をまとめた図表を**ロードマップ**と呼びます。

ロードマップは，時系列で各製品の世代的な前後関係が分かりやすく記載されていて，専門家や投資家，他企業にとって製品動向や技術動向の貴重な資料にもなります。

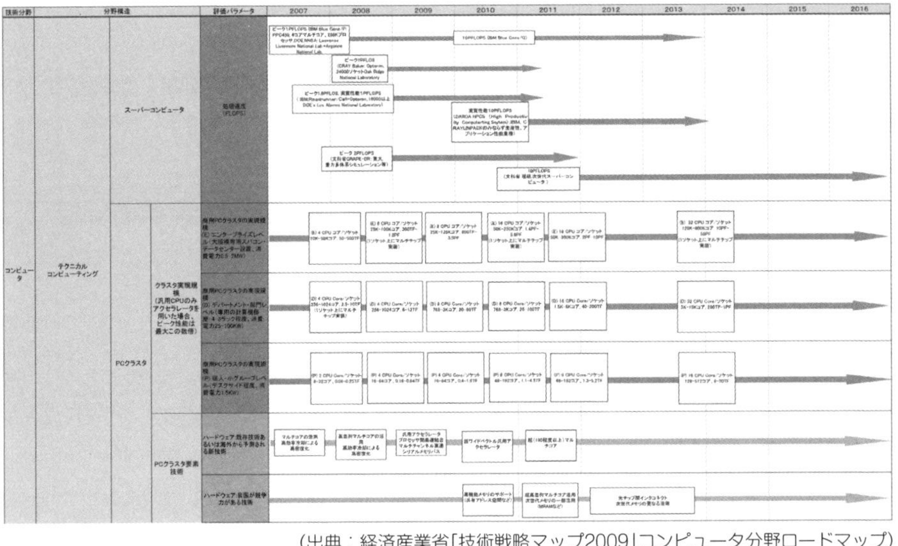

(出典：経済産業省「技術戦略マップ2009」コンピュータ分野ロードマップ)

ビジネスモデルキャンバス

ビジネスモデルを，顧客セグメント(CS)，顧客との関係(CR)，チャネル(CH)，提供価値(VP)，キーアクティビティ(KA)，キーリソース(KR)，キーパートナー(KP)，コスト構造(CS)，収入の流れ(RS)の9つの要素で分類し，それぞれの関わりを1枚の紙にまとめた図で，視覚的にビジネスモデルの把握に役立てます。

技術開発

技術開発の実践には次のような様々な手法や理論が用いられます。

リーンスタートアップ

「リーン」は無駄のないという意味で，新しいビジネスを始めるにあたり，生産効率や課題解決のために徹底的に無駄を排除することを重視するマネジメント手法です。

API エコノミー

API(Application Programming Interface)とは，プログラムを連携させる仕組みで，自社の公開したAPIが他社のサービスにも活用されて広がっていく経済圏のことをAPIエコノミーと呼びます。

代表的なAPIエコノミーにGoogle社の地図サービスを活用したものがあります。APIがビジネスとビジネスをつなぎ，新たな価値を生み出す活動全般を指すこともあります。

ハッカソン

hack（ハック）＋marathon（マラソン）からの造語で，hackは「仕事の質，効率，生産性を上げたり，高く維持したりするために行う工夫や取り組み」という意味で用いられます。主にエンジニアが集まって，一定期間集中的にプログラム開発やサービス企画などの共同作業を行い，その技能やアイデアを競う催しを指します。

✎サンプル問題

技術開発戦略の立案に必要となる将来の技術動向の予測などに用いられる技法であり，複数の専門家からの意見収集，得られた意見の統計的集約，集約された意見のフィードバックを繰り返して意見を収束させていくものはどれか。

ア　シナリオライティング
イ　デルファイ法
ウ　ブレーンストーミング
エ　ロールプレイング

（ITパスポートシラバス　サンプル問題　問13）

解答：イ
複数の専門家からアンケートによって意見を得て，それを集約する手法はデルファイ法です。
ア　将来，企業を取り巻く環境等を，論理的なシナリオにより描写し，分析する手法です。
イ　正解です。技術戦略立案のための技術動向予測などに利用されます。
ウ　少人数のグループで，問題の解決に向けてのアイデアを自由に出し合う手法です。
エ　役割（ロール）を演じる（プレイ）ことでコツや問題点に気付かせる研修手法です。

✎練習問題

問 1

MOT(Management of Technology)の目的として，適切なものはどれか。

ア　企業経営や生産管理において数学や自然科学などを用いることで，生産性の向上を図る。

イ　技術革新を効果的に自社のビジネスに結び付けて企業の成長を図る。

ウ　従業員が製品の質の向上について組織的に努力することで，企業としての品質向上を図る。

エ　職場において上司などから実際の業務を通して必要な技術や知識を習得することで，業務処理能力の向上を図る。

(ITパスポート試験　平成27年秋期　問12)

問 2

企業が技術開発計画に基づき，リリース予定をまとめた図表はどれか。

ア　ロードマップ

イ　E-R図

ウ　ガントチャート

エ　リリースノート

(オリジナル)

問 3

デザイン思考の例として，最も適切なものはどれか。

ア　Webページのレイアウトなどを定義したスタイルシートを使用し，ホームページをデザインする。

イ　アプローチの中心は常に製品やサービスの利用者であり，利用者の本質的なニーズに基づき，製品やサービスをデザインする。

ウ　業務の迅速化や効率化を図ることを目的に，業務プロセスを抜本的に再デザインする。

エ　データと手続を備えたオブジェクトの集まりとして捉え，情報システム全体をデザインする。

(ITパスポート試験　令和元年秋期　問30)

練習問題の解答

問1　解答：イ

MOT（技術経営）は，技術の研究開発の成果を経済的な価値にする経営のことです。

ア　IEの説明です。

イ　正解です。MOTは，技術革新をビジネスに結び付けて自社の成長を図ります。

ウ　TQCの説明です。

エ　OJTの説明です。

問2　解答　ア

ア　正解です。リリース予定をまとめて公表することで製品動向や技術動向の資料としても役立ちます。

イ　E-R図は，代表的なモデル化の技法で，データベース設計などにも用いられます（P.107参照）。

ウ　ガントチャートは，プロジェクト管理などで利用される工程管理図のことです。

エ　リリースノートは，ソフトウェアの更新履歴で，前バージョンに対しての修正個所などを示す資料です。

問3　解答　イ

デザイン思考は，イノベーション（技術革新）のための方法論のひとつで，企業のあらゆる活動において活用できるデザイナー的な思考のことです。データや経験則だけに頼らず，顧客の声に耳を傾けて，課題の発見や解決につなげる考え方になります。

ア　CSSの説明です。

ウ　BPRの説明です。

エ　オブジェクト指向設計の説明です。

COLUMN

情報処理の資格であるにも関わらず，経営戦略について問われることに疑問を感じる人が多くいます。実際，その様な質問をしてくる生徒さんは数えきれません。その時，私は必ず確認します。

「戦略とは何か。」

戦略とは，簡単に言えば，競争相手に勝つ方法です。

「では，その方法を考えるのには何が必要か。」

それは自分の特徴を把握すること，相手を知ること，そして競争する環境を知ることです。例えばスポーツの世界では，必ず試合によって戦い方というものが存在します。相手の手ごわさ，自分の得意なプレイ，当日の天候などなど，与えられた条件によって私たちの振る舞いは変わるはずです。どんな時でも変わらないでよいのは，絶対的な王者ぐらいでしょう。

すなわち，対象や環境にあった戦い方を選ぶことが目的達成への必要な条件になるわけです。いくら自分に能力があっても，相手が弱くても，プレイの選択を間違えれば勝てません。

すなわち，情報システムが経営戦略に沿った企業活動の中にある以上，情報システムも経営戦略に沿ったものでなければなりません。極端な言い方をすると，いくら性能面で優れたシステムであっても経営戦略に沿わないシステムは役に立たないのです。

情報処理資格であるITパスポートで経営戦略について学ぶ意味がお分かりいただけたでしょうか？

2-3 ビジネスインダストリ

CAM
CAD
RFID
CIM
POS
混乱しないように気をつけて!!

□ 2-3-1　ビジネスシステム

ビジネスシステムとは，企業が業務内容に応じて利用する情報システムの総称です。
ビジネスシステムには，他のシステム会社などが運用するシステムの利用，または，自社で購入する大規模なシステムと，自社の業務用コンピュータに導入し，単体，または，システムと連携して動くソフトウェアパッケージとよばれるものが存在します。

1. 代表的なビジネス分野でのシステム

ビジネス分野で利用される代表的なビジネスシステムは次の通りです。

POS(ポス)システム（販売時点情報管理）	商店などで利用される商品管理システムで，主にバーコードを利用し，在庫情報や顧客の購買情報を更新・管理します。
ICカード	ICチップをプラスチック製のカードなどに組み込んだものです。情報量とセキュリティに優れ，社員証や金融機関などで利用されています。
RFID（ICタグ）	ICタグと呼ばれるICチップを無線で認識するシステムです。移動中でも認識できるため，様々なものの管理に利用されます。 RFIDを活用し**トレーサビリティ**（食品の生産元を確認できる）サービスの提供などを実現しています。カードタッチ方式の旅券や電子マネーもRFIDを応用しています。
電子マネー	貨幣価値を持つ電子情報で，決済に利用することができます。 先払いのプリペイド方式と後払いのポストペイ方式があります。
GPS応用システム（世界測位システム）	人工衛星を利用し自分がどこにいるのかを割り出すシステムです。携帯電話や車のナビゲーションシステムに利用されています。

ETCシステム (自動料金収受)	高速道路におけるノンストップ自動料金収受システムです。無線通信を利用して，車を止めずに高速料金の収受が可能です。
スマートグリッド	次世代送電網と呼ばれます。 電力の流れを供給側・需要側の両方から制御できる専用の機器やソフトウェアが，送電網の一部に組み込まれていて，電力の流れを最適化できる送電網です。 省エネルギー対策となる技術として注目されています。
流通情報システム	流通事業者が利用する情報システムで，システムの活用により，小売業・卸業者・製造元間との情報伝達を図ることなどで流通業務の効率化が進み，経営資源の有効活用，コストの低減などに役立てられます。
金融情報システム	銀行・信用金庫・証券会社・生命保険会社など金融機関で利用される情報システムのことです。 これらの金融機関の基盤として利用され，金融機関内での一般業務に加え，銀行のATMをはじめ，インターネットバンキングやクレジット決済など様々な業務を支えています。
クラウドファンディング	インターネットを通じて不特定多数の人からの資金調達を可能するサービスです。
CDN	配信元とユーザの間のエッジサーバ(中継サーバ)にキャッシュデータを保持することで，Webコンテンツの円滑な配信を実現するネットワークです。

COLUMN

近年ビジネス分野のシステムで注目を浴びているものにM to M (M2M) があります。これはMachine to Machine の略であり，機械同士がネットワークを介して情報をやり取りし，高度な制御を自律的に行う技術を指します。
例えば自動販売機の在庫状況の遠隔監視やエレベータの稼働状況の監視，センサを用いた農業分野への応用など幅広い分野での活用が進められています。

2. 代表的なビジネスシステムのソフトウェアパッケージ

ビジネス分野で利用される代表的なソフトウェアパッケージをご紹介します。

ERPパッケージ（企業資源計画）	企業のあらゆる資源を統合的に管理，活用するための手法であるERP（企業資源計画）を実現するソフトウェアパッケージです。
業務別ソフトウェアパッケージ	営業支援，販売管理，労務，会計など業務の内容に応じて必要な機能を持たせたソフトウェアパッケージです。
業種別ソフトウェアパッケージ	製造業向け，金融業向け，医療向けなど業種に特化した機能を備えたソフトウェアパッケージです。
DTP（Desk Top Publishing）	出版物の原稿作成やデザイン，レイアウトなどの編集作業をコンピュータで行い，そのデータから印刷を行うことを指します。

プラスα

多くのビジネスシステムは略称で表記されますが，回答のヒントになるので正式名称で覚えておきましょう。

POS …Point of Sales
RFID…Radio Frequency Identification（電波による個体識別）
GPS …Global Positioning System
ETC …Electronic Toll Collection
CTI …Computer Telephony Integration
ERP …Enterprise Resource Planning

3. AI（人工知能）

人間の知的ふるまいの一部を，ソフトウェアを用いて人工的に再現したものを**AI（人工知能）**と呼びます。

人間の脳のしくみ（ニューロン間のあらゆる相互接続）から着想を得た**ニューラルネットワーク**とよばれる数理モデルを持ち，データの伝達や分析を行います。

ディープラーニング（深層学習）

ニューラルネットワークをより高度に成長させるためには学習が必要であり，そのニューラルネットワークを利用した**機械学習**の手法を**ディープラーニング（深層学習）**と呼びます。

ディープラーニングは，コンピュータ自らが様々なデータに含まれる潜在的な特徴をとらえ分析し，より正確で効率的な判断を実現させる学習であり，音声認識や自然言語処理，画像認識などに役立てられます。

4. その他の分野のシステム

ビジネス分野以外に行政サービスの分野でもシステムは利用されています。例えば，**マイナンバー制度**は，ICチップ付の**マイナンバーカード**を取得することで，行政手続きの**電子申請・届出システム**などを利用することができます。国民の行政手続きの利便性を向上させるとともに行政手続きの効率化が図られています。代表的な電子申請・届出システムには，国税電子申告・納税システムの**e-Tax**が挙げられます。

行政や公共団体が個人を特定することができる**マイナンバー**は通知カードによって全国民に配布されて，さらに希望者は顔写真とICチップの追加マイナンバーカードを在住市町村で交付を受けることができます。

✎サンプル問題

問1　銀行・商店などと提携したカード会社が会員に発行するカードであり，買い物の時点では現金を支払わずに，カードを提示するだけでよく，カード会社と会員である消費者との間の契約に基づいて，後日決済するものはどれか。

ア　ID カード　　　　イ　クレジットカード
ウ　デビットカード　　エ　プリペイドカード

(ITパスポートシラバス　サンプル問題　問14)

問1　解答：イ
「カード会社と会員である消費者との間の契約」と「後日決済」のキーワードから考えます。
ア　IDカードは，身元を証明できるカードの総称です。
イ　正解です。後日，クレジット会社との間で期間内の支払金額をまとめて決済します。
ウ　デビットカードは，利用すると即時に預金口座から支払金額が引き落とされるカードです。
エ　プリペイドカードは，先払い型の電子マネーです。

問2 トレーサビリティシステムの特徴はどれか。

ア 医療診断などの専門的知識を必要とする分野で，専門的知識をデータベース化又はプログラム化してコンピュータに解決策を推論させる。

イ 小売店の店頭で欠品が起こらないように，逐次ハンディターミナルから発注情報を取引先に伝達する。

ウ 食品などの生産・流通にかかわる履歴情報を消費点から生産点にさかのぼって追跡できる。

エ 対話形式で，非定型的な経営上の問題解決のための意思決定を支援する。

(ITパスポートシラバス サンプル問題 問15)

問2 解答：ウ

トレーサビリティとは，食品などの生産者や流通経路を確認できるシステムです。

ア 医療分野で使われる業種別ソフトウェアパッケージの説明です。

イ POS(販売時点情報管理)システムの説明です。

ウ 正解です。トレーサビリティシステムは，食品などの生産者や流通経路を確認できます。

エ DSS(Decision Support System：意思決定支援システム)の説明です。

□ 2-3-2　エンジニアリングシステム

エンジニアリングシステムとは，原材料，設備，機械などとそれを制御する人的資源を統合して，生産工程を管理，支援するシステムの総称です。

1. エンジニアリング分野におけるIT活用

エンジニアリング分野においてITが活用されるようになり**自動化**が進んでいます。自動化によって，生産管理や在庫管理を効率的に行うことができるようになったり，設計や製造そのものを自動化することが可能になりました。

コンカレントエンジニアリング

CE（同時進行技術活動）とも呼ばれます。
商品設計から製造・出荷にいたる様々な業務を同時並行的に行う開発手法です。
開発期間の短期化，納期の短縮などを実現します。

2. 代表的なエンジニアリングシステム

CAD（キャド）（Computer Aided Design：コンピュータ支援設計）

CADは，コンピュータを用いて設計を行うエンジニアリングシステムです。

自動車・航空機などの機械設計や住宅設計，非常に小さな工業製品の設計までこなすことができます。設計に必要なデータの再利用や人の手で設計するには細かすぎる情報まで効率的に取り扱うことができ，3D設計にも強いのが特徴です。

CAM（キャム）（Computer Aided Manufacturing：コンピュータ支援製造）

CAMは，CADで設計されたデータを元に生産準備全般を行うエンジニアリングシステムです。設計を行うCADと実際に製造を支援する製造・加工システムの中間に位置するシステムであり，CADと組み合わせてCAD/CAMシステムと呼ばれます。

FA（Factory Automation：工場の自動化）

FAとは，コンピュータを用いて，工場を自動化するエンジニアリングシステムです。

人によって行われていた作業を，産業ロボット（コンピュータ制御できる製造機械）に任せることで，作業ミスの削減や効率向上，安全性の向上を図ることができます。また，長い期間でみた場合，製造コストを下げることにつながります。

CIM(Computer Integrated Manufacturing：コンピュータ統合生産)

CIMは，生産現場における製造情報，技術情報，管理情報といった様々な情報を一元管理し，生産の効率性を高めるシステムです。また，販売部門や流通部門の情報と連携することでさらに統合的な管理を行うことが可能になってきています。

センシング技術

観測技術の総称です。最近では遠隔地にある対象を観測するためのリモートセンシングが広く行われています。

具体的には，資源探査や火山活動の把握，海洋調査などがこれにあたります。

3. 生産方式

企業が生産する製品によって，最も効率的に生産をすることができる方法をまとめた呼び方で，大きくライン生産方式・ロット生産方式・個別生産方式に分かれます。

また，特徴のある生産方式を独自に開発したり，他社の生産方式を取り入れることで，業績の改善を目指す企業も増えています。

JIT(ジット)(Just In Time：ジャストインタイム)

"必要な物を，必要な時に，必要な量だけ"生産することで，工程間の在庫を最小限にすることで無駄を省き，一方で完全受注生産に比べ，ある程度の在庫を維持することで待ち時間の生じない効率的な調達・製造を可能にします。

かんばん方式

トヨタ生産方式の別名で，トヨタ社が考案した必要なものを必要なだけ作って運ぶという考え方を実現するために，「いつ，どこで，何が，どれだけ使われたか」を書いたかんばん(カード)を使う生産方式です。

かんばんは部品箱ひとつひとつについていて，部品を使うときにこのかんばんを外し，必要な情報を書き込みます。このはずされたかんばんを定期的に回収し部品工場に渡すことで，部品工場は使われた分だけ新たに部品を生産します。結果的に無駄な在庫を削減することにつながります。

リーン生産方式

「リーン」は無駄のないという意味で，生産工程から無駄を徹底的に省くことで，品質を保ちながら生産にかかる時間や必要以上の在庫を削減した生産を実現します。JITやかんばん方式を活用し、生産ラインが必要とする部品を必要となる際に入手できるように発注することで，在庫量を適正に保ちます。

FMS(Flexible Manufacturing System：フレキシブル生産システム)

工作機械を使用し自動生産する生産システムです。

人間を介さず無人生産を可能にすることで，生産容量及び稼働率を向上させます。

また，各種部品の同時生産が可能となります。

また，多種製品の製造，生産量の増減や製品の少数生産にも向いています。

MRP(Material Requirements Planning：資材所要量計画)

生産・在庫管理における手法のひとつで，企業の生産計画に基づいて，必要な資材や部品の所要量と発注時期を割り出し手配します。

使用分を都度補充するのではなく，必要になる資材や部品を予想し事前に割り出すことで，在庫不足のない在庫圧縮を実現します。

✎サンプル問題

表から算出できる1ヵ月当たりの利益を最大にした場合の，製品B の1ヵ月当たりの生産個数は幾つか。ここで，1ヵ月当たりの工数は280人月とする。

	利益／個	工数／個	生産能力／月
A 製品	20万円	4人日	25個
B 製品	16万円	4人日	30個
C 製品	9万円	3人日	40個

ア　15　　イ　20　　ウ　25　　エ　30

(ITパスポートシラバス　サンプル問題　問16)

解答：エ
最大の利益を求める問題なので，利益の大きな製品から生産能力を最大限使っていきます。
最大の利益が出るように精算するには，まず製品ごとの1ヵ月の最大利益を求め，金額の大きいものから工数を割いていきます。
製品ごとの最大の利益は，
A製品：生産数25個，利益500万円，工数100人月
B製品：生産数30個，利益480万円，工数120人月
C製品：生産数40個，利益360万円，工数120人月
となります。
利益が大きい順に，A製品，B製品に最大の工数をかけたとしても，1ヵ月当たりの工数である280人月に満たないので，B製品は最大限の生産が可能になることが分かります。
よって，B製品の生産個数は30個となり，正解はエとなります。
なお，補足すると，この場合のC製品の生産については，
C製品：生産数20個，利益180万円，工数60人月（280−100−120＝60）
となります。

COLUMN

エンジニアリングシステム分野の出題は，各システムの内容を問う問題のほかに，サンプル問題のような工数計算が含まれます。
計算自体はさほど難しいものではありませんので，落ち着いて解答するようにしましょう。
本番では後回しにする手もありますが，その場合は解答のし忘れやマークシートのずれなどが生じないように注意が必要です。

□ 2-3-3　eビジネス

インターネットの普及に伴って，昨今では**eビジネス**が盛んになっています。インターネットなどの通信手段を活用した企業活動を総称してeビジネスと呼びます。

1. 電子商取引

電子商取引の特徴

eビジネスの中でも最も盛んなのが，**Eコマース**とも呼ばれる**EC（電子商取引）**は，インターネットなどを活用した商取引です。ECには様々なメリットがあります。

電子商取引のメリット

- 販売チャネルの拡大（地理的な制約がない）
- 実店舗の維持や販売員確保に比べ，コストがかからない。実店舗を持たない無店舗販売も可能
- 電子メールなどを使った顧客の囲い込みやマーケティング活動を行いやすい
- 多大なコストをかけずに新規分野に参入できる
- ニッチ商品を取り扱う多品種少量販売で全体の売上げを伸ばす**ロングテール戦略**も可能

電子商取引の分類

電子商取引は，販売対象や販売元によって分類されます。

電子商取引の分類

BtoB	Business to Businessの略で，企業間取引を指します。 顧客企業利用を前提とした商品を，製造元企業が提供する形態です。ソフトのライセンス販売などがこれに該当します。
BtoC	Business to Consumerの略で，企業対個人取引を指します。個人向けの商品を企業が販売する形態です。一般的なインターネットショッピングはこれに該当します。
CtoC	Consumer to Consumerの略で，個人対個人取引を指します。商品売買を企業ではなく個人間で取引する形態です。インターネットオークションなどがこれに該当します。
BtoE	Business to Employeeの略で，企業と従業員の取引を指します。自社製品の売買だけでなく，社内教育や業務支援の取引もこれに該当するため，企業内における情報伝達の概念として扱うこともあります。
BtoG	Business to Governmentの略で，企業と政府や公共機関との取引を指します。

電子商取引の利用

商品の売買以外にも様々な形態の電子商取引が存在します。

電子商取引の具体例

電子マーケットプレイス	インターネット上に設けられた企業間取引所です。
オンラインモール	複数のオンラインショップが連なるWebサイトです。
電子オークション	インターネット上で行われるオークションです。
インターネットバンキング	インターネット上で銀行口座を扱えるサービスです。
インターネットトレーディング	インターネット上で行う株取引です。
インターネット広告	インターネット上で表示する広告です。 ※詳細は「2-1-2　マーケティング」のポイント参照

EDI(Electronic Data Interchange：電子データ交換)

標準化された規約に基づいて電子化された注文書や請求書などのビジネス文書をやり取りする企業間取引，また，そのための仕組みを指します。
見積もり，受発注，決済などでやり取りされる情報を，あらかじめ定められた形式にしたがって電子データにすることで，スムーズな取引を実現します。

フィンテック(FinTech)

Finance（金融）とTechnology（技術）を組み合わせた造語で，ITを活用した金融サービスのことを指します。

スマートフォンを活用した送金やクレジット決済，金融機関の情報と連動した会計システム，仮想通貨などが該当します。

仮想通貨

暗号化されたディジタル通貨で，商品提供への対価を支払う決済手段として利用できるものです。

貨幣のような実態ではなくデータとして管理され，主にインターネット上の支払いや金融サービスでの活用が一般的ですが，徐々に小売店の決済手段としても普及が進んでいます。なお、多くの仮想通貨は国家による価値の保証はなく、その代わりに取引台帳を利用者が相互に保持して整合性を維持する**ブロックチェーン技術**を用いて管理されています。

2. 電子商取引の留意点

非常に便利な電子商取引ですが，一方で様々な危険や問題が起こる可能性があります。

フィッシング詐欺のような個人情報（氏名，住所，電話番号など）や決済情報（クレジットカードの番号や銀行口座番号）などを不正に収集して悪用する犯罪や，**ネット詐欺**（インターネット技術を悪用した詐欺）にあわないように十分な注意が必要です。

エスクローサービス

販売元と購入者の間に第三者が入り，商品と代金のやり取りを取り持つサービスのことです。
購入者が商品を受け取ってから代金を支払い，その代金を第三者が責任をもって回収します。
特にインターネットオークションなどの「C to C取引」では，安心してやり取りができるため利用されています。

✎サンプル問題

問1　EC（Electronic Commerce）の形態のうち，BtoCに該当するものはどれか。

ア　Web-EDI を利用して，企業が外部ベンダに資材を発注する。
イ　企業内の社員販売サイトで，割引特典のあるサービスを申し込む。
ウ　国や自治体が発注する工事に対して，企業が電子入札を行う。
エ　バーチャルモールのオンラインショップで，書籍を購入する。

（ITパスポートシラバス　サンプル問題　問17）

問1　解答：エ
ア　外部ベンダとは製品の販売代理店である外部企業のことなので，BtoBになります。
イ　社員販売サイトとあるので，BtoEになります。
ウ　国や地方公共団体が相手になるので，BtoGになります。
エ　正解です。企業が運営するバーチャルモールでの個人が購入しているのでBtoCです。

問2 ロングテールに基づいた販売戦略の事例として，最も適切なものはどれか。

ア 売れ筋商品だけを選別して仕入れ，Webサイトにそれらの商品についての広告を長期間にわたり掲載する。

イ 多くの店舗において，購入者の長い行列ができている商品であることをWebサイトで宣伝し，期間限定で販売する。

ウ 著名人のブログに売上の一部を還元する条件で商品広告を掲載させてもらい，ブログの購読者と長期間にわたる取引を継続する。

エ 販売機会が少ない商品について品ぞろえを充実させ，Webサイトにそれらの商品を掲載し，販売する。

（ITパスポート試験　平成31年春期　問35）

問2　解答：エ

インターネット販売で，ニッチ商品を取り扱う多品種少量販売で全体の売上げを伸すロングテール戦略も可能です。

ロングテール戦略では，販売機会が少ない商品について品ぞろえを充実させ，Webサイトにそれらの商品を掲載し販売することで，全体として十分な売上を確保します。

□ 2-3-4　民生機器・産業機器

私たちは日常的にITを活用した電子機器を活用して生活しています。ここでは，それらの電子機器について触れていきます。

1. 民生機器と産業機器

電子機器は，一般家庭で使用される電化製品や通信機器のことを指す**民生機器**と産業機械や公共機関で使用される機器を指す**産業機器**の2つに分けられます。

製造販売する企業では，経営戦略をはじめ，マーケティング，生産活動などを民生機器と産業機器で大別し，それぞれ別の戦略を持って企業活動を行っています。

2. IoT・組込みシステム

IoT

「Internet of Things」の略で，「モノのインターネット」とも呼ばれます。ありとあらゆるモノがインターネットを通じて情報を伝達・共有しあう仕組みであり，人の操作を介さずに直接情報伝達を行う特徴があります。

ドローン

無人飛行機のことで，一般的には小型の無人ヘリコプターのような形状のものが想像されますが，他の形状のものも存在します。

無人であるゆえに小型化できることで，商品の輸送や人が立ち入れない場所や空中からの撮影や監視など様々な場所で活用がはじまっています。輸送以外にもドローンで観測した情報をIoTで共有し別の機器を動かすといった活用方法も期待されています。

コネクテッドカー

ITを活用した自動車のことで，車両の状態や道路状況などのセンサによって取得し，インターネットを通じて共有･分析することで，自動車の快適性や安全性の向上を実現します。

センサやAIといった先端技術を用いて，自動車を人間が運転操作をせずに自動走行させる**自動運転**はすでに普及していますが，IoTにより運行情報を共有することで渋滞を緩和し，結果的に省エネや環境対策にもつながることや，自動運転技術と連携することでさらに新たな活用も期待されています。

ロボット

人間をはじめとする動物と似た動作機能を有する機械です。人間に代わって作業を自動的に行うことができ，産業分野を中心に徐々に掃除ロボットなど家庭用のロボットの普及も広がっています。IoT普及により、センサやロボット間の情報共有が自動化され、より便利な活用が期待されています。

ワイヤレス給電

バッテリ駆動型の機器を充電装置の近くに置くだけで，充電することができる技術です。通常充電に必要とされるケーブルを不要にします。充電用のポート(穴)が不要になるため，防水化などにも役立ちます。バッテリを用いるIoT機器への給電方法としても注目されています。

スマートファクトリー

IoT技術を駆使し，生産用機械とインターネットを接続し，生産状況や機械の状況を管理し最適化する工場です。

インダストリー4.0

第4次産業革命とも呼ばれる，製造業のデジタル化・コンピュータ化を進めるコンセプトを表現したキーワードです。

組込みシステム

電子機器には，用途や機能の実現のためにコンピュータが組み込まれているものがあります。このような電子機器を**組込みシステム**と呼びます。中でも，ネットワークに相互接続された家電は，**情報家電**と呼ばれます。

ファームウェア

電子機器に組み込まれたハードウェアを制御するためのソフトウェアです。

ソフトウェアではありますが，ROMに書き込まれた状態で組み込まれて提供されるので，あまり変更が加えられないことから，ハードウェアとソフトウェアの中間という位置付けで扱われます。

組込みシステムの具体例

民生機器と産業機器の組込みシステムについて，主な例を確認しておきましょう。

民生機器の主な例

家電製品	炊飯器：米の炊き方やタイマー機能など 洗濯機：服の洗い方やタイマー機能など
通信機器	固定電話・FAX：着信・発信履歴や電話とFAXの切替，留守番電話など 携帯電話：電話帳機能や携帯用Webサイトの閲覧，カメラ機能など 携帯情報端末：PDA(Personal Digital Assistant)などの通信機器

産業機器の主な例

産業機械	産業ロボット：溶接・組立・塗装ロボットなど 自動倉庫：倉庫の室温管理や在庫管理，入出庫管理など 自動販売機：商品の温度管理や決済処理など ディジタルサイネージ：屋外広告や交通広告に利用されるディスプレイやプロジェクタを利用した広告 ATM（Automatic Teller Machine）：現金自動預け払い機とも呼ばれます。顧客の操作によって，金融機関から現金の引き出し，預入，振込などを可能にします。
公共設備	信号機：信号切替や時間帯による動作変更など 消防・防災システム：スプリンクラーなどの消火機能など

プラスα

ロボット制御技術の研究であり，ロボットの設計や開発，運転などの研究を**ロボティクス**と呼びます。ロボット工学とも呼ばれ機械制御や機構，センサー技術などを研究します。

また，近年は学習機能により，人間の言葉を理解して反応したり，判断を伴う知的な処理を行う**AI（人工知能）**の活用も注目されています。

✎サンプル問題

インターネットなどネットワークに接続できる通信機能を備えたテレビや冷蔵庫，エアコンなどの製品のことを総称して何というか。

ア　AV 家電　　イ　PC 家電　　ウ　情報家電　　エ　多機能家電

（ITパスポートシラバス　サンプル問題　問18）

解答：ウ

情報家電は「携帯電話，携帯情報端末（PDA），テレビ自動車等生活の様々なシーンにおいて活用される情報通信機器及び家庭電化製品等であって，それらがネットワークや相互に接続されたものを広く指す。」（経済産業省）と定義されています。

COLUMN

最近では，多くの電子機器に組込みシステムが搭載されています。

これまでも，携帯電話のような双方向の通信機能を持ち合わせた情報家電は存在しましたが，どちらかというと初めから双方向の通信を前提としたものが，ほとんどでした。

しかしここ数年，テレビなどこれまで双方向の通信機能とは無縁だったものも，情報家電化が進んでいます。今後，情報家電はどのような発展をするのか，非常に楽しみです。

✎練習問題

問1

表から算出できる1ヵ月当たりの利益を最大にした場合の，製品Aの1ヵ月当たりの生産個数は幾つか。ここで，1ヵ月当たりの工数は150人日とする。

	生産能力／月	工数／個	利益／個
製品 A	15個	3人日	30万円
製品 B	30個	4人日	15万円
製品 C	25個	4人日	30万円

ア　0　　　イ　7　　　ウ　12　　　エ　15

（オリジナル）

問2

RFIDの活用によって可能となる事柄として，適切なものはどれか。

ア　移動しているタクシーの現在位置をリアルタイムで把握する。
イ　インターネット販売などで情報を暗号化して通信の安全性を確保する。
ウ　入館時に指紋や虹彩といった身体的特徴を識別して個人を認証する。
エ　本の貸出時や返却の際に複数の本を一度にまとめて処理する。

（ITパスポート試験　令和元年秋期　問31）

問3

人工知能の活用事例として，最も適切なものはどれか。

ア　運転手が関与せずに，自動車の加速，操縦，制動の全てをシステムが行う。
イ　オフィスの自席にいながら，会議室やトイレの空き状況がリアルタイムに分かる。
ウ　銀行のような中央管理者を置かなくても，分散型の合意形成技術によって，取引の承認を行う。
エ　自宅のPCから事前に入力し，窓口に行かなくても自動で振替や振込を行う。

（ITパスポート試験　令和元年秋期　問22）

問4

コンカレントエンジニアリングの説明として，適切なものはどれか。

ア　既存の製品を分解し，構造を解明することによって，技術を獲得する手法
イ　仕事の流れや方法を根本的に見直すことによって，望ましい業務の姿に変革する手法
ウ　条件を適切に設定することによって，なるべく少ない回数で効率的に実験を実施する手法
エ　製品の企画，設計，生産などの各工程をできるだけ並行して進めることによって，全体の期間を短縮する手法

（ITパスポート試験　平成29年秋期　問17）

問5

ジャストインタイムやカンバンなどの生産活動を取り込んだ，多品種大量生産を効率的に行うリーン生産方式に該当するものはどれか。

ア　自社で生産ラインをもたず，他の企業に生産を委託する。
イ　生産ラインが必要とする部品を必要となる際に入手できるように発注し，仕掛品の量を適正に保つ。
ウ　納品先が必要とする部品の需要を予測して多めに生産し，納品までの待ち時間の無駄をなくす。
エ　一つの製品の製造開始から完成までを全て一人が担当し，製造中の仕掛品の移動をなくす。

（ITパスポート試験　平成31年春期　問15）

問6

Aさんは，インターネットオークションを利用して，Bさんが出品したC出版の書籍を購入した。この電子商取引の形態を表す言葉として正しいものはどれか。

ア　BtoB　　イ　BtoC　　ウ　CtoC　　エ　BtoE

（オリジナル）

問7

IoTに関する記述として，最も適切なものはどれか。

ア　人工知能における学習の仕組み
イ　センサを搭載した機器や制御装置などが直接インターネットにつながり，それらがネットワークを通じて様々な情報をやり取りする仕組み
ウ　ソフトウェアの機能の一部を，ほかのプログラムで利用できるように公開する関数や手続の集まり
エ　ソフトウェアのロボットを利用して，定型的な仕事を効率化するツール

（ITパスポート試験　令和元年秋期　問13）

問8

組込みソフトウェアに該当するものはどれか。

ア　PCにあらかじめインストールされているオペレーティングシステム
イ　スマートフォンに自分でダウンロードしたゲームソフトウェア
ウ　ディジタルカメラの焦点を自動的に合わせるソフトウェア
エ　補助記憶媒体に記録されたカーナビゲーションシステムの地図更新データ

（ITパスポート試験　平成26年秋期　問2）

練習問題の解答

問1　解答：エ

製品ごとの1人日当たりの利益は

製品A：30÷3＝10(万円)

製品B：15÷4＝3.75(万円)

製品C：30÷4＝7.5(万円)

よって，A→C→Bの順に製産能力の上限まで製産することで，最大利益を求められます。

製品Aの製産能力／月は15個であり，3人日×15＝45人日となっても150人日を超えないため，エが正解となります。

問2　解答：エ

RFIDは，ICタグと呼ばれるICチップを無線で認識するシステムです。移動中でも認識できるため，様々なものの管理に利用されます。

RFIDを活用しトレーサビリティ（食品の生産元を確認できる）サービスの提供などを実現しています。カードタッチ方式の旅券や電子マネーもRFIDを応用しています。

ア　GPSの活用事例です。

イ　HTTPSやSSLなどのインターネット暗号化技術の説明です。

ウ　生体認証の説明です。

エ　正解です。RFIDを使えば複数の本のバーコードなどを1冊ずつ読み取らなくても処理することができます。

問3　解答：ア

人間の知的ふるまいの一部を，ソフトウェアを用いて人工的に再現したものをAI(人工知能)と呼びます。

人間の脳のしくみ(ニューロン間のあらゆる相互接続)から着想を得たニュートラルネットワークとよばれる数理モデルを持ち，データの伝達や分析を行います。

ア　正解です。自動車の自動運転はAI(人工知能)の活用事例です。

イ　IoTの活用事例です。

ウ　ブロックチェーンの活用事例です。

エ　インターネットバンキングの活用事例です。

問4　解答：エ

コンカレントエンジニアリング(CE：同時進行技術活動)は，商品設計から製造・出荷にいたる様々な業務を同時並行的に行う開発手法です。開発期間の短期化，納期の短縮などを実現します。

ア　リバースエンジニアリングの説明です。

イ　BPRの説明です。

ウ　実験計画法と呼ばれる実験手法の説明です。

問5　解答：イ

リーン生産方式は，生産工程から無駄を徹底的に省くことで，品質を保ちながら生産にかかる時間や必要以上の在庫を削減した生産を実現します。JITやかんばん方式を活用し、生産ラインが必要とする部品を必要となる際に入手できるように発注することで，在庫量を適正に保ちます。

ア　ファブレスの説明です。

ウ　リーン生産方式はできるかぎり無駄を省くので，多めに生産はしません。

エ　セル生産方式の説明です。

問6　解答：ウ

この問題のインターネットオークションでの取引は，AさんとBさんの個人取引です。

個人対個人の取引形態はCtoC(Consumer to Consumer)と表されます。

なお，CtoC取引の商品が企業の製品であっても，この場合は販売元が個人になりますので，CtoCとなります。

問7　解答：イ

IoTは「Internet of Things」の略で，「モノのインターネット」とも呼ばれます。ありとあらゆるモノがインターネットを通じて情報を伝達・共有しあう仕組みであり，人の操作を介さずに直接情報伝達を行う特徴があります。

ア　機械学習の説明です。

ウ　APIの説明です。

エ　RPAの説明です。

問8　解答：ウ

電子機器には，用途や機能の実現のためにコンピュータが組み込まれているものがあります。このような電子機器を組込みシステム(組込みソフトウェア)と呼びます。

ア　PC上で動作するOSなどのソフトウェアは組込みソフトウェアと呼びません。

イ　出荷時にインストールされていないソフトウェアは組込みソフトウェアとは呼びません。

エ　後から追加される更新データは組込みソフトウェアとは呼びません。

第2章　経営戦略
キーワードマップ

2-1　経営戦略マネジメント

2-1-1 経営戦略手法

1. 経営戦略に関する用語　⇒顧客満足度(CS)，競争優位，アライアンス，
コア・コンピタンス，アウトソーシング，M&A，
ビジネスモデル，フレームワーク，ファブレス，フランチャイズ
チェーン，経験曲線，MBO，TOB，規模の経済，垂直統合，
ベンチマーキング，ロジスティックス

2. 経営情報分析手法
・SWOT分析
・PPM　⇒花形製品，金のなる木，問題児，負け犬，3C分析

3. オフィスツールの活用

2-1-2 マーケティング

1. マーケティングの基礎　⇒市場調査，マーケティングの4P，マーケティングの4C，
マーケティングミックス，マスマーケティング，
セグメントマーケティング，ニッチマーケティング，
ワントゥワンマーケティング，オムニチャネル，O to O，
プロダクトライフサイクル

・戦略的計画　⇒販売計画，製品計画，仕入計画
・インターネットマーケティング
⇒SEM，SEO，メールマガジン，リスティング広告，
アフィリエイト広告，バナー広告，
オプトインメール広告，レコメンデーション

2-1-3 ビジネス戦略と目標・評価

1. ビジネス戦略立案及び評価のための情報分析手法
・BSC(バランススコアカード)　⇒財務の視点，顧客の視点，業務プロセスの視点，学習と
成長の視点
・CSF(主要成功要因)
・VE(バリューエンジニアリング)

2. マーケティングのための分析手法

・RFM分析　・アンゾフの成長マトリクス　・ポジショニング

3. マーケティング戦略

・ニッチ戦略　・ブランド戦略　・プッシュ戦略　・プル戦略

2-1-4 経営管理システム

1. 経営管理システム

・CRM(顧客関係管理)　⇒コールセンター，CTI，SFA，DMシステム
・SCM(供給連鎖管理)
・VCM(価格連鎖経営)
・品質管理　⇒TQC，TQM，シックスシグマ
・ナレッジマネジメント
・TOC

2-2　技術戦略マネジメント

2-2-1 技術開発戦略の立案・技術開発

1. MOT　⇒技術ポートフォリオ

・イノベーション(技術改革)　⇒プロセスイノベーション，プロダクトイノベーション、オープンイノベーション，デザイン思考
・特許戦略

2. 技術開発戦略の立案 ⇒デルファイ法

・技術戦略マーケティングの障壁　⇒死の谷(デスバレー)，ダーウィンの海，キャズム

3. 技術開発

・技術開発計画　⇒ロードマップ，ビジネスモデルキャンパス
・技術開発　⇒リーンスタートアップ，API エコノミー，ハッカソン

2-3　ビジネスインダストリ

2-3-1 ビジネスシステム

1. 代表的なビジネス分野のシステム

⇒POSシステム，ICカード，RFID，電子マネー，GPS応用システム，ETCシステム，スマートグリッド，トレーサビリティ，クラウドファンディング，CDN

2. 代表的なビジネスシステムのソフトウェアパッケージ

⇒ERPパッケージ，DTP

3. AI(人工知能)　⇒ニューラルネットワーク

・ディープラーニング　⇒機械学習

4. その他の分野のシステム

⇒マイナンバー，電子申請・届出システム，e-Tax

2-3-2 エンジニアリングシステム

1. エンジニアリング分野におけるIT活用 ⇒コンカレントエンジニアリング

2. 代表的なエンジニアリングシステム

・CAD（コンピュータ支援設計） ・CAM（コンピュータ支援製造）
・FA（工場の自動化） ・CIM（コンピュータ統合生産） ・センシング技術

3. 生産方式

・JIT ・FMS ・MRP ・リーン生産方式 ・かんばん方式

2-3-3 eビジネス

1. 電子商取引

・電子商取引の特徴 ⇒Eコマース，EC（電子商取引），ロングテール，無店舗販売
・電子商取引の分類 ⇒BtoB，BtoC，CtoC，BtoE，BtoG
・電子商取引の利用 ⇒電子マーケットプレイス，オンラインモール，
電子オークション，インターネットバンキング，
インターネットトレーディング，インターネット広告
・フィンテック ⇒仮想通貨

2. 電子商取引の留意点 ⇒ネット詐欺，フィッシング詐欺

2-3-4 民生機器・産業機器

1. 民生機器と産業機器

2. IoT・組込みシステム

・IoT ⇒ドローン，コネクテッドカー，自動運転，ロボット，
ワイヤレス給電，スマートファクトリー，インダストリー4.0
・組込みシステム ⇒情報家電，ファームウェア，PDA，産業ロボット，自動倉庫，
ディジタルサイネージ，ATM

第3章 システム戦略

3-1 システム戦略

最新のシステムがでたみたいだから導入しましょうよ!

そのシステムは企業の戦略にあっているのかな?

□ 3-1-1　情報システム戦略

企業の経営戦略を実現させるために，情報システムを構築するための戦略を**情報システム戦略**と呼びます。ここでは，情報システム戦略について見ていきます。

1. 情報システム戦略

経営戦略において，システム化することが業務にとって必要，または有効であると判断されたもの対し，最適なシステム導入を行うための戦略になります。

SFA(Sales Force Automation：営業支援システム)

SFAは，営業活動を支援するための情報システムで，顧客情報の一元管理や商談の進捗状況や営業実績の管理，営業ノウハウの共有などが行えます。

なお，SFAには顧客情報の一元管理機能が含まれるため，CRM（顧客関係管理）のためのシステムとして捉えられるようになっています。

また，多数の企業がSFAを導入しており，結果として企業の営業活動自体が，社員個人での営業活動からグループ・チームでの営業活動に変化してきています。

エンタープライズサーチ

ファイルサーバ，データベースサーバ，Webサーバなどで管理されているファイルやデータといった企業の情報資産を横断的に検索するためのしくみのことです。

また，外部のWebサイトに公開されている情報を検索対象に含めることもでき，業務の効率化を図ることができます。

2. 戦略目標

戦略目標とは，企業の経営戦略の具体的な目標を明確にしたものです。企業は，具体的な戦略目標に向かって活動を行うことで，経営戦略を実現することができます。

モデル

戦略目標は，経営戦略に基づいていることはもちろん，自社の内部環境や外部環境を正しく把握しておかなければ，立てることはできません。戦略目標の設定には，SWOT分析やPPMなどの分析に加え，各業務を分かりやすくまとめて表現することも重要です。なお，このように簡素化して表現したものを**モデル**と呼びます。

モデルの例

ビジネスモデル	企業活動や構想，企業のビジネスのしくみを表現したものです。「儲けのしくみ」と表現されることもあります。
ビジネスプロセスモデル	業務の流れ（ビジネスプロセス）を表現したもので，業務がどのように処理されているかを明確にします。 単純化することで，全体把握や法則性の発見に役立ちます。
情報システムモデル	業務において情報がどのように流れて処理されているかを表現したものです。 主に情報システム戦略を立てる上で活用されます。

戦略目標に沿ったシステム

導入するシステムは戦略目標に沿ったものである必要があり、SoRとSoEに大別されます。

SoR（Systems of Record）

記録を主目的として構築されるシステムです。企業の基幹システムや顧客情報を扱うシステムなどが該当します。SoRは運用者の満足度を重要視します。

SoE（Systems of Engagement）

顧客とのつながりを主目的として構築されるシステムです。顧客やビジネスパートナーとの関係をつなぐために利用され，ソフトウェアのアップデートを配信するシステムなどが該当します。SoEは利用者（顧客）の満足度を重要視します。

バックエンドとフロントエンド

ユーザが意識しない，見えないWebサイトの裏側にあたるサイト内部の処理部分をバックエンドと呼びます。
一方、ユーザから見えているWebサイトのデザインを含めたインターフェイス部分のことをフロントエンドと呼びます。

EA(Enterprise Architecture)

政府機関や大企業などの巨大な組織の業務や情報システムを一定の考え方や方法で標準化し，組織の全体最適化を図っていく活動または方法論のことです。現状の業務と情報システムの全体像を可視化し，将来のあるべき姿を設定して，全体最適化を行うためのフレームワークになります。

✎サンプル問題

情報システム戦略の立案において，情報システムのあるべき姿を明確にするために，対象業務をモデル化したものはどれか。

ア　ウォータフォールモデル
イ　スパイラルモデル
ウ　ビジネスプロセスモデル
エ　プロトタイピングモデル

(ITパスポートシラバス　サンプル問題　問19)

解答：ウ
対象業務のモデル化という問題文からビジネスプロセスモデルを指していることが分かります。
ア　ウォータフォールモデルは，ソフトウェア開発プロセスです。(第4章参照)
イ　スパイラルモデルは，ソフトウェア開発プロセスです。(第4章参照)
ウ　正解です。情報システム戦略に限らず戦略立案に広く活用されます。
エ　プロトタイピングモデルは，ソフトウェア開発プロセスです。(第4章参照)

□ 3-1-2　業務プロセス

業務プロセスは，仕事の流れや手順を指します。業務プロセスを理解していなければ正しいシステム化はできません。

1. 業務プロセス

業務プロセスを把握することは業務改善につながり，経営戦略の実現や企業の価値向上につながります。業務プロセスから考える業務改善や問題解決の手法について確認します。

モデリング

モデリングとは，業務を視覚的に把握するために簡単にまとめて表したものです。狭義の業務プロセスをモデルにした代表的なものにビジネスプロセスモデルがあります。モデリングすることで，業務プロセスの全体像の把握などに役立ちます。

その他，経営活動全体を把握するビジネスモデルや，情報の流れを把握する情報システムモデルなどがモデリングの例として挙げられます。

代表的なモデリング手法

モデリングに利用される代表的な手法が，E-R図とDFDです。

E-R図(Entity Relationship Diagram：実体関連図)

エンティティ(Entity：実体)とリレーションシップ(Relationship：関連)を使い，データの関連図を作成する手法です。データベース設計などによく用いられます。

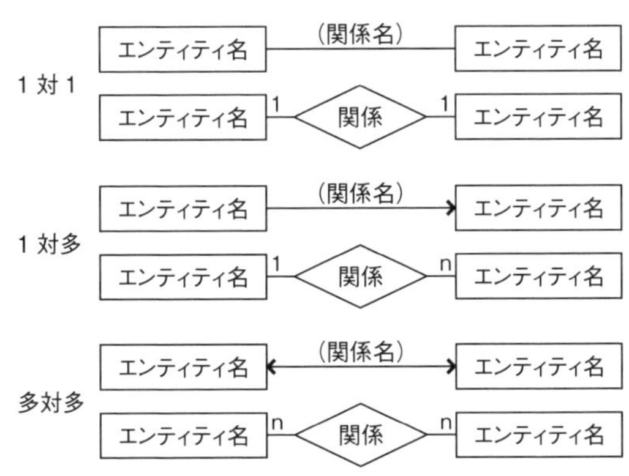

DFD（Data Flow Diagram）

ファイル（データストア），データフロー，プロセス（処理），外部（データ源泉）の4要素を用いてデータの流れを図にし，業務全体の流れを把握する手法です。

DFDの4要素

名称	意味	記号
ファイル（データストア）	データそのものやデータの蓄積	═
データフロー	データの流れ	→
プロセス（処理）	データの処理	○
外部（データ源泉）	データの発生源や出力先	□

DFDの例

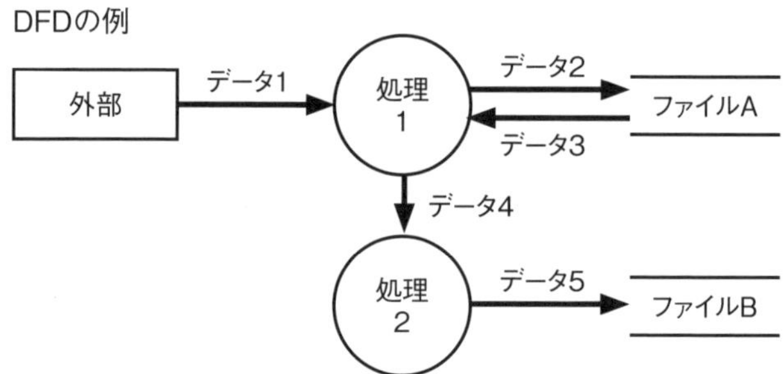

BPMN（Business Process Modeling Notation）

すべてのビジネス関係者が容易に理解できる標準記法で，ビジネスプロセスモデリング表記法とも呼ばれます。

業務プロセスの分析，改善にかかわる基礎

モデリング以外にも，業務プロセスの分析や改善に役立つ手法があります。

BPR（Business Process Re-engineering）

BPRは，業務の効率化やコスト削減のために，既存業務の手順の見直しをした上で，業務の流れを再構築する手法です。

BPM（Business Process Management）

BPMは，業務を分析，設計した上で，実際に業務を実行，改善，再構築を繰り返し行いながら業務改善を行っていく業務管理手法です。

ワークフローシステム

ワークフローシステムは，業務のルールやポジションを明確化し，業務の流れを適正にすることで，ミスの減少や作業の効率化を図る手法です。

2. 業務改善及び問題解決

IT技術の普及に伴い，コンピュータやネットワークが業務改善や問題解決に役立てられています。モデリングのような図式化はもちろん，業務データの整理や分析，ネットワークを活用した情報共有など利用方法は様々です。

RPA(Robotic Process Automation)

企業の間接業務を自動化する技術で，データの収集やシステムへの入力，単純なオフィス業務を自動化します。

請求書の処理や従業員からの各種申請の処理など，定義できるルールであれば，処理を自動化することで人為的なミスを防ぐことができます。

3. ITの有効活用

業務プロセスの中でITは様々なシーンで活用されています。特に業務の効率化を図るシステム化や社員間でのやり取りなどを円滑にするコミュニケーション分野での利用は，ITを活用する以前と比べて，格段に便利になっています。

システム化による業務効率化

ソフトウェアパッケージ(パッケージソフト)

業務に合わせてパッケージ化されたソフトウェアの導入を可能にします。**オフィスツール**と呼ばれるワープロや表計算のような汎用的なソフトウェアを集めたパッケージから，財務会計などの職種別のもの，製造業向けや小売業向けといった業種別のものまで様々なソフトウェアパッケージが存在します。

グループウェア

共有ファイルのアップロードや電子メール，掲示板，スケジュール管理など従業員の業務に必要な情報のやり取りを支援するシステムです。一般的には企業単位で導入されます。

テレワーク

IT技術を活用した場所や時間の制約を受けない自由な勤務形態のことです。

電子メールやグループウェア，クラウドなどを活用することで，自宅や外出先で業務にあたります。

プラス α

従業員が個人所有しているモバイルPCなどを職場に持ち込んで使用することを**BYOD**(Bring Your Own Device：私的デバイス活用)と呼びます。社員が同種の端末を複数持つ必要がなくなり，企業側は通信費の負担などをします。一方で，企業側が環境を一元管理しにくくなることから，セキュリティ上の課題も存在します。

コミュニケーションのためのシステム利用

電子メール

これまでの電話やファックスに比べ，相手不在時でも情報を渡せる点や複数の相手への情報伝達や履歴の保持，データ添付の容易さなどの優位点から，基本的なコミュニケーションツールとして広く利用されています。電話料金や郵送費の削減にもつながります。

電子掲示板

大勢の相手への情報伝達や一定期間表示させ続けることができる点，閲覧者からのコメントが可能な点などからコミュニケーション手段の１つとして利用されています。リアルタイムで短いコメントをやり取りできる**チャット**も存在します。

テレビ会議

実際に集まることなく，遠隔地でも会議を行えるシステムです。複数人の参加が可能であり，表情や資料となる物品をカメラで表示することができるので便利です。出張費や交通費のコスト削減にもつながります。

インターネット上のコミュニケーション

日記形式で，情報を公開できる**ブログ**は，企業においては日常的な顧客への情報発信に役立てられています。**SNS**(Social Networking Service)は，ブログの他に，趣味などを元にしたコミュニティ機能や友人登録したユーザーへの更新情報表示などコミュニケーション機能が発展しており，マーケティング活動や囲い込みなどに役立てられています。

シェアリングエコノミー

製品やサービス，場所などを他の契約者と共有することで，より多くの商品を利用できる仕組みのことで，インターネット上で予約などを行えるサービスが増えています。

代表的なものに，カーシェアリング(自動車)，シェアハウス(住宅)などがあります。

コンピュータ間の連携

IoT（Internet of Things：モノのインターネット）

コンピュータ同士が人からの処理命令を介さずに情報のやり取りを行う仕組みをIoTと呼びます。インターネットを介して無数のコンピュータやセンサーなどが連携し，情報分析や自動制御や遠隔計測などを実現します。

M to M（Machine to Machine）

M to Mは，機械同士がネットワークを通じて情報をやりとりすることです。IoTと異なり，特定の機械同士で接続して利用する方式になります。

✎サンプル問題

既存の組織やビジネスルールを抜本的に見直し，職務，業務フロー，管理機構，情報システムを再設計するという考え方はどれか。

ア　BPR　　　イ　ERP　　　ウ　RFP　　　エ　SLA

（ITパスポートシラバス　サンプル問題　問20）

解答：ア
ア　正解です。再設計というキーワードからもBPRであることが分かります。
イ　ERPは，業務データを一元管理し，各業務部門の状況を把握するための手法です。
ウ　RFPは，システム企画時の提案依頼書のことです。（第3章参照）
エ　SLAは，ITサービスマネジメントのサービスレベル合意書のことです。（第6章参照）

□ 3-1-3　ソリューションビジネス

ITを活用する多くの企業は，様々なソリューションを利用することでIT化を実現しています。

1. ソリューションとは

IT分野における**ソリューション**とは，IT技術を活用して問題解決を図ることを指します。

ソリューションを提供するソリューションビジネスでは，問題点や顧客の要望を正しく把握した上で，適切な解決策を提供する必要があります。

2. ソリューションの形態

IT分野におけるソリューションには，以下のような様々な手法が存在します。

代表的なソリューション

アウトソーシング	外部の専門業者が依頼元企業の業務の一部を委託されるサービスです。外部委託とも呼ばれます。
ホスティングサービス	ファイルサーバーやWebサーバーなどを貸し出すサービスです。サーバーの一部またはすべての領域を貸し出します。レンタルサーバーと呼ばれます。
ハウジングサービス	依頼元の企業が用意したサーバーを専門業者が預かり，ネットワークやセキュリティが整った環境を貸し出すサービスです。
ASP (Application Service Provider)	インターネット経由でソフトウェアを提供するサービスで，専門業者の構築したサーバーにアクセスしてサービスを利用します。管理や運用コストの削減につながります。一般的に企業ごとにサーバーを用意します。
SaaS（サース） (Software as a Service)	ASPと同様のインターネット経由でソフトウェアを提供するサービスです。 一般的に複数企業でサーバーを利用します。
PaaS（パース）(Platform as a Service)	インターネット経由でシステムやアプリケーションを稼働するためのプラットフォーム環境を提供するサービスです。

IaaS(Infrastructure as a Service)	インターネット経由で，仮想サーバなどのハードウェア環境やネットワーク環境などのインフラを提供するサービスです。
DaaS(Desktop as a Service)	インターネット経由で，仮想デスクトップ環境を提供するサービスです。
SOA (Service Oriented Architecture)	サービス指向アーキテクチャと呼ばれ，機能ごとに独立したソフトウェアを組み合わせてシステム構築します。ソフトウェアは連携が取れるよう標準化されています。
PoC(Proof of Concept)	概念実証とも呼ばれ，新しい概念，理論，原理などが実現可能であることを示すための簡易的な試行を意味します。 ビジネスにおいては，新しいアイデアが実現可能かどうかを示すためプロトタイプ（試作）を作成して確認することなどがこれに当たります。

プラス α

ASPやSaaSのようにネットワーク経由でソフトウェアを利用する手法に「クラウドコンピューティング」と呼ばれるものがあります。
それぞれの違いについておさらいしておきましょう。

ASP
シングルテナント方式（企業ごとにサーバーを用意）

SaaS
マルチテナント方式（複数の企業でサーバーを利用）

クラウドコンピューティング
SaaSなどを含むネットワーク経由のソフトウェア利用形態を指すが，データ処理が複数のサーバーに分散されており，ネットワーク上にある複数のコンピュータを巨大な１つのコンピュータとして捉える。

オンプレミス
企業が自社内に業務システムなどを設置，運用する。

✎サンプル問題

インターネット経由でアプリケーション機能を提供するもので，1つのシステムを複数の企業で利用するマルチテナント方式が特徴であるサービスはどれか。

ア　ISP(Internet Service Provider)

イ　SaaS(Software as a Service)

ウ　ハウジングサービス

エ　ホスティングサービス

（ITパスポートシラバス　サンプル問題　問21）

解答：イ

ア　ISPはインターネット接続業者の略称です。

イ　正解です。ASPが選択肢にないので，前半の問題文から解答が導き出せます。

ウ　ハウジングは，企業が用意したサーバーを預かり，運用環境を提供するサービスです。

エ　ホスティングは，サーバーを貸し出すサービスです。レンタルサーバーとも呼ばれます。

□ 3-1-4　システム活用促進・評価

企業の情報化を進めるには，導入したシステムをいかに有効活用できるかがポイントになります。ここでは，そのための考え方や施策についてまとめます。

1. 情報リテラシ

コンピュータやネットワークの基本的な知識や操作能力を**情報リテラシ**と呼びます。コンピュータ単独の操作能力を指すコンピュータリテラシに対し，情報リテラシは，IT技術を活用して，様々な情報をいかに有効活用することができるのかという能力を指します。

情報リテラシの向上は，IT化が進む現在において，個人にとっても，社員を抱える企業にとっても重要なものとして注目されています。

中でも，情報の検索，整理，分析，発信という情報リテラシは，業務遂行にあたり必要なスキルとして認識されています。

主な情報リテラシ

- 売上情報や経理情報などを情報システムに適切に入力し管理する処理能力
- 業務データから必要な情報を検索，絞り込みをして抽出する能力
- 複数のデータを元に，必要な情報をまとめた資料を作成する能力
- 周知したい情報を，適切にメールやグループウェアで発信し，情報共有を図る能力
- 販売データなどを元に，商品の販売動向などの傾向を読み取る能力
- インターネットなどから必要な情報を検索，収集する能力

ディジタルトランスフォーメーション(DX)

ITにより生活があらゆる面で改善されるという概念です。
ビジネスにおいては，IT技術を用いることで事業の規模や内容を根本的に変化させるという意味で用いられます。

2. データ活用

様々な業務データを持つ企業において，そのデータをいかに活用するかは，重要な課題となります。蓄積されたデータを分析し，日々の業務や問題解決に活用できることができる人材が求められています。

データウェアハウス

企業が持つ様々な情報(売上情報や顧客情報など)を整理し保管したものです。

データマート

データウェアハウスから利用目的に合わせて形式変換し，データベース化したものです。

BI(Business Intelligence)ツール

データウェアハウスなどの大量の数値データを分析するためのツールの総称です。

分析結果を視覚的に表現することで，意思決定などに役立てられます。

ビッグデータの活用

通常の業務システムでは処理が困難なほどに収集された大規模なデータ群を**ビッグデータ**と呼び，その有効活用が注目されています。

データマイニング

ビッグデータをはじめとする大量のデータを，統計解析を用いて分析し，その中から規則性や関係性を導き出す手法を**データマイニング**と呼び，販売戦略や商品戦略などに役立てられています。

特に、文字列を対象としたデータマイニングで，文章から単語の出現頻度や相関，傾向などを解析し，有益な情報を取り出すことを**テキストマイニング**と呼びます。

データサイエンス

データサイエンスは，データに関する研究を行う学問の総称です。統計学，数学などを用いて大量のデータを分析し，その中から有益な情報や法則性，関連性などを導き出します。また，そのための手法や処理の研究も含まれます。

なお、データサイエンスの能力を用いて，経営者の意思決定などを手助けする職種を**データサイエンティスト**と呼びます。データサイエンティストはデータサイエンスだけでなく，ITやマーケティングに関する知識も求められます。

3. 普及啓発

情報化が進んでいる企業においては，業務に即した情報システムが活用されています。そのシステムを利用するにあたり，社員に対する教育や研修といった普及啓発が行われなければなりません。

e-ラーニング

インターネット技術を活用した教育のことを指します。動画講義の配信や自動採点機能を持ったテストの実施などが可能です。また，遠隔地からも授業に参加できるバーチャル教室なども実現しています。

進捗管理などの学習者情報を管理することで教育効果の向上に役立てられています。

ゲーミフィケーション

顧客との関係構築や課題解決のために，顧客を楽しませるようなゲーム要素を取り入れる取り組みを指します。ポイントサービスを発端に，タスク管理のチームプレイ，継続した取り組みに対する特典などがこれにあたります。

ディジタルディバイド

情報格差とも呼ばれ，情報技術を使いこなせる人と使いこなせない人との間に生じる待遇や貧富，機会の格差のことです。
個人間だけでなく，地域間や国家間の格差として扱われることもあります。

プラス α

アクセシビリティ
商品が容易に利用できる状況であることを指す言葉です。
情報分野においては，情報の受け取りやすさを意味し，高齢者や障がい者を含む多くの人が不自由なく情報を得られるようにすることを意味します。

✎サンプル問題

情報リテラシを説明したものはどれか。

ア　PC保有の有無などによって，情報技術をもつ者ともたない者との間に生じる，情報化が生む経済格差のことである。

イ　PCを利用して，情報の整理・蓄積や分析などを行ったり，インターネットなどを使って情報を収集・発信したりする，情報を取り扱う能力のことである。

ウ　企業が競争優位を構築するために，IT 戦略の策定・実行をガイドし，あるべき方向へ導く組織能力のことである。

エ　情報通信機器やソフトウェア，情報サービスなどを，障害者・高齢者などすべての人が利用可能であるかを表す度合いのことである。

(ITパスポートシラバス　サンプル問題　問22)

解答：イ
ア　デジタル・ディバイドの説明です。PCの有無や利用の可否による格差を指します。
イ　正解です。情報を取り扱う能力とあるので，情報リテラシの説明です。
ウ　ITマネジメントの説明です。詳しくはマネジメント系(4章～6章)で説明します。
エ　アクセシビリティの説明です。利用者の障害や年齢に対応した利用手段を用意したソフトウェアや情報サービスが求められています。

✎練習問題

問 1

情報システム戦略の立案に当たり，必ず考慮すべき事項はどれか。

ア　開発期間の短縮方法を検討する。

イ　経営戦略との整合性を図る。

ウ　コストの削減方法を検討する。

エ　最新技術の導入を計画する。

(ITパスポート試験　平成29年秋期　問26)

問 2

エンタープライズアーキテクチャ(EA)の説明として，最も適切なものはどれか。

ア　企業の情報システムにおいて，起こり得るトラブルを想定して，その社会的影響などを最小限に食い止めるための対策

イ　現状の業務と情報システムの全体像を可視化し，将来のあるべき姿を設定して，全体最適化を行うためのフレームワーク

ウ　コスト，品質，サービス，スピードを革新的に改善するために，ビジネス・プロセスを考え直し，抜本的にデザインし直す取組み

エ　ソフトウェアをサービスと呼ばれる業務機能上の単位で部品化し，それらを組み合わせてシステムを柔軟に構築する仕組み

(ITパスポート試験　平成29年春期　問7)

問 3

DFDにおいて，データフローや処理(機能)以外に記述されるものだけを全て挙げたものはどれか。

a. データの処理に要する時間

b. データの蓄積場所

c. データの発生源や出力先

ア　a, b　　イ　a, b, c　　ウ　b, c　　エ　c

(ITパスポート試験　令和元年秋期　問9)

問 4

BPRを説明したものはどれか。

ア　業務のルールやポジションを明確化し，業務の流れを適正化し，効率化を図る

イ　業務を分析，設計した上で，実際に業務を実行，改善，再構築を繰り返し行いながら業務改善を行っていく業務管理手法

ウ　顧客情報の一元管理や営業実績の管理，営業ノウハウの共有などが行う

エ　情報技術を活用して，業務のプロセスを再設計し，企業構造を最適化する

（オリジナル）

問 5

自社の情報システムを，自社が管理する設備内に導入して運用する形態を表す用語はどれか。

ア　アウトソーシング

イ　オンプレミス

ウ　クラウドコンピューティング

エ　グリッドコンピューティング

（ITパスポート試験　平成31年春期　問30）

問 6

営業担当者の情報リテラシを向上させるための研修内容として，最も適切なものはどれか。

ア　業務で扱われる営業実績データの構造を分析してデータベースの設計をする方法

イ　情報システムに保存されている過去の営業実績データを分析して業務に活用する方法

ウ　販売システムの開発作業の進捗管理データを分析してプロジェクト管理標準を改善する方法

エ　販売システムの満足度を調査してシステム改善のロードマップを描く方法

（ITパスポート試験　平成29年秋期　問24）

練習問題の解答

問1　解答：イ

情報システム戦略は，経営戦略において，システム化することが業務にとって必要，または有効であると判断されたもの対し，最適なシステム導入を行うための戦略になります。つまり，経営戦略との整合性が図られていることが絶対条件と言えます。

問2　解答：イ

エンタープライズアーキテクチャ（EA）は，政府機関や大企業などの巨大な組織の業務や情報システムを一定の考え方や方法で標準化し，組織の全体最適化を図っていく活動または方法論のことです。現状の業務と情報システムの全体像を可視化し，将来のあるべき姿を設定して，全体最適化を行うためのフレームワークになります。

ア　リスクマネジメントの一環です。
ウ　BPRの説明です。
エ　SOAの説明です。

問3　解答：ウ

DFD（Data Flow Diagram）は，ファイル（データストア），データフロー，プロセス（処理），外部（データ源泉）の4要素を用いてデータの流れを図にし，業務全体の流れを把握する手法です。

a. データの処理に要留守時間は記述されません。
b. データの蓄積場所はファイル（データストア）で記述されます。
c. データの発生源や出力先は，外部（データ源泉）で記述されます。

以上より，正解はウとなります。

問4　解答：エ

ア　業務のルールを明確化し，業務の流れを適正化を図るのはワークフローシステムです。
イ　業務の実行，改善，再構築を繰り返し行っていく業務管理手法はBPMです。
ウ　顧客情報の一元管理や営業実績の管理などが行うのはSFAです。
エ　正解です。業務のプロセスを再設計し，企業構造を最適化するのがBPRです。

問5　解答：イ

オンプレミスは，企業が自社内に業務システムなどを設置，運用するシステムの利用形態になります。

ア　アウトソーシングは，自社の業務を外部に委託することです。
ウ　クラウドコンピューティングは，SaaSなどを含むネットワーク経由のソフトウェア利用形態です。データ処理が複数のサーバに分散されており，ネットワーク上にある複数のコンピュータを巨大な1つのコンピュータとして捉えます。
エ　グリッドコンピューティングは，インターネット上の機器に搭載されているCPUなどの処理機能を結び付けて、1つのシステムとして大規模な処理を行う利用形態です。

問6　解答：イ

コンピュータやネットワークの基本的な知識や操作能力を情報リテラシと呼びます。コンピュータ単独の操作能力を指すコンピュータリテラシに対し，情報リテラシは，IT技術を活用して，様々な情報をいかに有効活用することができるのかという能力を指します。

中でも，情報の検索，整理，分析，発信という情報リテラシは，業務遂行にあたり必要なスキルとして認識されています。

選択肢の能力はいずれも業務にとって有用なものですが，営業担当者が身につけるべき情報リテラシとしては，イが正解となります。

3-2 システム化計画

リスク分析やっても実際に起きなきゃ意味ないんじゃないですか？
いざというときに備えることもプロの仕事だよ！

□ 3-2-1　システム化計画

企業がシステムの導入を進めるにあたり，はじめに行うのがシステム化計画です。

1. システム化計画

システム化計画は，情報システム戦略に基づくシステム化構想とシステム化の基本方針を立案し，対象業務の分析をした上で，システムの全体像を明確にすることです。

システムの全体像を明確化する要素

- スケジュール　利用開始までの構築順序や業務移行，教育を含めたスケジュールを作成。
- 体制　開発部門と利用者部門双方から必要な人員を確保。
- リスク分析　システム開発・運用で起こりうるリスク分析と対処を検討。
- 費用対効果　システム開発・運用にかかるコストとシステム化による効果を分析。
- 適用範囲　システム化をどの業務まで進めるのか明確化。

✎サンプル問題

システム化計画の立案に含まれる作業はどれか。

ア　機能要件の定義　　　イ　システム要件の定義

ウ　ソフトウェア要件の定義　　　エ　全体開発スケジュールの検討

(ITパスポートシラバス　サンプル問題　問23)

解答：エ

システム化計画は，情報システム戦略を具体化するためにシステムの全体像の明確化を行うステップです。各要件定義は次のステップになります。

□ 3-2-2　要件定義

ここでは，明確化したシステムに必要な要件をまとめる要件定義について勉強します。

1．業務要件定義

業務要件定義とは，経営戦略や情報システム戦略に基づき，システム化の適用範囲になる業務の担当者のニーズを考慮し，システムに必要な機能や仕組みを実装すべきか明確にすることです。業務要件定義を行うには，利用者の要求の調査，調査内容の分析，現行業務の分析，業務要件の定義，機能要件の定義を行う必要があります。

要件定義

要件定義は，システム化する業務内容や業務フローなどの全体的な要件を定義することです。業務要件定義をはじめ，必要な機能の定義，改善すべき業務フローの把握，操作画面(ヒューマンインターフェース)の設計などが含まれます。

企画したシステムを経営や各業務の要求にきちんと沿ったものにするために非常に重要なプロセスとなります。要件定義では，DFDの他に，システムの状態の種別とその状態が遷移するための要因との関係を分かりやすく表現する**状態遷移図**，条件と処理を対比させた表形式で論理を表現した**決定表**などの手法を用います。

業務要件とシステム要件

業務要件

対象業務のフローや入出力情報を決めたもの

システム要件

業務要件を満たすためにシステムが持つべき機能要件や非機能要件を定めたもの

- **機能要件**　：業務を実現するために必要なシステムの機能のこと。システムが扱うデータ，処理内容，処理特性，ユーザインターフェイスなどが含まれる。
- **非機能要件**：機能面以外の要件のこと。性能や可用性，及び運用・保守性などの品質要件や，技術要件，セキュリティ，運用・移行要件などが含まれる。

✎サンプル問題

図のソフトウェアライフサイクルを，運用プロセス，開発プロセス，企画プロセス，保守プロセス，要件定義プロセスに分類したとき，a に当てはまるものはどれか。

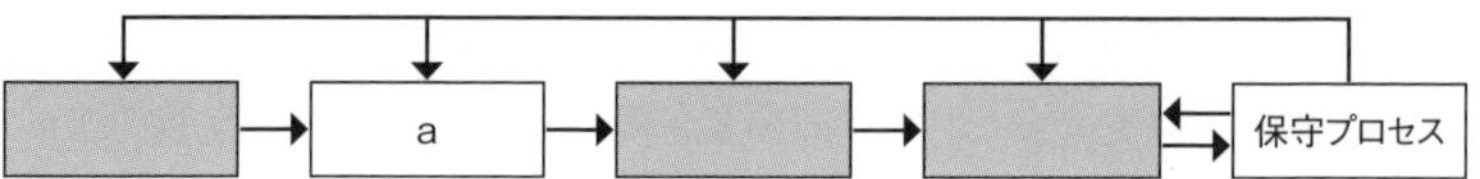

ア　運用プロセス　　イ　開発プロセス　　ウ　企画プロセス　　エ　要件定義プロセス

（ITパスポートシラバス　サンプル問題　問24）

解答：エ
左から順に企画プロセス，要件定義プロセス，開発プロセス，運用プロセスとなります。
aの要件定義プロセスは，システム化計画を，経営戦略や業務を担当するユーザーの要求に沿ったものにするための重要なプロセスになります。

□ 3-2-3　調達計画・実施

システム化の実現にあたり，要求に沿った製品サービスを調達する必要があります。

1. 調達の流れ

一般的に，調達は次のような流れで行われます。

調達の流れ

- **情報提供依頼(RFI)の作成**
  情報提供依頼書を作成し，発注先候補にシステムに必要な製品の情報提供を依頼。
- **提案依頼書(RFP)の作成・配布**
  調達条件やシステムの概要をまとめて提案依頼書を作成し配布します。
- **選定基準の作成**
  調達先を選定する上での基準を作成します。
- **提案書・見積書の入手**
  候補企業から提案書と見積書を入手し検討します。
- **調達先の選定，契約締結**
  調達先企業を決定し，契約を締結します。

情報提供依頼(RFI)

提案依頼書を作成するためには，技術動向や考えうる手段などの情報を集める必要があります。

そこで企業は，システム化の目的や業務概要を明示した**情報提供依頼**(RFI：Request For Information)を作成し，様々な情報を収集します。

提案依頼書(RFP)

情報提供依頼によって得た情報と自社のシステム化の目的や業務を元に，導入システムの概要，調達条件，対案依頼事項を記した**提案依頼書**(RFP：Request For Proposal)を作成し，調達先の候補である企業に配布します。候補企業は提案依頼書の内容に見合う提案書と見積書を作成します。

提案書

提案書は，提案依頼書を元に，製造供給元であるベンダ企業がシステムの構成や開発手法などを記し，発注者(依頼元企業)に提出するものです。

見積書

見積書は，導入システムの開発，運用，保守などの費用を文書化したもので，提案書と同様に発注者に提出されます。

コストの確認だけでなく，依頼内容や期間の確認という点でも重要な文書となります。

グリーン調達

製品の製造に利用する原材料や設備を調達する際に，できるだけ環境に配慮し，環境への負荷が少ないものを優先的に採用する考え方です。
CSR(企業の社会的責任)のひとつとして企業の取り組みが望まれます。

✎サンプル問題

ソフトウェアやサービスの取引契約内容の不透明さを取り除くために，発注者が提案依頼書に記載すべき項目はどれか。

ア　開発工数　　イ　システムの基本方針　　ウ　プログラム仕様書　　エ　見積金額

(ITパスポートシラバス　サンプル問題　問25)

解答：イ
提案依頼書は，発注者である依頼元企業からベンダ企業に対して，システム化の提案書を提出してもらうために出すものです。よって，提案書を作成するにあたり必要な情報が記載されていなければなりません。
ア，ウ，エの選択肢は，ベンダ側から提示される情報になります。

✎練習問題

問1

情報システム開発の工程を，システム化構想プロセス，システム化計画プロセス，要件定義プロセス，システム開発プロセスに分けたとき，システム化計画プロセスで実施する作業として，最も適切なものはどれか。

ア　業務で利用する画面の詳細を定義する。
イ　業務を実現するためのシステム機能の範囲と内容を定義する。
ウ　システム化対象業務の問題点を分析し，システムで解決する課題を定義する。
エ　情報システム戦略に連動した経営上の課題やニーズを把握する。

（ITパスポート試験　平成31年春期　問6）

問2

システムのライフサイクルプロセスの一つに位置付けられる，要件定義プロセスで定義するシステム化の要件には，業務要件を実現するために必要なシステム機能を明らかにする機能要件と，それ以外の技術要件や運用要件などを明らかにする非機能要件がある。非機能要件だけを全て挙げたものはどれか。

a. 業務機能間のデータの流れ
b. システム監視のサイクル
c. 障害発生時の許容復旧時間

ア　a，c　　イ　b　　ウ　b，c　　エ　c

（ITパスポート試験　平成30年春期　問6）

問3

システム導入を検討している企業や官公庁などがRFIを実施する目的として，最も適切なものはどれか。

ア　ベンダ企業からシステムの詳細な見積金額を入手し，契約金額を確定する。
イ　ベンダ企業から情報収集を行い，システムの技術的な課題や実現性を把握する。
ウ　ベンダ企業との認識のずれをなくし，取引を適正化する。
エ　ベンダ企業に提案書の提出を求め，発注先を決定する。

（ITパスポート試験　令和元年秋期　問16）

問4

調達の流れを表した下図の4つの空欄に，選択肢ア～エのいずれかが当てはまるとき，空欄b に当てはまるものはどれか。

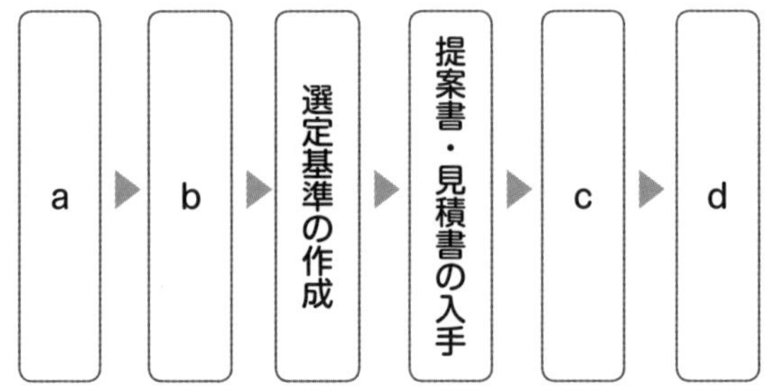

ア　契約締結　　　　イ　提案依頼書（RFP）の作成・配布
ウ　調達先の選定　　エ　情報提供依頼（RFI）の作成

（オリジナル）

練習問題の解答

問1　解答：ウ
システム化計画は，情報システム戦略に基づくシステム化構想とシステム化の基本方針を立案し，対象業務の分析をした上で，システムの全体像を明確にすることです。
ア　システム要件の定義は，システム開発プロセスに該当します。
イ　機能要件の定義は，要件定義プロセスに該当します。
エ　課題やニーズを把握は，システム化構想プロセスに該当します。

問2　解答：ウ
システム要件は，業務を実現するために必要なシステムの機能である機能要件と，機能面以外の要件である非機能要件を定めます。
a. 機能要件に該当します。
b. 非機能要件に該当します。
c. 非機能要件に該当します。
以上より、正解はウとなります。

問3　解答：イ
提案依頼書を作成するためには，技術動向や考えうる手段などの情報を集める必要があります。そこで企業は，システム化の目的や業務概要を明示した情報提供依頼（RFI：Request For Information）を作成し，様々な情報を収集します。
ア　見積書の提出を求めるのはRFQ(Request for Quotation)と呼びます。
ウ　共通フレームの説明です。
エ　提案書の提出を求めるのはRFP(Request for Proposal)と呼びます。

問4　解答：イ
空欄aの情報提供依頼の作成を行い，提供された情報を元に空欄bの提案依頼書の作成と配布を行います。提案書と見積もりの入手後，空欄Cの調達先の選定を行い，空欄dの契約締結と進みます。
よって，正解はイとなります。

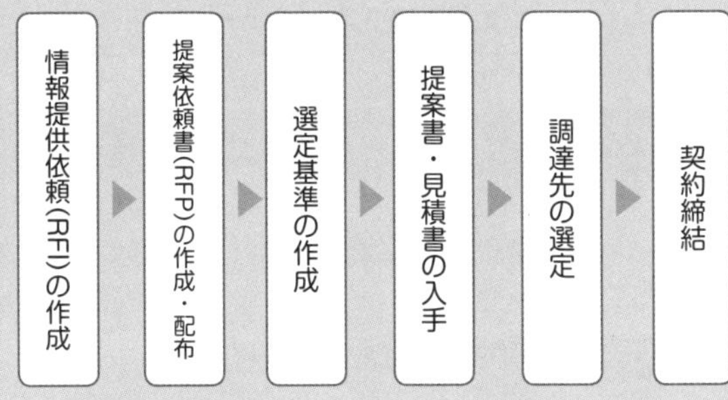

1 企業と法務
2 経営戦略
3 システム戦略
4 開発技術
5 プロジェクトマネジメント
6 サービスマネジメント
7 基礎理論
8 コンピュータシステム
9 技術要素

第3章　システム戦略
キーワードマップ

3-1　システム戦略

3-1-1 情報システム戦略

1. 情報システム戦略
- ・SFA(営業支援システム)
- ・エンタープライズサーチ

2. 戦略目標
- ・モデル　⇒ ビジネスモデル，ビジネスプロセスモデル，情報システムモデル
- ・戦略目標に沿ったシステム　⇒SoR，SoE，フロントエンド，バックエンド

3-1-2 業務プロセス

1. 業務プロセス
- ・モデリング
- ・代表的なモデリング手法　⇒E－R図(エンティティ，リレーションシップ)，DFD，BPMN
- ・業務プロセスの分析，改善にかかわる基礎
  ⇒BPR，BPM，ワークフローシステム

2. 業務改善及び問題解決　⇒RPA

3. ITの有効活用
- ・システム化による業務効率化
  ⇒オフィスツール，グループウェア，テレワーク
- ・コミュニケーションのためのシステム利用
  ⇒電子メール，電子掲示板，テレビ会議，ブログ，SNS，シェアリングエコノミー
- ・コンピュータ間の連携　⇒IoT，MtoM

3-1-3 ソリューションビジネス

1. ソリューションとは

2. ソリューションの形態　⇒アウトソーシング，ホスティングサービス
ハウジングサービス，ASP，SaaS，PaaS，
IaaS，DaaS，SOA，PoC

3-1-4 システム活用促進・評価

1. 情報リテラシ
2. データ活用　⇒データウェアハウス，データマート，BIツール
   ・ビッグデータの活用　⇒データマイニング，テキストマイニング，データサイエンス，データサイエンティスト
3. 普及啓発　⇒e-ラーニング，ゲーミフィケーション，ディジタルデバイド，アクセシビリティ

3-2　システム化計画

3-2-1 システム化計画

1. システム化計画　⇒リスク分析，費用対効果

3-2-2 要件定義

1. 業務要件定義
   ・要件定義

3-2-3 調達計画・実施

1. 調達の流れ　⇒RFI（情報提供依頼），RFP（提案依頼書），選定基準，提案書，見積書，グリーン調達

第4章

開発技術

1. システム開発技術
2. ソフトウェア開発管理技術

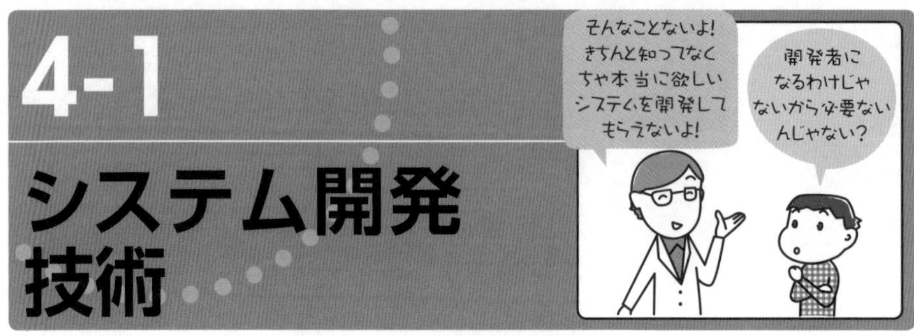

□ 4-1-1 システム開発技術

ここからは，システムがどのようなプロセスで開発されていくのか順を追って確認していきます。将来，システムエンジニアやプログラマーを目指している人でなくても，知っておくとユーザーとしてシステム開発に参加するときに役立つ内容ですので，しっかりと勉強しておきましょう。

1. ソフトウェア開発プロセス

ソフトウェア開発では，要件定義，システム設計，プログラミング，テスト，ソフトウェア受入れ，ソフトウェア保守の順にプロセスが進みます。順に確認していきます。

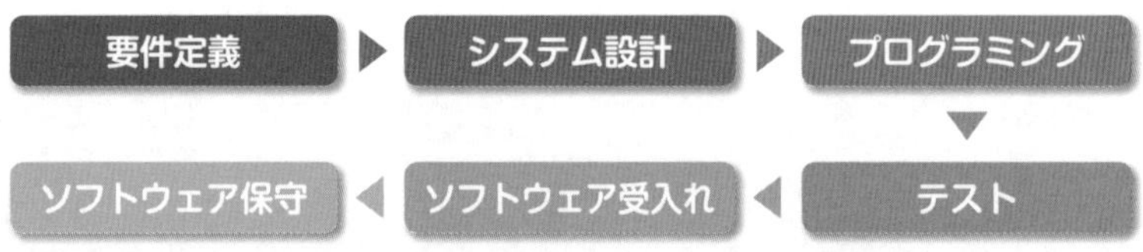

品質特性

システムやソフトウェアの品質を構成する要素で，要件定義やシステム設計時に考慮されるとともに評価指標として利用されます。
主な品質特性の要素は次のとおりです。
機能性：実現すべき目的にそった機能
効率性：必要な資源(時間・労力・資金)とその効果
使用性：わかりやすさ・使いやすさ
信頼性：故障が少なく正常に稼動する安定度
保守性：管理・修理対応などのしやすさ
移植性：稼動環境が変わった際の対応のしやすさ

要件定義

システム開発プロセスにおける**要件定義**は，システムやソフトウェアに必要な機能や性能などを明記したものになります。業務担当者からのヒアリングや改善希望などを元に，業務のシステム化イメージをより具体的にします。

システム化の対象となる業務を具体化したプログラムの中身となる**ソフトウェア要件定義**と，システムを稼働させるにあたって必要なハードウェアの性能やネットワーク環境などを明確にした**システム要件定義**などに分かれます。

プラス α

機能要件
システム開発やソフトウェア開発の要件定義のうち，機能面のもので，開発することで実現する業務における機能の要件を指します。
非機能要件
システム開発やソフトウェア開発の要件定義のうち，性能，信頼性，拡張性，運用性，セキュリティなどの機能面以外のもの全般を指します。

共同レビュー

複数人によってレビュー(審査・点検・検査など)をすることです。
一人によるレビューでは修正すべき点を見落としてしまう可能性がありますが，複数人で多重チェックすることでその精度を高めることができます。
インターネットの普及などで，共同レビューがしやすい環境が整ったことで，実施が容易になりました。
要件定義をはじめ，システム開発プロセスの中でしばしば実行されるチェック手法です。

システム設計

システム設計は，要件定義を元に設計され，プログラミング時の設計書となるものです。設計する内容によって，次のような手順で進められます。

システム方式設計(外部設計)

システム方式設計(外部設計)はシステムの見える部分の設計です。入出力画面や帳票など**ヒューマンインターフェース**と呼ばれる部分の設計を行います。また，システム上でデータを保存，活用するために**データベース**などの設計を行うデータ設計や，データを一定のルールで保存する**コード化**をするためコード設計なども行います。

ソフトウェア方式設計(内部設計)

ソフトウェア開発設計(内部設計)では，システム方式設計を元にシステムに必要な機能を設計します。ソフトウェアにおける具体的な処理手順を設計していきます。

ソフトウェア詳細設計(プログラム設計)

ソフトウェア詳細設計(プログラム設計)では，ソフトウェア方式設計に基づき，ソフトウェアのアーキテクチャ(設計思想)，データ処理などのプログラム内の構造を設計します。機能ごとのプログラム単位(**モジュール**)で**プログラム設計書**を作成します。

プログラミング

システム設計が完了したら，プログラムを作成する**プログラミング**に入ります。

プログラムはプログラム設計書に基づきモジュール単位で行われます。プログラム言語を使ってソフトウェアのソースコードを作成する**コーディング**を行い，作成したモジュールがプログラム設計書通りに動作するかテストする**単体テスト**を行います。

テストには，**コンパイラ**と呼ばれるプログラム言語で作成されたプログラムをコンピュータが実行可能なコードに変換するソフトウェアを利用します。コンパイラを利用してプログラムを動作させることで，**バグ**と呼ばれるプログラムのミスを発見することができます。単体テストの代表的なテスト手法は**ホワイトボックステスト**です。

ホワイトボックステスト

システムの内部構造の整合性に注目し意図した動作を行うか確認します。
テストに使用する**テストデータ**は，プログラムのすべての命令を網羅して確認できる**命令網羅**のデータと，すべての条件分岐の一通り実行する**判定条件網羅**のデータを作成する必要があります。
モジュールの作成者がテストを行うため，設計書の理解に誤りがある場合には気付くことはできません。

プラス α

コードレビュー
ソフトウェア開発工程でソースコードのレビュー(審査・点検・検査など)を行うことです。プログラム担当者本人ではなく，別の人がレビューすることで，見落とした誤りなどを発見することができます。

テスト

テストでは，単体テストが完了したモジュールを結合したプログラムの動作を確認します。テストは，計画，実施，評価のサイクルで行われます。プログラム言語を使ってソフトウェアのソースコードを作成する**コーディング**を行い，実施前の計画やテストデータや環境の準備，実施後の目標に対する実績の評価を含めて成立します。

結合テスト

結合テストは，結合したモジュールに対し，様々な順序でテストを行います。

・**トップダウンテスト** 最上位モジュールから下に順にテストを行います。
・**ボトムアップテスト** 最下位モジュールから上に順にテストを行います。
・**サンドイッチテスト** トップダウンテストとボトムアップテストを組み合わせます。
・**ビッグバンテスト** モジュールをすべて結合して，一斉に動作検証をします。

システムテスト

システムテストは，開発したシステム全体の総合テストで，開発者側の最終テストになります。作成したすべてのモジュールを組み合わせて，システム設計に沿った正しい動作をするか確認します。

開発者側のテストですが，実際の利用環境に近いテスト環境を用意し，システム管理責任者である**システムアドミニストレータ**も参加して確認します。

運用テスト

実際の運用環境で検証を行う**運用テスト**では，実際の業務で使うものと同じようなテストデータを利用してテストを行います。

テストの進捗状況は，テスト項目の消化数と累積バグをとったゴンペルツ曲線と呼ばれるグラフで把握します。

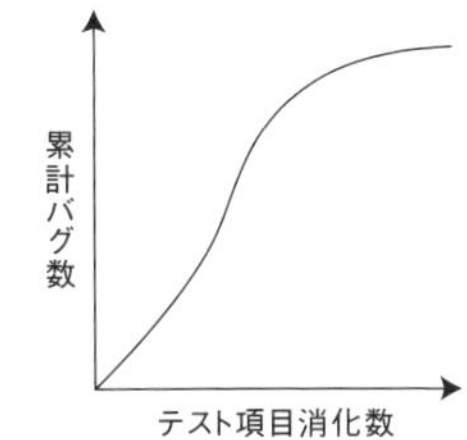

ブラックボックステスト

システムの入力情報と出力情報に着目して行うテストです。プログラムで処理した結果から仕様書通りの処理を行えているか評価します。
テストデータには，データの許容範囲の上限と下限になるデータとそれぞれの限界を超えた所のデータでテストをする**限界値分析**や，起こりうるすべての事象をグループ化した**同値クラス**から，その代表値を利用してテストを行う**同値分割**などの方式があります。

ソフトウェア受入れ

テストが完了し，正常稼働が確認できたら**ソフトウェア受入れ**をします。受入れの際にユーザーによる最終テストとなる**ユーザー承認テスト**を行い，問題なければシステムの納入となります。同時にシステムの操作方法を説明する**利用者マニュアル**の提供と教育訓練も必要になります。

プラス α

上流工程と下流工程

一般的に，ソフトウェア開発プロセスの，要件定義，外部設計までの工程を**上流工程**と呼びます。
一方，実開発にあたる内部設計，プログラム設計，プログラミング，テストを**下流工程**と呼び，開発業務を区別することがあります。

ソフトウェア保守

システムの運用開始後は，**ソフトウェア保守**のプロセスに入ります。ソフトウェア保守では，システムの稼働状況を監視し，不具合などの問題点があれば修正を行います。また，正常稼働しているシステムであっても経営戦略やシステム戦略の変更，最新の情報技術の進展によってはプログラムの修正を行います。

回帰テスト（リグレッションテスト）

プログラムを変更した際に，その変更による影響を確認するテストのことです。

プログラムに手を加えることで，予期しない影響が発生してしまうことがあるため，テストを行います。

移行

システムの再構築を行った際に，本稼働させる環境で旧システムから新システムに切り替えて運用できる状態にする作業のことです。

移行作業には細心の注意が必要であり，事前に移行作業を円滑に行うための移行計画書を作成します。

2. ソフトウェア見積もり

ソフトウェアの見積もりは，開発規模，開発費用，開発環境に基づいて行います。見積もりを作成するにあたり，よく利用される手法は次の通りです。

ファンクションポイント法

ファンクションポイント法は，ソフトウェアの機能規模を元に見積もりを出す手法です。開発するソフトウェアの機能を基準に分類し，機能の複雑さを基準にファンクションポイント（FP：Function Point）という点数をつけて，その合計から開発規模や工数とそれにかかる費用を見積もります。

プログラムステップ法

プログラムステップ法は，開発するプログラムのステップ数（行数）から開発規模や工数とそれにかかる費用を見積もる方法です。見積もりはプログラム作成前に行う必要があるため，見積もりには過去の実績が利用されます。

類推見積法

ソフトウェア見積もりのひとつで，過去の類似プロジェクトを参考にして見積もる方法です。

✎サンプル問題

問1　ソフトウェア開発の流れの中で，要件定義，システム設計，プログラミング，テストの手順を情報システム部門が実施する場合，利用部門のかかわりを最も必要とするものはどれか。

ア　要件定義　　イ　システム設計　　ウ　プログラミング　　エ　単体テスト

(ITパスポートシラバス　サンプル問題26)

問1　解答：ア
開発システムを利用するユーザーの業務内容や改善要望を元に要件定義を作成します。その他の選択肢は，開発部門での作業となります。

問2　ソフトウェア開発において，その規模を見積もる上で考慮すべき要素として，適切なものはどれか。

ア　開発者のスキル　　イ　開発体制　　ウ　画面の数　　エ　スケジュール

(ITパスポートシラバス　サンプル問題27)

問2　解答：ウ
設問に開発規模とあるので，プログラムの機能の数が基準になると考えます。選択肢から数に関する選択肢はウのみですので，ウが正解となります。

問3　ソフトウェア開発の工程を実施順に並べたものはどれか。

ア　システム設計，テスト，プログラミング
イ　システム設計，プログラミング，テスト
ウ　テスト，システム設計，プログラミング
エ　プログラミング，システム設計，テスト

(ITパスポートシラバス　サンプル問題28)

問3　解答：イ
単純に開発プロセスの順序を問う問題です。要件定義，システム設計，プログラミング，テスト，ソフトウェアの受入れ，ソフトウェア保守というプロセスを覚えておきましょう。

✎練習問題

問1

システム開発のプロセスには，システム要件定義，システム方式設計，システム結合テスト，ソフトウェア受入れなどがある。システム要件定義で実施する作業はどれか。

ア　開発の委託者が実際の運用と同様の条件でソフトウェアを使用し，正常に稼働することを確認する。

イ　システムテストの計画を作成し，テスト環境の準備を行う。

ウ　システムに要求される機能，性能を明確にする。

エ　プログラム作成と，評価基準に従いテスト結果のレビューを行う。

（ITパスポート試験　平成29年秋期　問55）

問2

プログラムのテスト手法に関して，次の記述中のa，bに入れる字句の適切な組合せはどれか。

プログラムの内部構造に着目してテストケースを作成する技法を［ a ］と呼び，［ b ］において活用される。

	a	b
ア	ブラックボックステスト	システムテスト
イ	ブラックボックステスト	単体テスト
ウ	ホワイトボックステスト	システムテスト
エ	ホワイトボックステスト	単体テスト

（ITパスポート試験　平成30年秋期　問44）

問3

システム開発のテストを，単体テスト，結合テスト，システムテスト，運用テストの順に行う場合，システムテストの内容として，適切なものはどれか。

ア　個々のプログラムに誤りがないことを検証する。

イ　性能要件を満たしていることを開発者が検証する。

ウ　プログラム間のインタフェースに誤りがないことを検証する。

エ　利用者が実際に運用することで，業務の運用が要件どおり実施できることを検証する。

（ITパスポート試験　平成30年秋期　問44）

問4

ソフトウェアのテストで使用するブラックボックステストにおけるテストケースの作り方として，適切なものはどれか。

ア　同値分割法を適用して得られた同値クラスごとの境界値ア　全ての分岐が少なくとも1回は実行されるようにテストデータを選ぶ。

イ　全ての分岐条件の組合せが実行されるようにテストデータを選ぶ。

ウ　全ての命令が少なくとも1回は実行されるようにテストデータを選ぶ。

エ　正常ケースやエラーケースなど，起こり得る事象を幾つかのグループに分けて，各グループが1回は実行されるようにテストデータを選ぶ。

（ITパスポート試験　平成26年春期　問35）

問5

システムのテスト中に発見したバグを，原因別に集計して発生頻度の高い順に並べ，累積曲線を入れた図表はどれか。

ア　散布図　　イ　特性要因図　　ウ　パレート図　　エ　ヒストグラム

（ITパスポート試験　平成31年春期　問41）

問6

ソフトウェア保守に該当するものはどれか。

ア　システムテストで測定したレスポンスタイムが要件を満たさないので，ソフトウェアのチューニングを実施した。

イ　ソフトウェア受入れテストの結果，不具合があったので，発注者が開発者にプログラム修正を依頼した。

ウ　プログラムの単体テストで機能不足を発見したので，プログラムに機能を追加した。

エ　本番システムで稼働しているソフトウェアに不具合が報告されたので，プログラムを修正した。

（ITパスポート試験　平成30年秋期　問37）

問7

システム開発の見積方法として，類推法，積算法，ファンクションポイント法などがある。ファンクションポイント法の説明として，適切なものはどれか。

ア　WBSによって洗い出した作業項目ごとに見積もった工数を基に，システム全体の工数を見積もる方法

イ　システムで処理される入力画面や出力帳票，使用ファイル数などを基に，機能の数を測ることでシステムの規模を見積もる方法

ウ　システムのプログラムステップを見積もった後，1人月の標準開発ステップから全体の開発工数を見積もる方法

エ　従来開発した類似システムをベースに相違点を洗い出して，システム開発工数を見積もる方法

（ITパスポート試験　平成29年春期　問37）

✎練習問題の解答

問1　解答：ウ

ソフトウェア開発では，要件定義，システム設計，プログラミング，テスト，ソフトウェア受入れ，ソフトウェア保守の順にプロセスが進みます。

ア　ソフトウェア受入れに該当します。

イ　システム結合テストに該当します。

ウ　正解です。システム要件定義に該当します。

エ　プログラミング(コーディングと単体テスト)の説明です。

問2　解答：エ

テスト技法には、ホワイトボックステストとブラックボックステストがあります。

ホワイトボックステストは，システムの内部構造の整合性に注目し意図した動作を行うか確認します。一方，ブラックボックステストは，システムの入力情報と出力情報に着目して行うテストです。プログラムで処理した結果から仕様書通りの処理を行えているか評価します。

よって，内部構造に着目する［ a ］は，ホワイトボックステストが適当です。

なお、ホワイトボックステストは、単体テスト時に行う手法なので、［ b ］は，単体テストが適当となり，エが正解となります。

問3　解答：イ

テストでは，モジュール単位で行う単体テスト，単体テストが完了したモジュールを順に結合してプログラムの動作を確認する結合テスト，すべてのモジュールを結合して行うシステムテスト，運用環境で行う運用テストと順を追って行っていきます。

ア　単体テストの説明です。

イ　正解です。システムテストの説明です。

ウ　結合テストの説明です。

エ　運用テストの説明です。

問4　解答：エ

ブラックボックステストは，プログラムで処理した結果から仕様書通りの処理を行えているか評価するので，データの許容範囲の上限と下限になるデータとそれぞれの限界を超えた所のデータでテストをする限界値分析や，起こりうるすべての事象をグループ化した同値クラスから，その代表値を利用してテストを行う同値分割などの方式を取ります。

ア　ホワイトボックステストの判定条件網羅と呼ばれるテストデータ説明です。

イ　ホワイトボックステストの判定条件網羅と呼ばれるテストデータ説明です。

ウ　ホワイトボックステストの命令網羅と呼ばれるテストデータ説明です。

エ　正解です。ブラックボックステストの同値分割のテストデータの説明です。

問5　解答：ウ
集計した数値の大きいに系列を並べた棒グラフに，累積を折れ線グラフで加えたグラフがパレート図です。
本問ではバグの原因ごとに多い順に並べて，累積を出すことで、どの原因を解消すれば何パーセントのバグが解消できるかを視覚的に把握できるようになります。

問6　解答：エ
システムの運用開始後は，ソフトウェア保守のプロセスに入ります。ソフトウェア保守では，システムの稼働状況を監視し，不具合などの問題点があれば修正を行います。また，正常稼働しているシステムであっても経営戦略やシステム戦略の変更，最新の情報技術の進展によってはプログラムの修正を行います。
選択肢のうち，運用開始後の記述になっているのはエのみであるため、これが正解となります。

問7　解答：イ
ア　積算法（WBS法）と呼ばれる見積手法の説明です。
イ　正解です。ファンクションポイント法は，ソフトウェアの機能規模を元に見積もりを出す手法です。
ウ　プログラムステップ法の説明です。
エ　類推見積法の説明です。

4-2 ソフトウェア開発管理技術

□ 4-2-1　開発プロセス・手法

ここでは，プログラム設計の考え方のベースとなるソフトウェア開発手法と，開発の手順(プロセス)を特徴ごとにまとめたソフトウェア開発モデルについて学習します。

1. 主なソフトウェア開発手法

構造化手法（構造化プログラミング）

構造化手法は，プログラム全体を段階的に細かな単位に分割して処理する手法です。
プログラムミスの軽減，テストや保守をしやすくなるメリットがあります。

オブジェクト指向

オブジェクト指向は，プログラムを，処理対象（オブジェクト）単位で捉えて開発する手法です。システム全体を処理手順ではなく扱うデータの役割を持つオブジェクトの集合体であるという考え方に基づきます。

JAVAやCOBOL，C++などの統一プログラム言語（UML）で開発することで，データの**継承**が可能になるため，プログラムを組み合わせてシステムを組むことができます。

UML（統一モデリング言語）

オブジェクト指向のプログラムの仕様から設計図を作成の際に用いられる統一表記法です。これまで，オブジェクト指向プログラムの設計図は様々な表記方法で記載されていたため複雑になっており，これを解消するために使われるようになりました。

ユースケース

システムやソフトウェアの使用例を記述したものです。

DevOps(デブオプス)

ソフトウェア開発手法の一つで，開発 (Development) と運用 (Operations) を組み合わせた造語になります。開発担当者と運用担当者が協力し開発を進めます。

データ中心アプローチ

データ中心アプローチは，業務で扱うデータの内容や流れを元に，データベースを作成し，そのデータベースを中心にシステム設計を行う手法です。

プロセス中心アプローチ

プロセス中心アプローチは，業務プロセスを中心に考えてシステム設計を行う手法です。データではなくプロセスが基準となるため，業務フローの変更時の修正が複雑になります。

2. 主なソフトウェア開発モデル

ウォータフォールモデル

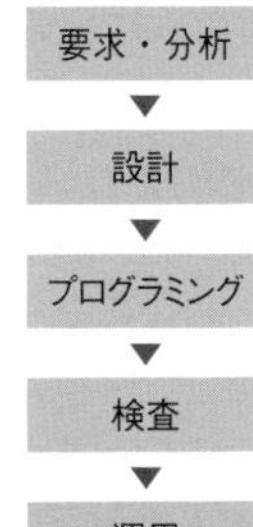

ウォータフォールモデルは，ソフトウェア開発の工程を，その名の通り流れ落ちる滝のように，段階的に進めていく開発モデル（開発プロセス）です。

手前の工程に遡ることや工程を飛ばしての開発をしないことが大原則となっているので，綿密な設計書に従って，工程ごとに厳しいチェックを行いながら開発を進めます。

最も一般的なソフトウェア開発モデルとして定着しています。

スパイラルモデル

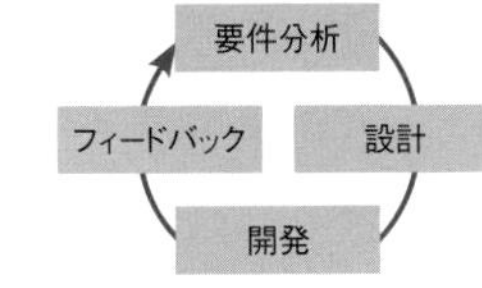

スパイラルモデルは，ウォータフォールモデルで開発したシステムの一部分（サブシステム）を，ユーザーが確認フィードバックし，それを再度，分析，設計，開発を繰り返す開発モデルです。

開発過程が螺旋階段を昇るようになるので，スパイラル（螺旋）モデルと呼ばれます。

ユーザーと開発者との間の認識のズレを解消し，要求に変更があったときに対応しやすいのが特徴です。また，プログラムの規模やスケジュールが予測しやすくなります。

プロトタイピングモデル

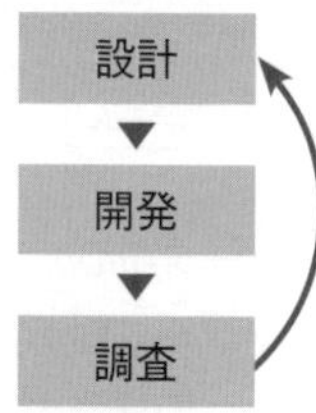

プロトタイピングモデルは，開発者が試作品(**プロトタイプ**)を作成し，ユーザーから評価を得つつ開発を進める開発モデルです。　ユーザーと開発者との間の認識のズレの解消が可能になります。

スパイラルモデルと違い，サブシステムではなく試作品のプログラムに修正を加えていく方法になります。

> **プラス α**
>
> RAD(Rapid Application Development)
> システムの完成イメージであるプロトタイプの制作と評価を繰り返し，完成品に近づけてゆく手法です。
> プロトタイピングモデルに非常に似ていますが，開発期間をあらかじめ設定し，その期間内で可能な限り改善を進める点が特徴になります。

アジャイル開発

アジャイル(agile) は"俊敏"という意味で，ソフトウェア開発プロセスのうち，良いものを素早く無駄なく作ろうとする考え方・開発手法を指します。

後戻り不可能なウォータフォールモデルと対比されることが多く，変化に素早く対応することを重視する開発手法です。

XP(エクストリームプログラミング)

アジャイル開発手法の１つで，コミュニケーションとシンプルさを重視し，コードを必要最低限の状態で実装したうえで，反復的に少しずつ開発を進めていきます。

ソフトウェアを早い段階で依頼者に見せ，フィードバックを求めながら開発を進めることで要望の変化に柔軟に対応できます。

ペアプログラミング

アジャイル開発手法の１つで，2人のプログラマが1台のコンピュータを共有してソフトウェア開発を行います。

一人がテストを作成している時に，並行してもう一人がそのテストを通るコードを検討するといった相補的な作業を行うことで開発工程を効率化します。

スクラム

アジャイル開発手法の１つで，チームのコミュニケーションを重視した手法です。

機能に対する要望の優先順位を決め，優先順位が高い順に開発を進めます。また，開発プロジェクトの進捗や問題点をメンバー間で確認しあいながら開発を進めることで，自律的なチーム作りができ，短期間での効率的な開発を実現します。

プログラム手法

テスト駆動開発	アジャイル開発，特にXPで推奨されるプログラミング手法です。最初にプログラム用のテストデータを用意し，そのテストを通るような必要最低限のプログラムコードを作成する工程を繰り返します。
リファクタリング	アジャイル開発におけるプログラミング手法の1つで，外部から見た動作を変えることなく内部構造を改善していく作業を指します。重複したコードの除去などが該当します。

リバースエンジニアリング

ハードウェアを分解，またはソフトウェアを解析し，その仕組みや仕様，構成要素，技術などを明らかにすることを指します。

3. 共通フレーム

共通フレームとは，ユーザーと開発者の間で，担当業務の範囲や内容，契約上の責任などに対して誤解が生じないように，双方が共通して利用する用語や作業内容を標準化するために作られたガイドラインのことを指します。システム開発を外部ベンダ企業に委託する場合に，特に重要になります。

SLCP (Software Life Cycle Process)

共通フレームは，公正な取引を保証するために，世界的にはISO（国際標準化機構）が国際規格として**SLCP（Software Life Cycle Process）**を発行し，日本ではSLCPを元に経済産業省やIPA（情報処理推進機構）をはじめとする各団体によって国内事情を織り込んだSLCP-JCF（Japan common frame）が発行されています。

CMM (Capability MaturityModel：能力成熟度モデル)

企業や部門などの組織のうち，特にソフトウェア開発プロセスの組織の能力を成熟度という水準を判定し，それを基に能力向上を図り，組織がより適切にプロセスを管理できるようにするための指針を体系化したものです。

CMMI (Capability MaturityModel Integration：能力成熟度モデル統合)

CMMを発展させたもので，ハードウェアや人的側面（コミュニケーション，リーダーシップ）なども評価の対象とされ，組織の能力を表す指標として利用されています。

成熟度レベルは5段階で表され，各レベルで組織が持つべき能力を規定しています。

✎サンプル問題

要件定義，システム設計，プログラミング，テストをこの順番で実施し，次工程からの手戻りが発生しないように，各工程が終了する際に綿密にチェックを行うという進め方をとるソフトウェア開発モデルはどれか。

ア　RAD(Rapid Application Development)
イ　ウォータフォールモデル
ウ　スパイラルモデル
エ　プロトタイピングモデル

(ITパスポートシラバス　サンプル問題29)

解答：イ
ア　RADは，開発期間をあらかじめ設定してプロトタイプの改善を進めるモデルです。
イ　正解です。手戻りが発生しないようにチェックを行いながら開発を進めます。
ウ　サブシステム単位で開発し，フィードバックを得ながら開発を繰り返すモデルです。
エ　プロトタイプ(試作品)をユーザーが評価し，修正を加えていく開発するモデルです。

COLUMN

この章のポイントは，開発手法と開発モデルをごちゃごちゃにして覚えないことです。ここ数年の傾向として，オブジェクト指向への関心が高く，必然的に出題に関わってくる可能性も高くなっています。

✎練習問題

問1

ソフトウェア開発モデルには，ウォータフォールモデル，スパイラルモデル，プロトタイピングモデル，RADなどがある。ウォータフォールモデルの特徴の説明として，最も適切なものはどれか。

ア　開発工程ごとの実施すべき作業が全て完了してから次の工程に進む。

イ　開発する機能を分割し，開発ツールや部品などを利用して，分割した機能ごとに効率よく迅速に開発を進める。

ウ　システム開発の早い段階で，目に見える形で要求を利用者が確認できるように試作品を作成する。

エ　システムの機能を分割し，利用者からのフィードバックに対応するように，分割した機能ごとに設計や開発を繰り返しながらシステムを徐々に完成させていく。

(ITパスポート試験　平成28年秋期　問46)

問2

アジャイル開発の特徴として，適切なものはどれか。

ア　各工程間の情報はドキュメントによって引き継がれるので，開発全体の進捗が把握しやすい。

イ　各工程でプロトタイピングを実施するので，潜在している問題や要求を見つけ出すことができる。

ウ　段階的に開発を進めるので，最後の工程で不具合が発生すると，遡って修正が発生し，手戻り作業が多くなる。

エ　ドキュメントの作成よりもソフトウェアの作成を優先し，変化する顧客の要望を素早く取り入れることができる。

(ITパスポート試験　令和元年秋期　問49)

問3

アジャイル開発の方法論であるスクラムに関する記述として，適切なものはどれか。

ア　ソフトウェア開発組織及びプロジェクトのプロセスを改善するために，その組織の成熟度レベルを段階的に定義したものである。

イ　ソフトウェア開発とその取引において，取得者と供給者が，作業内容の共通の物差しとするために定義したものである。

ウ　複雑で変化の激しい問題に対応するためのシステム開発のフレームワークであり，反復的かつ漸進的な手法として定義したものである。

エ　プロジェクトマネジメントの知識を体系化したものであり，複数の知識エリアから定義されているものである。

（ITパスポート試験　令和元年秋期　問40）

問4

共通フレーム(Software Life Cycle Process)の利用に関する説明のうち，適切なものはどれか。

ア　取得者と供給者が請負契約を締結する取引に限定し，利用することを目的にしている。

イ　ソフトウェア開発に対するシステム監査を実施するときに，システム監査人の行為規範を確認するために利用する。

ウ　ソフトウェアを中心としたシステムの開発及び取引のプロセスを明確化しており，必要に応じて修整して利用する。

エ　明確化した作業範囲や作業項目をそのまま利用することを推奨している。

（ITパスポート試験　平成29年秋期　問41）

✎練習問題の解答

問1　解答：ア
ア　正解です。ウォータフォールモデルの説明です。
イ　RADの説明です。
ウ　プロトタイピングモデルの説明です。
エ　スパイラルモデルの説明です。

問2　解答：エ
アジャイル (agile) は"俊敏"という意味で，ソフトウェア開発プロセスのうち，良いものを素早く無駄なく作ろうとする考え方・開発手法を指します。
後戻り不可能なウォータフォールモデルと対比されることが多く，変化に素早く対応することを重視する開発手法です。
ア　ウォータフォールモデルの特徴です。
イ　プロトタイピングモデルの特徴です。
ウ　ウォータフォールモデルの特徴です。
エ　正解です。アジャイル開発の特徴です。

問3　解答：ウ
ア　具体的な評価方法は規定されていません。
イ　契約書の内容，様式，文書表現についての記載方法は規定されていません。
ウ　正解です。取引を可視化できる契約者双方の枠組みは規定されています。
エ　プロジェクト管理レベルについては規定されていません。

問4　解答：ウ
共通フレームとは，ユーザーと開発者の間で，担当業務の範囲や内容，契約上の責任などに対して誤解が生じないように，双方が共通して利用する用語や作業内容を標準化するために作られたガイドラインのことを指します。システム開発を外部ベンダ企業に委託する場合に，特に重要になります。
ア　ソフトウェア開発にかかわる全ての人が対象となります。
イ　システム監査基準の説明です。
エ　そのまま利用せず，その時の開発に応じて修正を加えます。

第4章　開発技術
キーワードマップ

4-1　システム開発技術

4-1-1 システム開発技術

1. ソフトウェア開発プロセス

・要件定義　⇒ソフトウェア要件定義，システム要件定義，品質特性
・システム設計　⇒システム方式設計(外部設計)，ソフトウェア開発設計(内部設計)，ソフトウェア詳細設計(プログラム設計)
ヒューマンインターフェース，コード化，プログラム設計書
・プログラミング　⇒コーディング，単体テスト，コンパイラ，モジュール，バグ
ホワイトボックステスト，判定条件網羅，命令網羅
・テスト　⇒結合テスト，トップダウンテスト，ボトムアップテスト，
ビッグバンテスト，システムテスト，運用テスト，
ブラックボックステスト，限界値分析，同値分割
・ソフトウェア受入れ　⇒ユーザー承認テスト，利用者マニュアル
・ソフトウェア保守　⇒回帰テスト，移行

2. ソフトウェア見積もり　⇒ファンクションポイント法，プログラムステップ法，類推見積法

4-2　ソフトウェア開発管理技術

4-2-1 開発プロセス・手法

1. 主なソフトウェア開発手法

・構造化手法
・オブジェクト指向　⇒JAVA，COBOL，C++，UML，ユースケース
・DevOps(デブオプス)
・データ中心アプローチ
・プロセス中心アプローチ

2. 主なソフトウェア開発モデル

・ウォータフォールモデル
・スパイラルモデル
・プロトタイピングモデル
・アジャイル開発　⇒XP，ペアプログラミング，スクラム，テスト駆動開発，リファクタリング
・リバースエンジニアリング

3. 共通フレーム

・SLCP　・CMM　・CMMI

第5章

プロジェクトマネジメント

5-1 プロジェクトマネジメント

□ 5-1-1　プロジェクトマネジメント

ここからは，円滑なシステム開発を実現するために重要なプロジェクトマネジメントの意義とそのプロセスについて学習します。

1. プロジェクトマネジメント

プロジェクトとは，期間を設定して，特定の課題解決や目標達成を目指す活動のことです。

プロジェクトに必要な人員（**プロジェクトメンバー**）を集めた組織を**プロジェクトチーム**と呼び，そのメンバーを管理する人が**プロジェクトマネージャー**です。

プロジェクトマネージャーは，プロジェクト全体の計画や進捗管理，メンバーの統括といった**プロジェクトマネジメント**を行います。また，**ステークホルダー**と呼ばれる社内外の利害関係者との折衝や調整などもプロジェクトマネージャーの重要な役割です。

2. プロジェクトマネジメントのプロセス

プロジェクトの立ち上げ・計画

プロジェクトは，プロジェクトマネージャーとプロジェクトメンバーによって，活動目的や具体的な目標とそれに向けてのプロセスや体制，スケジュールなどの内容をまとめて**プロジェクト計画書**を作成します。

プロジェクトの管理とコントロール

プロジェクト計画書を元に，プロジェクトを実行します。プロジェクトマネージャーはその進捗状況やコスト管理，品質管理などのプロジェクトマネジメントを行うとともに，プロジェクトの依頼元との調整役も担います。

プロジェクト・スコープ・マネジメント

プロジェクト・スコープ・マネジメントは，成果物スコープ（プロジェクトの成果物の特徴や機能）とプロジェクト・スコープ（成果物を利用者に引き渡すための作業）の両面から必要な作業範囲の分析をし，進捗を管理する手法です。目標に向けて必要なことを定義し，進捗や状況に応じて見直していくことで，目標の達成を目指します。

一般的にスコープの定義には，WBS（Work Breakdown Structure）を利用します。

> **プラスα**
>
> WBS（Work Breakdown Structure）
> プロジェクト全体を細かい作業に分割して管理する手法です。分割した作業を階層構造で図にしたものが作業分割構成（作業分解図）です。
> 最小構成の作業ごとに人員を配置して組織図の作成も可能です。

また，進捗管理には**アローダイアグラム**や**ガントチャート**などが用いられます。

アローダイアグラムによる作業日数の計算

アローダイアグラムは，プロジェクトのスケジュールを管理する上で非常に重要です。試験でも，プロジェクトの所要日数を計算する問題の出題が多いので，ここで確認しておきましょう。

例題　次のアローダイアグラムで表される作業の所要日数は何日か。

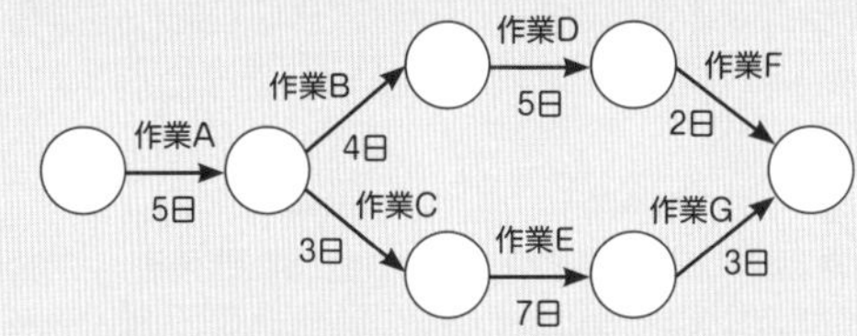

作業A→B→D→Fのプロセスの作業は，5+4+5+2=16（日）です。
作業A→C→E→Gのプロセスの作業は，5+3+7+3=18（日）です。

よって，すべての作業を終えるのに必要な日数は，18日になります。

なお，この日数に余裕のない作業A→C→E→Gのプロセスをクリティカルパスと呼びます。クリティカルパスの各作業に遅れが発生すると，プロジェクトがスケジュール内で終らなくなります。

また，作業全体の日数を短縮したい場合は，必然的にクリティカルパス上にある作業の短縮が必要となります。

プロジェクト・コミュニケーション・マネジメント

プロジェクト遂行に必要な情報を，プロジェクトメンバーを含めたステークホルダーに正確に届けるマネジメント手法です。

プロジェクトの進捗状況などを経営者だけでなくステークホルダーにも実績報告書等で報告します。

プロジェクト・リスク・マネジメント

プロジェクト遂行において発生するリスクに着目し，そのリスクを繰り返し分析し，重要度の高いリスクについては対応を加えながら進めるマネジメント手法です。

リスクはプロジェクトの進捗状況や外的要因から変化するので，繰り返し分析を行うことが重要です。

プロジェクトの評価

プロジェクトチームは期間限定の組織であり，プロジェクト目標を達成後，プロジェクトチームは解散となります。

プロジェクトは依頼元の承認によって終結し，プロジェクトに関するすべての情報を記載した**プロジェクト完了報告書**を作成します。

✎サンプル問題

問1　次のアローダイアグラムで作業Bを3日，作業Cを1日短縮した場合，全体の所要日数は何日短縮できるか。

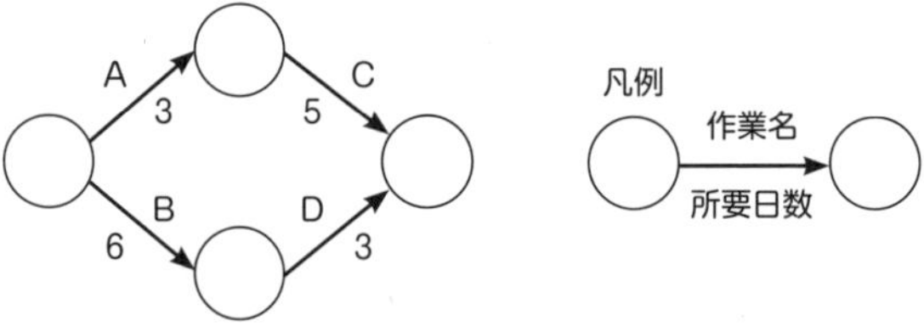

ア 1　　イ 2　　ウ 3　　エ 4

(ITパスポートシラバス　サンプル問題30)

問1　解答：イ

短縮前の所要日数は，　A(3日)＋C(5日)＝8日　　B(6日)＋D(3日)＝9日

短縮後の所要日数は，　A(3日)＋C´(4日)＝7日　　B(3日)＋D´(3日)＝6日

短縮前のクリティカルパスB→D(9日)から，短縮後のクリティカルパスA→C´(7日)を引くと2日短縮されることが分かります。

問2　プロジェクト計画書に記述するものはどれか。

ア　画面レイアウト　　イ　業務フロー
ウ　スケジュール　　エ　プログラム構造

(ITパスポートシラバス　サンプル問題31)

問2　解答：ウ
プロジェクト計画書は，プロジェクトマネージャーとプロジェクトメンバによって，活動目的や具体的な目標とそれに向けてのプロセスや体制，スケジュールなどをまとめて作成します。その他の選択肢は，プログラム開発時の要件定義や設計プロセスでまとめられるものです。

問3　あるソフトウェア開発の仕事をAさんが1人で作業すれば24日，Bさんが1人で作業をすれば12日かかる。2人で作業を行う場合には，1日の全作業時間の25%が打合せに必要となる。2人で作業をした場合，開発を完了するのに何日かかるか。

ア　6　　イ　8　　ウ　11　　エ　12

(ITパスポートシラバス　サンプル問題32)

問3　解答：ウ
まず，AさんBさんの作業量から2人で仕事をするときの作業量（打ち合わせなし）を計算します。
Aさんの1日の作業量＝1／24
Bさんの1日の作業量は1／12
2人で仕事をするときの1日の作業量（打合わせなし）＝3／24＝1／8
次に，打ち合わせ(25%)を差し引きます。
打合せ(25%)を引いた作業率＝75%＝3／4
2人で仕事をするときの1日の作業量（打合わせあり）＝(1／8)×(3／4)＝3／32
これが，実際の作業量になります。
32÷3＝10…2ですから，繰り上げて11日が作業日数であると分かります。
よって正解はウとなります。

✎練習問題

問1

プロジェクトマネジメントの進め方に関する説明として，適切なものはどれか。

ア　企画，要件定義，システム開発，保守の順番で，開発を行う。
イ　戦略，設計，移行，運用，改善のライフサイクルで，ITサービスを維持する。
ウ　目標を達成するための計画を作成し，実行中は品質，進捗，コストなどをコントロールし，目標の達成に導く。
エ　予備調査，本調査，評価，結論の順番で，リスクの識別，コントロールが適切に実施されているかの確認を行う。

（ITパスポート試験　令和元年春期　問41）

問2

プロジェクト管理におけるプロジェクトスコープの説明として，適切なものはどれか。

ア　プロジェクトチームの役割や責任
イ　プロジェクトで実施すべき作業
ウ　プロジェクトで実施する各作業の開始予定日と終了予定日
エ　プロジェクトを実施するために必要な費用

（ITパスポート試験　令和元年春期　問41）

問3

50本のプログラム開発をA社又はB社に委託することにした。開発期間が短い会社と開発コストが低い会社の組合せはどれか。

〔前提〕
・A社　生産性：プログラム1本を2日で作成　コスト:4万円／日
・B社　生産性：プログラム1本を3日で作成　コスト:3万円／日
・プログラムは1本ずつ順に作成する。

	開発時間が短い	開発コストが低い
ア	A社	A社
イ	A社	B社
ウ	B社	A社
エ	B社	B社

（ITパスポート試験　平成31年春期　問53）

練習問題の解答

問1　解答：ウ
ア　システム開発の進め方の説明です。
イ　ITサービスマネジメントの進め方の説明です。
ウ　正解です。プロジェクトマネジメントの進め方の説明です。
エ　システム監査の進め方の説明です。

問2　解答：イ
プロジェクト・スコープ・マネジメントは，成果物スコープ（プロジェクトの成果物の特徴や機能）とプロジェクト・スコープ（成果物を利用者に引き渡すための実行すべき作業）の両面から必要な作業範囲の分析をし，進捗を管理する手法です。
目標に向けて必要なことを定義し，進捗や状況に応じて見直していくことで，目標の達成を目指します。一般的にスコープの定義には，WBS（Work Breakdown Structure）を利用します。

問3　解答：ア
開発期間と開発コストをそれぞれの会社で計算します。
開発期間
　A社：50本×2日＝100日
　B社：50本×3日＝150日
開発コスト
　A社：100日×4万円＝400万円
　B社：150日×3万円＝450万円
以上より、開発期間、開発コストの両方でA社の方が低くなり，アが正解となります。

第5章　プロジェクトマネジメント キーワードマップ

5-1　プロジェクトマネジメント

5-1-1 プロジェクトマネジメント

1. プロジェクトマネジメント

⇒プロジェクトチーム，プロジェクトメンバー，
プロジェクトマネージャー，ステークホルダー

2. プロジェクトマネジメントのプロセス

・プロジェクトの立ち上げ・計画
・プロジェクトの管理とコントロール
⇒プロジェクト・スコープ・マネジメント，WBS，
アローダイアグラム，ガントチャート，
プロジェクト・コミュニケーション・マネジメント，
プロジェクト・リスク・マネジメント
・プロジェクトの評価　⇒プロジェクト完了報告書

COLUMN

試験の特性上，どうしてもIT，特にシステム開発プロジェクトを例に挙げての解説が多くなりますが，プロジェクトマネジメントは，IT分野に限った話ではなく，多くのビジネスマンにとって興味のある話題となっています。
商品開発，マーケティングをはじめとする様々なプロジェクトが存在し，その中の一部分としてITを活用するということも多いようです。

少し話は飛躍しますが，実務経験がなくイメージがわかない人は，学校行事（文化祭など）の実行委員などをイメージするとよいかもしれません。
実行委員長がプロジェクトマネージャーで，各クラスの実行委員がプロジェクトメンバーという感じでしょうか。

イベント事を成功させるには，様々な知識や技術を持つ人が集まることと，スケジュール管理をきちんとすること。そして何より目的や目標をはっきりとさせることが大切ですね。
そんな感覚を持つことができると，応用問題にも対応しやすくなるでしょう。

第6章

サービスマネジメント

6-1 サービスマネジメント

□ 6-1-1　サービスマネジメント

ここでは，利用者に提供するサービスの運用効率や品質の向上を実現するためのサービスマネジメントについて学習します。

1. ITサービスマネジメント

ITサービスマネジメントとは，IT部門の業務をITサービスと捉え，その業務を体系化することで，ITサービスの運用効率や品質の向上を目指す運用管理手法のことを指します。

2. ITIL (Information Technology Infrastructure Library)

ITILは，ITサービスマネジメントを進める上で役立つ**ベストプラクティス**を集めたガイドラインです。世界中で利用されるデファクトスタンダードであり，利用者へのITサービスに対する保証につながります。

ITILv2

ITILv2(バージョン2)は，**サービスサポート**，**サービスデリバリ**を中心に，ビジネスの見通し，ICT(情報通信技術)インフラストラクチャ管理，アプリケーション管理，セキュリティ管理，サービスマネジメントの導入計画立案の7冊で構成されています。

サービスサポート

日常的なサービスの運営管理，対応にあたる**サービスサポート**は，次の5つのプロセスと窓口であるサービスデスクで構成されます。

インシデント管理（障害管理）	ITサービスの中断（インシデント）を感知し，可能な限り早く復旧するように対応します。
問題管理	インシデントの原因調査を行い，その問題点を分析することで，予防措置を提示します。
変更管理	予防措置や品質の維持向上などの理由で要求されたサービスの構成変更について検討・承認を行います。
リリース管理	変更管理で承認された構成を本番環境で稼働させます。その際に不具合が発生した場合は確実に環境を戻す必要があるため，データにバージョン情報を加えて変更内容を管理する**バージョン管理**が必要になります。
構成管理	インシデント管理や問題管理などで発生したシステム上の変更を記録します。変更状況を把握しておき不具合発生時に利用します。

サービスデスク（ヘルプデスク）

サービスサポートのために必要な機能として**サービスデスク**があります。サービスデスクは，ユーザからの問い合わせ窓口であり，コミュニケーションをとる役割を担います。
必要に応じてエスカレーション（上位者や他部署に対応要請）を行います。また，よくある質問をまとめた**FAQ**や**応対マニュアル**を用意し，サポート品質の向上を図ります。

サービスデリバリ

中長期的なITサービスの維持や改善に関する一連の活動について記載される**サービスデリバリ**は，5つのプロセスで構成されています。

サービスレベル管理(SLM)	提供元と顧客の間で合意したサービス水準の管理です。 **サービスレベル合意書**(SLA)で示したサービス品質や範囲を達成するために，サービスの管理を行います。 継続的なサービスのモニタリング，定期レビュー，プロセスの見直し，必要に応じてSLAの書き換えを行います。
キャパシティ管理	システムの将来性(今後必要になる機能や性能など)の管理です。CPUやメモリの使用率，ファイルの使用量，ネットワークの利用率などを元に，現在だけでなく将来的なシステムの安定稼働を実現するための一連の活動になります。
可用性管理	サービスに必要なシステムや人員の**可用性**を管理します。 可用性とは，必要な時に使用できる状態であることを指し，ここでは，システムのユーザが確実に利用できるように稼働率を維持向上するための一連の活動を指します。
ITサービス継続性管理	災害などが発生してもサービスを継続すること，またサービスが停止した場合も影響を最小限にするための管理です。 災害などの不測の事態に備えるために**サービス継続計画**を立案し，予防対策や**復旧計画**を用意しておきます。
ITサービス財務管理	ITサービスの費用対効果(コストと収益性)の管理です。 コスト計画と実際の初期コストとランニングコストを合算したTCOの差異への対応など，ITサービスの財務管理全般に関する一連の活動です。

サービスレベル合意書(SLA：Service Level Agreement)

サービスレベル合意書(SLA)とは，提供するサービスの品質と範囲を明文化し，サービス提供者がサービス委託者(顧客)との合意に基づいて運用するために結ぶものです。
サービス品質の水準として，利用不能時間の上限や最低通信速度などを定め，水準を達成できなかった場合の利用料金の減額や保障に関する規定などをまとめ，合意を得ます。

ITILv3

ビジネスとITサービスがより密接に関係するようになった背景から，最新版であるITILv3（バージョン3）では，**サービスライフサイクル**という考え方を取り入れて，**サービスストラテジ**（戦略），**サービスデザイン**（設計），**サービストランジション**（移行），**サービスオペレーション**（運用），**継続的サービス改善**の「ITILコア」と呼ばれる5冊の書籍にまとめられています。

ITILv2で中心になっていたサービスサポートとサービスデリバリは，ITILv3では各領域に分散していますが重要な要素であることに変わりありません。

サービスストラテジ（サービス戦略）	サービスの設計・開発などについて取るべき戦略をまとめたものです。ITサービスを長期的な視点から検討し，適切な戦略を立てます。財務管理，需要管理などが含まれます。
サービスデザイン（サービス設計）	ビジネス戦略の要件を満たすために必要な要素とその設計についてまとめたものです。サービスカタログ管理，サービスレベル管理，キャパシティ管理，可用性管理，ITサービス継続性管理などが含まれます。
サービストランジション（サービス移行）	サービスの移行（本番環境への適用）を行うために取るべき方法がまとめられています。変更管理，構成管理，リリース管理などが含まれます。
サービスオペレーション（サービス運用）	稼働中のITサービスの適切な運用方法についてまとめられています。インシデント管理，問題管理，サービスデスクなどが含まれます。
継続的サービス改善	既存のサービスの改善点を発見し，よりよいサービス提供をするための方法についてまとめられています。サービス測定，サービスレポートなどが含まれます。

チャットボット

「チャット」と「ロボット」を組み合わせた造語で，利用者とロボットがテキストや音声を通じて，会話を自動的に行うシステムやプログラムを指します。
AIの発展により，より高度な会話が可能なチャットボットが増加しており，観光案内やサービスデスクなどでの活用が期待されています。

✎サンプル問題

問1　システムの利用者に対するサービスレベルを評価するための項目として，適切なものはどれか。

ア　システム開発にかかったコスト　　イ　システム障害からの回復時間
ウ　システムを構成するプログラム本数　　エ　ディスク入出力の回数

（ITパスポートシラバス　サンプル問題33）

問1　解答：イ
サービスレベルの評価基準には，安定的な稼働と不具合発生時の復旧までの時間が含まれます。これは，必要な情報へのアクセスを保証する可用性に関する評価につながります。
ア　コストだけでは費用対効果の評価にはつながりません。
イ　正解です。回復時間が早いほどサービスレベルが高いと評価されます。
ウ　プログラムの本数は，開発時の見積もりを出す際に利用される基準です。
エ　ウ同様，開発時の見積もりでの基準になります。

問2　システムの利用者からの，製品の使用方法，トラブル時の対処方法，苦情への対応などの様々な問い合わせを受け付ける窓口はどれか。

ア　アクセスカウンタ　　イ　ウェブマスタ　　ウ　データセンタ　　エ　ヘルプデスク

（ITパスポートシラバス　サンプル問題34）

問2　解答：エ
システムの使用方法やトラブル対応など，運用開始後（サービスサポート）のユーザー対応窓口として機能するのは，ヘルプデスク（サービスデスク）です。

□ 6-1-2　ファシリティマネジメント

システムを安定的，継続的に活用するためには，ソフトウェアや運用体制の他に，ハードウェアやネットワーク環境の整備も重要です。
ここでは，システムの環境整備とそのための考え方について学びます。

1. システム環境整備

無停電電源装置（UPS：Uninterruptible Power Supply）

無停電電源システム（UPS）は，停電時にハードウェアへの電源供給が停止しないようにするためのシステムです。

通常の電源とハードウェアの間に付け加えることで，通常時に内部バッテリーに充電しておき，停電発生時にバッテリーからの電源供給に切り替えることで，ハードウェアへの電源供給を確保します。

バッテリーの容量には限界があるので，停電時はバッテリー残量があるうちに速やかに電源を落とすといった対応をしなければなりません。

セキュリティワイヤ

ノートパソコンなどの盗難の危険性があるハードウェアを机や柱などに結び付けるためのワイヤです。ノートパソコンの多くには，セキュリティワイヤ用の穴が付けられています。

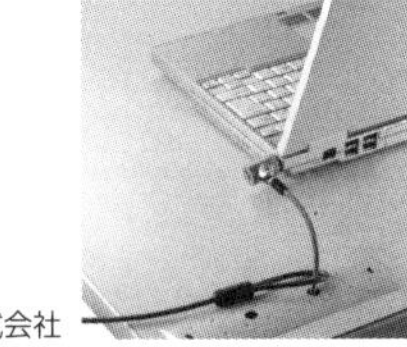
画像提供：エレコム株式会社

自家発電装置

企業や工場等の施設で電力供給が止まった際の対策として利用される装置です。

企業活動のための利用だけでなく，安全面から必要とされる様々な機器やビル管理装置（消火栓やスプリンクラーなど）への電力供給に利用されます。

サージ防護

雷などによる異常な電流・電圧によってシステムなどに障害が発生しないように防護する装置のことです。大規模なものから電源タップに内蔵される小型のものまで存在します。

2. ファシリティマネジメント

ファシリティマネジメントとは，建物や設備などの資源が最適な状態となるように改善を進めるための考え方になります。

システムの運用だけに絞った考え方というよりは，土地，建物，設備などすべてを企業経営において最も有効活用できる状態を維持することを指します。そのため，経営戦略などを理解できていないと，適切なマネジメントは行えません。

プラスα

耐震対策

停電や盗難以外に，天災への対応も必要です。中でも日本では地震への対応は重要です。

コンピュータを設置しているサーバラックやキャビネットの耐震補強，小型の精密機器への耐震パッドの装備などが求められます。

✎サンプル問題

無停電電源装置(UPS)の導入に関する記述として，適切なものはどれか。

ア　UPS に最優先で接続すべき装置は，各PC が共有しているネットワークプリンタである。

イ　UPS の容量には限界があるので，電源異常を検出した後，数分以内にシャットダウンを実施する対策が必要である。

ウ　UPS は発電機能をもっているので，コンピュータだけでなく，照明やテレビなども接続すると効果的である。

エ　UPS は半永久的に使用できる特殊な蓄電池を用いているので，導入後の保守費用は不要である。

(ITパスポートシラバス　サンプル問題35)

解答：イ

UPSは，停電時にコンピュータへの電源供給を止めないためのシステムで，充電式バッテリーによって，一定時間の電源供給を確保します。

ア　優先度はデータを保持，利用しているコンピュータやサーバの方が高くなります。

イ　正解です。バッテリー電源は無限ではないので，シャットダウンする必要があります。

ウ　UPSに発電機能は無く，電源供給量も有限なので，テレビや照明に接続はしません。

エ　UPS内蔵のバッテリーは半永久的ではありません。

✎練習問題

問1

ITサービスマネジメントのフレームワークはどれか。

ア　IEEE　　イ　IETF　　ウ　ISMS　　エ　ITIL

(ITパスポート試験　令和元年秋期　問50)

問2

オンラインモールを運営するITサービス提供者が，ショップのオーナとSLAで合意する内容として，適切なものはどれか。

ア　アプリケーション監視のためのソフトウェア開発の外部委託及びその納期
イ　オンラインサービスの計画停止を休日夜間に行うこと
ウ　オンラインモールの利用者への新しい決済サービスの公表
エ　障害復旧時間を短縮するためにPDCAサイクルを通してプロセスを改善すること

(ITパスポート試験　平成30年春期　問38)

問3

ITサービスマネジメントのプロセスにおいて，過去の履歴や構成情報などをデータベース化する目的a～c のうち，適切なものだけを全て挙げたものはどれか。

a.　ITサービスに関連する構成要素の情報を常に正しく，最新の状態であるように維持管理し，必要な情報をいつでも確認できるようにする。
b.　過去に対応したインシデントの記録をナレッジとして蓄積し，利用者からの問い合わせに対する一次回答率を高める。
c.　過去に発生した障害の原因と対策を蓄積し，再発の防止に役立てる。

ア　a　　イ　a，b，c　　ウ　b　　エ　b，c

(ITパスポート試験　平成24年度秋期　問36)

問4

利用者からの問い合わせの窓口となるサービスデスクでは，電話や電子メールに加え，自動応答技術を用いてリアルタイムで会話形式のコミュニケーションを行うツールが活用されている。このツールとして，最も適切なものはどれか。

ア　FAQ　　イ　RPA
ウ　エスカレーション　　エ　チャットボット

(ITパスポート試験　令和元年秋期　問54)

問 5

ITサービスマネジメントにおける問題管理の事例はどれか。

ア　障害再発防止に向けて，アプリケーションの不具合箇所を突き止めた。

イ　ネットワーク障害によって電子メールが送信できなかったので，電話で内容を伝えた。

ウ　プリンタのトナーが切れたので，トナーの交換を行った。

エ　利用者からの依頼を受けて，パスワードの初期化を行った。

（ITパスポート試験　平成29年秋期　問47）

問 6

情報システムの施設や設備を維持・保全するファシリティマネジメントの施策として，適切なものはどれか。

ア　インターネットサイトへのアクセス制限

イ　コンピュータウイルスのチェック

ウ　スクリーンセーバの設定時間の標準化

エ　電力消費量のモニタリング

（ITパスポート試験　平成31年春期　問49）

COLUMN

ソフトウェア開発と比べ，実運用がはじまった後のシステム運用の維持管理については，ユーザーも日常的に係わっていく内容になります。

ユーザーが問題なく正常にシステムを利用することがサービスマネジメントの基本的な考え方になりますが，サービスマネジメントは決して，ユーザーに見えないところの作業だけを指すのではありません。
技術担当者とユーザーとの情報共有も，最も重要なサービスマネジメントの要素であるといえるのではないでしょうか。

練習問題の解答

問1　解答：エ

ITILは，ITサービスマネジメントを進める上で役立つベストプラクティスを集めたガイドラインです。世界中で利用されるデファクトスタンダードであり，利用者へのITサービスに対する保証につながります。

ア　IEEEは米国に本部を置く電気電子学会の略で，標準化団体のひとつになります。

イ　IFTFは，Internet Engineering Task Forceの略で，インターネット上で開発される技術やプロトコルなどを標準化する組織です。

ウ　Information Security Management Systemの略で，情報セキュリティマネジメントシステムの管理・運用に関する仕組みです。

問2　解答：イ

サービスレベル合意書（SLA）とは，提供するサービスの品質と範囲を明文化し，サービス提供者がサービス委託者（顧客）との合意に基づいて運用するために結ぶものです。

サービス品質の水準として，利用不能時間の上限や最低通信速度などを定め，水準を達成できなかった場合の利用料金の減額や保障に関する規定などをまとめ，合意を得ます。

選択肢の中では、サービスの利用停止期間に触れているイが合意内容として適切となります。

問3　解答：イ

データベースの特徴はデータの秩序ある蓄積と蓄積したデータの活用のしやすさにあります。

そのようなデータベースのメリットに当てはまる内容か一つずつ確認します。

a.　適切です。データベース化することで情報を適切に維持管理することができます。

b.　適切です。インシデント（障害発生）の記録の蓄積や参照にデータベースは適しています。

c.　適切です。B同様過去の障害情報の蓄積にデータベースは適しています。

よって，すべてが適切ですのでイが正解となります。

問4　解答：エ

利用者とロボットがテキストや音声を通じて，会話を自動的に行うシステムやプログラムをチャットボットと呼びます。

ア　FAQは，よくある質問と回答をまとめたものです。

イ　RPAは，人間の定型的な業務を，コンピュータを用いて自動化する仕組みです。

ウ　エスカレーションは，サービスデスクで対応できない内容の問い合わせを受けた際に，上位者に対応を引き継ぐことを指します。

問5　解答：ア

問題管理は，インシデントの原因調査を行い，その問題点を分析することで，予防措置を提示します。

ア　正解です。原因究明は問題管理の事例に該当します。
イ　サービスデスクの事例です。
ウ　インシデント管理の事例です。
エ　インシデント管理の事例です。

問6　解答：エ

ファシリティマネジメントとは，建物や設備などの資源が最適な状態となるように改善を進めるための考え方になります。

システムの運用だけに絞った考え方というよりは，土地，建物，設備などすべてを企業経営において最も有効活用できる状態を維持することを指します。そのため，経営戦略などを理解できていないと，適切なマネジメントは行えません。

本問では，エの電力消費量のモニタリングがファシリティマネジメントの施策に該当し，他の選択肢は情報セキュリティマネジメントの施策となります。

ア　FAQは，よくある質問と回答をまとめたものです。
イ　RPAは，人間の定型的な業務を，コンピュータを用いて自動化する仕組みです。
ウ　エスカレーションは，サービスデスクで対応できない内容の問い合わせを受けた際に，上位者に対応を引き継ぐことを指します。

6-2 システム監査

□ 6-2-1　システム監査

ここでは，企業活動をチェックする監査の意味と，システム監査について学習します。

1．監査業務

監査業務とは，企業の財務や業務が法令や基準に違反していないか，企業の内部監査人や外部の第三者がチェックする業務を指します。

主な監査業務

- 会計監査：独立した監査組織によって，企業の経理・会計についての監査を行います。
- 業務監査：会計以外の企業の諸活動の内容や組織，制度に対する監査を行います。
- 情報セキュリティ監査：情報セキュリティ監査基準（経済産業省の）に基づいて，情報セキュリティ監査人による監査，助言を行います。
- システム監査：専門家よるシステムの総合的な監査。詳細は下記参照。

2．システム監査

システム監査は，**システム監査人**と呼ばれる企業からは独立した組織（第三者）によって，システムを検証，評価し，その結果から助言や勧告を行うものです。

一般的に，監査にあたっては，経済産業省の**システム監査基準**を用います。

システム監査の目的

システム監査の目的は，情報システムの信頼性，安全性，効率性を向上することです。

- 信頼性の向上：システム品質の向上，障害の発生時の影響範囲縮小や回復の迅速化。
- 安全性の向上：リスク（自然災害，不正アクセス，破壊行為）に対する準備。
- 効率性の向上：費用対効果の向上，経営資源の有効活用。

システム監査のプロセスの流れ

システム監査は計画，実施，報告の流れで進められます。

1. システム監査計画の作成

システム監査の目的や監査対象を明確にする，**システム監査計画**の策定を行います。

システム監査計画は，複数年度の中長期計画書，中長期計画書に基づいた年度ごとの基本計画書，基本計画書に基づいた監査項目ごとの個別計画書によって構成されます。

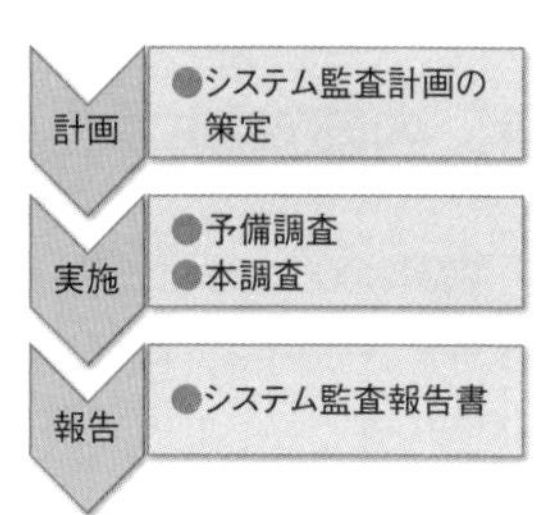

2. 予備調査の実施

予備調査では，円滑な監査を行えるように対象資料を収集・分析し，チェックリストの作成，調査項目の洗い出し，個別計画書の修正を行います。

予備調査後は本調査の手順方法などを記述した**監査手続書**を作成します。

3. 本調査の実施

本調査では，監査手続書に従い，関連する記録や資料の調査，担当者へのインタビューなどを行います。調査結果は**監査証拠**として保管されます。

4. システム監査報告書

本調査の結果を元に，総合的な評価をまとめ，経営者への結果説明のための**システム監査報告書**を作成し提出します。

システム監査報告書には，監査の実施状況，監査対象についての評価，改善事項，改善案などを記述します。緊急性がある改善事項は改善勧告として報告します。

✎サンプル問題

システム監査の手順を実施順に並べたものはどれか。

ア　計画，調査，報告　　イ　原因調査，修正，テスト

ウ　設計，プログラミング，テスト　　エ　要件定義，提案依頼，提案評価

（ITパスポートシラバス　サンプル問題36）

解答：ア
システム監査は，計画，実施，報告のプロセスを踏みます。ここでは，実施を調査として表現しています。

□ 6-2-2　内部統制

次に，適正な企業活動にあたり重要な，企業自身の考え方や取り組みについてまとめます。

1．内部統制

内部統制とは，企業が業務を適正に進めるための体制を構築し，運用する仕組みを指します。実現には，業務プロセスの明確化，職務分掌，実施ルールの設定及びそのチェック体制の確立が必要です。

モニタリング

内部統制が有効に機能していることを継続的に評価することを指します。

これにより，内部統制は監視，評価され，改善することができます。

リスクコントロールマトリクス（RCM）

内部統制を実施するうえで，業務プロセスに潜むリスクと統制活動（コントロール）の対応関係を整理・検討・評価するために作成されます。

リスクの内容や大きさ，リスクによって影響を受ける決算書の科目，対応するコントロールなどを表形式にまとめます。

レピュテーションリスク

評判リスク，風評リスクとも呼ばれ，企業に対する否定的な評判が広まることで，企業の信用やブランドが低下し，損失を被る危険度を表します。

2．ITガバナンス

ITガバナンスとは，企業のIT化を進めるにあたり，企業戦略や情報システム戦略の実現に導く組織能力のことを指します。そのために，情報システム戦略や目的を明確に設定し，IT化の実行をコントロールするための組織や体制を確立することが必要です。

ITガバナンスは，部門ごとの評価ではなく，企業全体として確立します。経営戦略とIT戦略との整合性，費用対効果やリスク管理，人員，組織体制などの評価を行った上で，運用ポリシーや利用ルールの策定，マネジメントシステムの構築が必要となります。

✎サンプル問題

社員の不正を抑止するための内部統制に当たるものはどれか。

ア　企業の情報セキュリティ方針をインターネットで公表する。

イ　作業の実施者と承認者を分ける。

ウ　地域活性化に貢献するために，市町村の催しなどの後援企業となる。

エ　発覚した不祥事によって企業イメージが悪化することを避けるために，マスコミ対策をとる。

（ITパスポートシラバス　サンプル問題37）

解答：イ

ア　方針を公表することで顧客の信用を得ますが，社員の不正抑止には該当しません。

イ　正解です。選択肢は職務分掌にあたり，実施者独断で業務を行えないようにします。

ウ　CSR（企業の社会的責任）に関する内容です。

エ　クライシスコミュニケーションと呼ばれる活動ですが，内部統制には当たりません。

COLUMN

内部統制はここ数年では最も注目を浴びたビジネス用語の1つです。
これは，俗に「日本版SOX法」と呼ばれる金融商品取引法が2008年4月に施行されたことによります。

日本版SOX法では，以下のことが義務付けられています。

1. 企業の経営者がすべての説明責任・実行責任を負う
2. 企業は財務報告の信頼性を確保するための仕組み（内部統制）を整え，全社に適用させ，実行・モニタリングして「内部統制報告書」として内部統制の有効性を報告する
3. 監査人は「内部統制監査報告書」として，企業の内部統制の報告内容を監査する

さらに，内部統制報告書の虚偽によって株主が被った損害に対し，企業が賠償責任を負うことになっています。

このように，内部統制は企業の努力目標などではなく，必須の取り組みとなっています。

✎練習問題

問1

システム監査の目的はどれか。

ア　情報システム運用段階で，重要データのバックアップをとる。

イ　情報システム開発要員のスキルアップを図る。

ウ　情報システム企画段階で，ユーザーニーズを調査し，システム化要件として文書化する。

エ　情報システムに係るリスクをコントロールし，情報システムを安全，有効かつ効率的に機能させる。

（ITパスポート試験　令和元年秋期　問36）

問2

情報システム部がシステム開発を行い，品質保証部が成果物の品質を評価する企業がある。システム開発の進捗は管理部が把握し，コストの実績は情報システム部から経理部へ報告する。現在，親会社向けの業務システムの開発を行っているが，親会社からの指示でシステム開発業務に対するシステム監査を実施することになり，社内からシステム監査人を選任することになった。システム監査人として，最も適切な者は誰か。

ア　監査経験がある開発プロジェクトチームの担当者

イ　監査経験がある経理部の担当者

ウ　業務システムの品質を評価する品質保証部の担当者

エ　システム開発業務を熟知している情報システム部の責任者

（ITパスポート試験　平成30年秋期　問53）

問3

ITガバナンスに関する記述として，適切なものはどれか。

ア　ITベンダが構築すべきものであり，それ以外の組織では必要ない。

イ　ITを管理している部門が，全社のITに関する原則やルールを独自に定めて周知する。

ウ　経営者がITに関する原則や方針を定めて，各部署で方針に沿った活動を実施する。

エ　経営者の責任であり，ITガバナンスに関する活動は全て経営者が行う。

（ITパスポート試験　平成30年春期　問40）

練習問題の解答

問1　解答：エ

システム監査は，システム監査人と呼ばれる企業からは独立した組織（第三者）によって，システムを検証，評価し，その結果から助言や勧告を行うものです。システム監査の目的は，情報システムの信頼性，安全性，効率性を向上することです。

一般的に，監査にあたっては，経済産業省のシステム監査基準を用います。

問2　解答：エ

システム監査は，専門家よるシステムの総合的な監査を行います。システムに関する詳しい知識が必要になるため，システム開発業務を熟知している情報システム部の責任者が適当です。

問3　解答：ウ

ITガバナンスとは，企業のIT化を進めるにあたり，企業戦略や情報システム戦略の実現に導く組織能力のことを指します。そのために，情報システム戦略や目的を明確に設定し，IT化の実行をコントロールするための組織や体制を確立することが必要です。

ITガバナンスは，部門ごとの評価ではなく，企業全体として確立します。経営戦略とIT戦略との整合性，費用対効果やリスク管理，人員，組織体制などの評価を行った上で，運用ポリシーや利用ルールの策定，マネジメントシステムの構築が必要となります。

ア　ITを活用するすべての組織が対象となります。

イ　経営者主導で原則やルールを定めます。

エ　ITガバナンスに関する活動は組織全体で行います。

第6章　サービスマネジメント
キーワードマップ

6-1　サービスマネジメント

6-1-1 サービスマネジメント

1. ITサービスマネジメント
2. ITIL
   - ITILv2 ⇒サービスサポート，インシデント管理，問題管理，変更管理，リリース管理，構成管理，サービスデスク，サービスデリバリ，サービスレベル管理，キャパシティ管理，可用性管理，ITサービス継続性管理，ITサービス財務管理，サービスレベル合意書
   - ITILv3 ⇒サービスライフサイクル，サービスストラテジ，サービスデザイン，サービストラジション，サービスオペレーション，継続的サービス改善，チャットボット

6-1-2 ファシリティマネジメント

1. システム環境整備
   - 無停電電源装置(UPS)　・自家発電装置　・セキュリティワイヤ　・サージ防護
2. ファシリティマネジメント　⇒耐震対策

6-2　システム監査

6-2-1 システム監査

1. 監査業務　⇒会計監査，業務監査，情報セキュリティ監査
2. システム監査　⇒システム監査人，システム監査基準
   - システム監査の目的
   - システム監査のプロセスの流れ
     ⇒システム監査計画，予備調査，監査手続書，本調査，監査証拠，システム監査報告書

6-2-2 内部統制

1. 内部統制　⇒レピュテーションリスク
2. ITガバナンス

テクノロジ系

第7章

基礎理論

1. 基礎理論

2. アルゴリズムとプログラミング

7-1 基礎理論

うわ〜ん！数学なんてやだー！

数式は一度覚えてしまえば，サービス問題になるよ！

□ 7-1-1　離散数学

離散数学とは，個々の連続していない(離散的な)量を扱う数学のことです。コンピュータで扱うデータは，この離散数学を用いることによって成立しています。

なお，離散数学を用いた表現を，一般的に**ディジタル**表現，連続している表現を**アナログ**表現と呼びます。ここではディジタル表現の基礎になる2進数の扱いを中心に学習します。

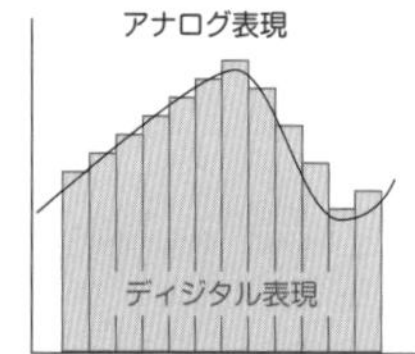

1. 数と表現

2進数の表現

コンピュータは，1(オン)と0(オフ)のディジタル表現を使って情報を処理します。この1と0の2進数で表現する1桁の値を**ビット(bit)**と呼び，データの最小単位として扱います。ビットを組み合わせることで様々な表現や処理を可能にしています。

> 1 or 0の表現=1ビット(bit)
> 8ビット(bit)=1バイト(byte)

例えば，アルファベットや数字などの限られた文字情報を表現する場合には，8ビット(2の8乗＝256通り)で1つの文字を表現します。日本語のように漢字やカナなど多数の文字表現が必要な場合は，倍の16ビット(2の16乗＝65536通り)で1文字を表現します。

ビットでは2つの情報しか表現ができないため，通常はビットを8乗した**バイト(byte)**という単位で扱われます。「1バイト(byte)＝8ビット＝256通り」が，コンピュータでは表現の基準となり，この単位で様々な情報を取り扱います。日本語の例でいえば，日本語は2バイトで表現されているということができます。

略号は，ビット＝b(小文字)，バイト＝B(大文字)で書き分けます。

基数変換

一般的に私たち人間は10進数の表現を利用しています。よって，コンピュータが処理しやすい2進数の表現を扱う場合には，10進数から2進数への変換が必要になります。このようなn進数→m進数への変換を**基数変換**と呼びます。

主なn進数の表現

10進数	2進数	8進数	16進数
0	0	0	0
1	1	1	1
2	10	2	2
3	11	3	3
4	100	4	4
5	101	5	5
6	110	6	6
7	111	7	7
8	1000	10	8

10進数	2進数	8進数	16進数
9	1001	11	9
10	1010	12	A
11	1011	13	B
12	1100	14	C
13	1101	15	D
14	1110	16	E
15	1111	17	F
16	10000	20	10
17	10001	21	11

このように**基数**（＝n）とは，表現が繰り上がる所を指し，10を超える基数の場合は英字を用いた表現になります。例えば，10進数の11は，2進数では1011，8進数では13，16進数ではBと表現されます。

なお，基数を含む表現で10進数の11は，$(11)_{10}$，$(1011)_2$，$(13)_8$のようになります。

基数変換の方法

- 10進数からn進数への基数変換

10進数からn進数への基数変換は，元の10進数で表された数字をnで解が0になるまで割って，その余りを逆順に並べていくことで求められます。

- n進数から10進数への基数変換

n進数から10進数への基数変換は，n進数の数字に各桁にn のべき乗を掛けて，その合計を出すことで求められます。

10進数を除く基数同士の基数変換を行う場合は，一度にやろうとはせず，一度，10進数への基数変換を経由して行うようにする（n進数 → 10進数 → m進数）と分かりやすくなります。

例　10進数の11を2進数に変換

11÷2=5　余り1
5÷2=2　余り1
2÷2=1　余り0
1÷2=0　余り1
↑ 並べる → $(1011)_2$

例　2進数の1011を10進数に変換

(1 0 1 1) 2 } 基数
× × × ×
2^3 2^2 2^1 2^0 ← 基数のべき乗
↓ ↓ ↓ ↓
8+0+2+1 ＝$(11)_{10}$
10進数

負の数の表現

2進数で負の数を表現する方法は，符号付き2進数，補数による表現（1の補数を用いた表現，2の補数を用いた表現）の大きく2通りがあります。一般的には，2の補数を用いる表現を使用することが多いようですが，ここではすべての表現方法を確認しておきます。

符号付き2進数

最上位のビットを符号とし，残りのビットで数を表現します。

最上位が0の場合は＋，1の場合は－となります。

例　1バイトの符号付き2進数で，－11を表現する場合

$(10001011)_2$

符号　10進数の11

補数による表現

補数とは，ある基準となる数から，補数を求めたい数を引いたものを指します。

補数による負の2進数の表現には「1の補数」による表現と「2の補数による表現」の2通りがあります。

例　1バイトの2進数の補数で，－11を表現する場合

$(00001011)_2$

10進数の11

反転

$(11110100)_2$

1を加える

$(11110101)_2=(-11)_{10}$

● 1の補数による負の数の表現

1の補数を用いた負の数の表現の場合，基準となる数は，その桁数で最大の数となります。仮に1バイト（8ビット）の表現の場合は11111111です。

－11の表現をする場合，

$(11111111)_2-(00001011)_2=(11110100)_2$

よって，11110100が1の補数を用いた－11になります。

● 2の補数による負の数の表現

2の補数を用いた負の数の表現の場合，基準となる数は，桁が1つ繰り上がる数となり，1バイト（8ビット）の表現であれば，9ビットになったときの数，すなわち100000000となります。

$(100000000)_2-(00001011)_2=(11110101)_2$

よって，11110101が2の補数を用いた－11になります。

プラスα

2進数の補数である1の補数と2の補数は，簡単な手順によって求めることができます。

1の補数：正の数を表した2進数の0と1を反転させる

2の補数：上記で求めた1の補数に1を加える

2進数の加算や減算

2進数の加算や減算には大きく2通りの方法があります。1つは，基数変換を用いて10進数に変更して計算し，結果を2進数に戻す方法です。もう1つは，2進数のまま計算する方法です。2進数の加算や減算を行う場合は，桁を揃えて下の桁から計算します。

2進数の加算

例えば，$(1001)_2$と$(11)_2$の加算を行う場合，

$(1001)_2+(0011)_2=(1100)_2$

と計算します。

ここで注意すべきなのは桁上がりで，2進数の場合，「01＋01＝10」という考え方が基本になります。

桁上がり

```
   1 1
 1 0 0 1
+0 0 1 1
--------
 1 1 0 0
```

2進数の減算

一方，$(1001)_2$から$(11)_2$の減算を行う場合，

$(1001)_2-(0011)_2=(0110)_2$

と計算します。

引かれる数が0で，引く数が1の場合は，上位から桁借りをして計算します。その際に借りてきた数字は1ではなく10（10進数の2）であることに注意が必要です。

```
 1 0 0 1
-0 0 1 1
--------
 0 1 1 0
```

2. 集合

集合とは，**命題**と呼ばれるある条件に基づいてグループ化されたデータの集まりのことを指します。

命題は，「AまたB」というような文章表現が可能であり，**ベン図**や**真理値表**などで図式化することもできます。

ベン図

ベン図は，命題を図で表現することで，論理積や論理和といった，複数の集合の関係を表現する場合によく利用されます。

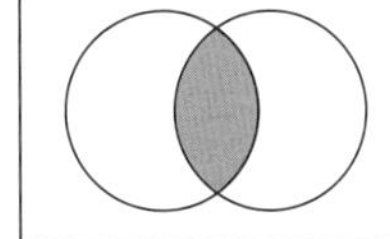

真理値表

真理値とは論理学の用語で，命題の真偽を表す値のことです。真理値表は複数の命題による集合（いずれの命題にも当てはまるデータの集合など）を求めるときなどに便利です。

命題A	命題B	AとBの論理積
真	真	真
真	偽	偽
偽	真	偽
偽	偽	偽

3. 論理演算

論理演算とは，2つの命題や集合が，真と偽のどちらか一方の値しかとらない場合に1つの演算結果を出力する演算のことです。組み合わせは4通りになります。論理式をベン図や真理値表を用いて表現すると以下の通りです。

論理積(AND)

A	B	A and B
偽	偽	偽
偽	真	偽
真	偽	偽
真	真	真

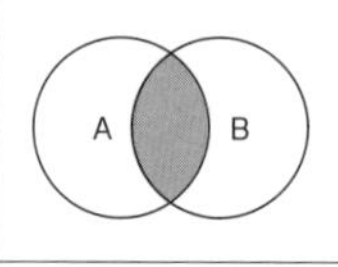

否定(NOT)

A	not A
偽	真
真	偽

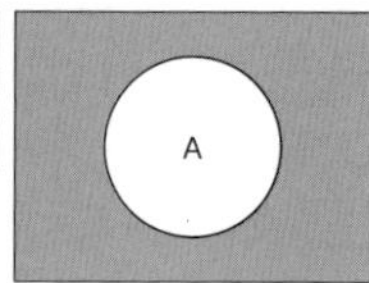

論理和(OR)

A	B	A or B
偽	偽	偽
偽	真	真
真	偽	真
真	真	真

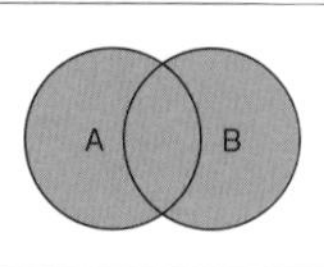

排他的論理和(EORまたはXOR)

A	B	A eor B
偽	偽	偽
偽	真	真
真	偽	真
真	真	偽

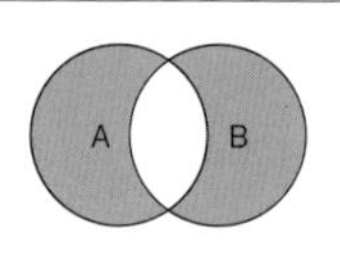

✎サンプル問題

2進数1111と2進数101を加算した結果の2進数はどれか。

ア 1111　　イ 1212　　ウ 10000　　エ 10100

(ITパスポートシラバス　サンプル問題38)

解答：エ

●10進数への基数変換を用いた手法

$(1111)_2=(15)_{10}$　$(101)_2=(5)_{10}$となりますから，15+5=20

計算結果を10進数から2進数に変換すると，$(20)_{10}=(10100)_2$・・・解答

●2進数のまま計算する手法

```
   1111
 + 0101
 ------
  10100・・・解答
```

□ 7-1-2　応用数学

応用数学とは，数学を他分野に適用することを指します。ここでは，応用数学の代表格であり，データ分析の基本である確率と統計について勉強します。

1. 確率と統計

確率や統計は，主に業務分析や市場分析などの企業活動の中で活用される応用数学です。

確率の概要

確率とは，ある事象が起こる度合いや現れる割合のことです。情報分野では，主に収集したデータの総数や，その中で特定の条件を満たす度合いのことを指します。数学では，この確率をP(A)と表します。データ総数をn，条件を満たすものがr通りある場合，

$$P(A) = r／n$$

という式で確率を表すことができます。

また，確率の基本的な考え方には，**順列**と**組合せ**があります。

順列と組合せの違い（簡単なイメージ）

取り出された「ABC」と「BCA」の2つの情報に対して，順序が異なるという考え方が「順列」，同じと考えるのが「組合せ」になります。
言いかえれば，順番に意味を持たせるのが順列，意味を持たせないのが組合せです。

より数学的な説明をすると次のようになります。

順列

n 個の中からr 個を取り出して並べるときの順列の数を **nPr** と表現します。この nPr を求める式は，以下の通りです。

$$nPr = n \times (n-1) \times (n-2) \times (n-3) \cdot\cdot\cdot (n-r+1)$$
$$= n!／(n-r)!$$

※ 記号！は**階乗**（nから1までのすべての整数の積）という意味です。（3!＝3×2×1＝6）

組合せ

n 個の中からr 個を取り出してできる組みの数を **nCr** と表現します。この nCr を求める式は，以下の通りです。

$$nCr = nPr／r!$$
$$= n!／(n-r)!r!$$

統計の概要

統計とは，収集したデータから規則性や性質を調べ，数量的に表すことです。その結果から今後の予測などに役立てます。統計によって見えてくる情報は非常に多くありますが，代表的な数値には次のようなものがあります。

代表的な数値

名称	説明
平均値	全体の合計をデータ数で割った値
中央値(メジアン)	全体のデータを昇順または降順で並べたときの中央の値
最頻値(モード)	全体のデータの中で最も出現頻度が多い値
最大値・最小値	全体のデータの中での最大の値または最小の値

また，データを視覚的に把握，分析できるように次のような図表やグラフを用います。

散布図

散布図は，2項目の量や大きさからデータを点でプロットしたものです。

項目間の相関関係を把握することができます。

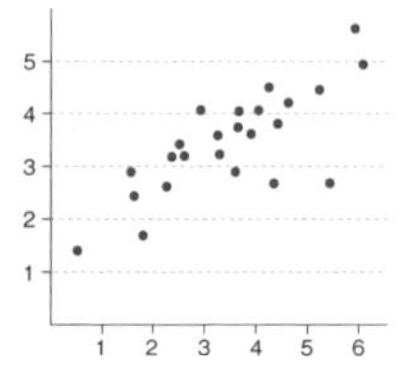

度数分布表

度数分布表は，対象となるデータの値をリスト化したものです。

一般的には数値を基準に降順または昇順で並べ，その数値の個数を記述します。用途に応じて，数値の個数を累積して記すこともあります。身長などの連続的な数値を基準にする場合は，値を範囲で区切る方法を取ります。

得点	人数	累積
25	1	1
35	2	3
40	5	8
45	8	16
50	10	26
55	8	34
60	2	36

ヒストグラム

データの分布を視覚的に把握するために利用されるのがヒストグラムです。度数分布表をまとめた際に，データのばらつきの傾向を把握するときなどに利用され，棒グラフを隙間なく詰めたような形で表します。

折れ線グラフを用いて，累積数や累積比率を表示することもあります。

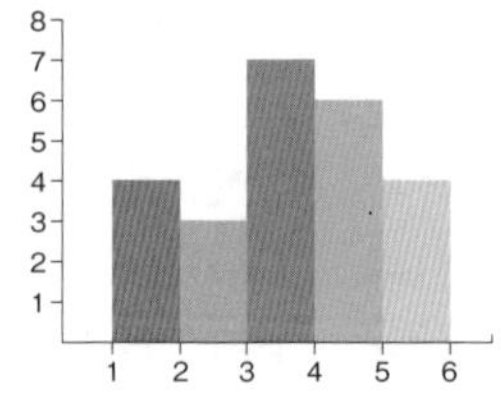

✎サンプル問題

問1 と問2 の2 問からなるテストを行ったところ，受験者100 名のうち正答できたのは，問1 が65 名，問2 が73 名であった。2 問とも正答できた受験者は少なくとも何名か。

ア　35　　　イ　38　　　ウ　62　　　エ　65

（ITパスポートシラバス　サンプル問題39）

解答：イ
問1と問2の正答者を合計すると，65名＋73名＝138名です。受験者数は100名ですから，138名−100名＝38名が，少なくとも2問とも正答できたことが分かります。

COLUMN

基礎理論は，文系の人にとって一番苦労する分野の１つだと思います。特に高校生以来，数式に触れる機会のなかった人にとっては，これほど苦しいことはありませんよね。

かくいう私も文系人間ですから，この分野の勉強は嫌で嫌で仕方ありませんでした。
でも，一度とき方を覚えてしまえば，他の問題よりも楽に解けるのだと気付いてから，集中して勉強したことを覚えています。特に2進数の基数変換などは，覚えてしまえばボーナス問題に思えてきてしまうほどです。

もし，時間に余裕のある人は，「なにか今日は集中できそうだ！」という日を少し待って，そんな日に一気に勉強してしまうのもいいかもしれません。

ただ，試験当日までそんな日が来なかったなんて言い訳はできませんので，学習全体のペース配分には注意してください。

□ 7-1-3　情報に関する理論

情報に関する基礎的な理論（知識や考え方）は，コンピュータやシステムに接する人にとって必要な知識となっています。

1. 情報の単位

情報量の単位

情報の量を扱う場合の単位は，ビットとバイトを用います。すでに説明した通り，情報の世界では様々な情報を2進数で表現しており，その最小単位として1ビットは2種類の情報を持つことができます。1バイトは8ビット（2の8乗）ですから256種類の情報を表現することができます。

しかし，実際には非常に大きな情報量を取り扱うため，これらの単位に接頭語をつけて表現します。2のべき乗で計算するため，通常の10進数の単位とは若干異なります。

代表的な接頭語

名称	説明
K(キロ)	10の3乗を表しますが，1KBは2の10乗となり1024Bとなります。
M(メガ)	10の6乗を表しますが，1MBは2の20乗となり1024KBとなります。
G(ギガ)	10の9乗を表しますが，1GBは2の30乗となり1024MBとなります。
T(テラ)	10の12乗を表しますが，1TBは2の40乗となり1024GBとなります。

時間の単位

情報量と同様に，時間に関してもこれまでの日常生活ではあまり目にかけなかった単位が取り扱われます。情報の分野ではおおむねs（second：秒）で，時間を表す機会が多くなりますが，1秒よりもはるかに短い時間の表現も扱われます。

代表的な接頭語

名称	説明
m(ミリ)	1000分の1を表します。1msで1000分の1秒となります。
μ(マイクロ)	100万分の1を表します。1μsで100万分の1秒となります。
n(ナノ)	10億分の1を表します。1nsで10億分の1秒となります。
p(ピコ)	1000分の1n(ナノ)を表します。1psで1000分の1n秒となります。

COLUMN

これまで試験には出ていませんが，「MIPS」という単位を情報処理の世界ではよく扱います。MIPSとは，100万命令毎秒という意味で，1秒間に何百万回の命令を実行できるかを表す単位です。途方もない桁の単位ですが，それだけの処理能力がコンピュータに備わっているということですね。

2. ディジタル化

アナログとディジタルの特徴

音楽や絵画などの情報はアナログデータとして表現されています。しかし，アナログのままではコンピュータで扱うことができず，ディジタルに変換しなければなりません。

アナログデータとディジタルデータの一番の違いは連続性にあります。例えば斜め線をアナログ(ここでは手描き)で描く場合には，直線的に描くことができますが，ディジタルデータでは細かな階段状のデータとして表現されます。

ディジタル化(A/D変換)

アナログ情報をディジタルに変換することをディジタル化またはA/D変換と呼びます。ディジタル化には，次のような処理が必要になります。

標本化

サンプリングとも呼ばれ，アナログ信号の連続的な変化を時間の基準で観測し数値化します。時間の基準はアナログデータの変化の速度によって異なります。

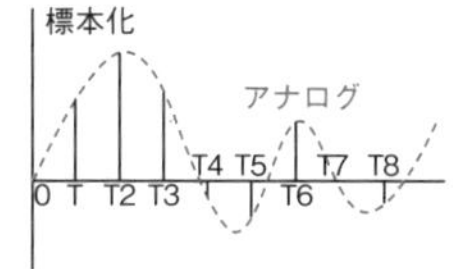

量子化

標本化によって得た電気信号を近似的なディジタルデータで表します。実数上0.555のように整数化しにくい信号を，四捨五入して1に変換するなどの処理がこれにあたります。

符号化

一定の規則に基づき，量子化した信号に0と1を割り当てることです。コンピュータで扱うデータですので，2進数の表現になります。

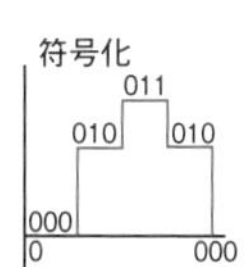

3. 文字の表現

文字コード

コンピュータでは，文字も数値で表現しています。コンピュータの処理の基本的な単位であるビットは2進数での表現になるため，1バイト(8ビット)や2バイト(16ビット)といった単位で文字を表すことになります。

例えば，ASCII(アスキー)コードでは，英字Aは1000001という1バイトの表現になります。

代表的な文字コード

名称	バイト数	説明
ASCIIコード	1バイト	欧文文字と欧文記号の文字コード。7ビットで1文字を表現し，8ビット目はエラー確認用に使われます。
EUC	1 or 2バイト	Extended Unix Code(拡張UNIX コード)の略です。主にLinuxなどでよく使われます。
JIS(ジス) コード	1 or 2バイト	英数字は1バイト，ひらがなや漢字は2バイトで表現。代表的なJISコードにシフトJISがあります。
Unicode(ユニコード)	2バイト	すべての文字を2バイトで表現。情報量が多く，言語ごとのコードを用意しないで複数言語を表現可能です。

✎サンプル問題

0mm から1,000mm までの長さを1mm 単位で表すには，少なくとも何ビット必要か。

ア 4　　イ 10　　ウ 1000　　エ 1001

(ITパスポートシラバス　サンプル問題40)

解答：イ
1ビットで表すことのできる情報は2種類(0，1)です。ここでは，1001種類の情報を表さなければならないので，2のべき乗によって，1000を超える時点のビット数を求めます。
$2^n>1000$
$2^1>2$，$2^2>4$，$2^3>8$・・・・$2^{10}>1024$
となるため，答えは2の10乗であるイになります。

特別付録

ゼロからはじめる［改訂第六版］

ITパスポートの教科書

試験によく出る略語一覧

滝口直樹 著

とりい書房

はじめに

この度は、「ゼロからはじめる IT パスポートの教科書」を手にとって頂き、誠にありがとうございます。

この特別付録は改訂記念として、IT パスポートの試験範囲の中で登場するアルファベットの略語を一覧形式でまとめたものです。

試験本番では、**略語がそのまま正式名称として問題文や選択肢に登場します**が、分かりにくく混乱の元になることもしばしばです。

そこで、**略す前の名称があったほうが意味を理解し暗記しやすい**という声をもとに今回ご用意することができました。

教科書本編でも極力略す前の名称を記載するように心がけましたが、スペースの都合上省略した個所もあります。そのような略語も一覧には含めていますので、暗記時はもちろん、教科書を利用した学習の過程でも是非ご利用ください。

略語一覧の効果的な使いかた

1. 略す前の正式名称から、略語と意味を同時に身につける

教科書の学習の中でアルファベットの略語が出てくるたびに確認してください。略語によっては、先に正式名称を覚えることで、自然と略語と意味を同時に覚えることができます。

章や節ごとにまとめて確認することで、紛らわしい言葉を頭の中で整理することもできます。

2. 単語集として暗記に活用する

略す前の名称や意味を記載した列を隠し、略語の意味を答えられるようにトレーニングしましょう。

※拙著「ゼロからはじめる IT パスポートの問題集」では、略語に限らず約 800 の重要キーワードの単語集が収録されています。こちらも是非ご活用ください。

3. 試験直前の見直しに利用する

アルファベットの略語は、比較的重要なキーワードを多く含んでいます。試験直前の限られた時間の中で、重要なキーワードを確認するためのまとめ資料としてもご活用ください。

編集部（注）

☆参照ページは、「ゼロからはじめる IT パスポートの教科書」のページに準拠しています。

第１章　企業と法務

1-1　企業活動

略　称	正式名称	日本語訳（簡易説明）	参照ページ
CSR	コーポレート ソーシャル レスポンシビリティ Corporate Social Responsibility	企業の社会的責任	12
CEO	チーフ エグゼクティブ オフィサー Chief Executive Officer	最高経営責任者	15
COO	チーフ オペレーティング オフィサー Chief Operating Officer	最高執行責任者	15
CIO	チーフ インフォメーション オフィサー Chief Information Officer	最高情報責任者	15
BC	ビジネス コンティニュティ Business Continuity	事業継続性	14
BCP	ビジネス コンティニュティ プラン Business Continuity Plan	事業継続計画	14
BCM	ビジネス コンティニュティ マネジメント Business Continuity Management	事業継続管理	14
HRM	ヒューマン リソース マネジメント Human Resource Management	人的資源管理	13
MBO	マネジメント バイ オブジェクティブ Management by Objectives	目標による管理	13
OJT	オン ザ ジョブ トレーニング On the Job Training	（教育手法のひとつ）	15
オフジェーティー Off-JT	オフ ザ ジョブ トレーニング Off the Job Training	（教育手法のひとつ）	15
CDP	キャリア デベロプメント プログラム Career Development Program	（従業員のキャリア構築手法）	16
OR	オペレーション リサーチ Operations Research	オペレーションズ・リサーチ	18
IE	インダストリアル エンジニアリング Industrial Engineering	経営工学・生産工学	18
パート PERT	プログラム エバリュエーション アンド レビュー Program Evaluation and Review テクニック Technique	アローダイアグラム	19
P/L	プロフィット アンド ロス ステイトメント Profit and Loss Statement	損益計算書	24
B/S	バランス シート Balance Sheet	貸借対照表	24
C/S	キャッシュ フロー ステイトメント Cash Flow Statement	キャッシュフロー計算書	25
ROI	リターン オン インベストメント Return On Investment	収益性投資利益率	26

1-2　法　務

略　称	正式名称	日本語訳（簡易説明）	参照ページ
ISO	インターナショナル オーガナイゼーション フォー International Organization for スタンダーディゼイション Standardization	国際標準化機構	45
IEC	インターナショナル エレクトロテクニカル International Electrotechnical コミッション Commission	国際電気標準会議	45
アイトリプルイー IEEE	ジ インスティチュート オブ エレクトリカル アンド The Institute of Electrical and エレクトロニクス エンジニア インク Electronics Engineers, Inc.	電気電子学会	45

W3C	ワールド ワイド ウェブ コンソーシアム World Wide Web Consortium	ワールド・ワイド・ウェブ・コンソーシアム	45
JSA	ジャパニーズ スタンダード アソシエーション Japanese Standards Association	日本規格協会	45

第２章　経営戦略

2-1　経営戦略マネジメント

略　称	正式名称	日本語訳（簡易説明）	参照ページ
CS	カスタマー サティスファクション Customer Satisfaction	顧客満足度	56
M&A	メジャー アンド アクイジション Mergers and Acquisitions	企業の買収・合併	57
MBO	マネジメント バイアウト Management Buyout	経営陣による自社買収	57
TOB	テイク オーバー ビッド Take Over Bid	株式公開買付け	57
PPM	プロダクト ポートフォリオ マネジメント Products Portfolio Management	プロダクト・ポートフォリオ・マネジメント	58・105
UX	ユーザ エクスペリエンス User Experience	ユーザ体験	61
SEM	サーチ エンジン マーケティング Search Engine Marketing	検索エンジンマーケティング	62
SEO	サーチ エンジン オプティミゼイション Search Engine Optimization	検索エンジン最適化	62
BSC	バランス スコアカード Balanced Scorecard	バランス・スコア・カード	65
CSF	クリティカル サクセス ファクター Critical Success Factors	主要成功要因	65
VE	バリュー エンジニアリング Value Engineering	バリューエンジニアリング	66
CRM	カスタマー リレーションシップ マネジメント Customer Relationship Management	顧客関係管理	67・104
CTI	コンピュータ テレフォニー インテグレーション Computer-Telephony Integration	（電話やFAXをコンピュータにつないだシステム）	67
SFA	セール フォース オートメーション Sales Force Automation	営業支援システム	67・104
DM	ダイレクト メール Direct Mail	ダイレクトメール	67
SCM	サプライ チェイン マネジメント Supply Chain Management	供給連鎖管理	68
VCM	バリュー チェイン マネジメント Value Chain Management	価格連鎖経営	68
TQC	トータル クオリティー コントロール Total Quality Control	全社的品質管理	68
TQM	トータル クオリティー マネジメント Total Quality Management	総合的品質管理	68
TOC	セオリー オブ コンストレイン Theory Of Constraints	制約理論	69

※2-2 略語なし

2-3　ビジネスインダストリ

略　称	正式名称	日本語訳（簡易説明）	参照ページ
POS システム	Point Of Sales system	販売時点情報管理システム	82・267
CDN	Contents Delivery Network	コンテンツ配信ネットワーク	81
AI	Artificial Intelligence	人工知能	82
RFID	Radio Frequency Identification	（電波による個体識別）	80・82
GPS	Global Positioning System	世界測位システム	80・82
ETC システム	Electronic Toll Collection System	自動料金収受システム	81・82
ERP	Enterprise Resource Planning	企業資源計画	82
CAD	Computer Aided Design	コンピュータ支援設計	85・296
CAM	Computer Aided Manufacturing	コンピュータ支援製造	85
FA	Factory Automation	工場の自動化	85
CIM	Computer Integrated Manufacturing	コンピュータ統合生産	86
DTP	Desk Top Publishing	デスクトップパブリッシング	82
EC	Electronic Commerce	電子商取引	89
JIT	Just In Time	ジャストインタイム（カンバン方式とも呼ぶ）	87
FMS	Flexible Manufacturing System	フレキシブル生産システム	87
MRP	Material Requirements Planning	資材所要量計画	87
EDI	Electronic Data Interchange	電子データ交換	90
ATM	Automatic Teller Machine	現金自動預け払い機	95
B to B	Business to Business	企業間取引	89
B to C	Business to Consumer	企業対個人取引	89
C to C	Consumer to Consumer	個人対個人取引	89
B to E	Business to Employee	企業と従業員の取引	89
B to G	Business to Government	企業と政府や公共機関との取引	89
O to O	Online to Offline	オンライン トゥ オフライン	61
IoT	Internet of Things	モノのインターネット	93

第３章　システム戦略

3-1　システム戦略

略　称	正式名称	日本語訳（簡易説明）	参照ページ
SoR	システムズ オブ レコード Systems of Record	記録のためのシステム	105
SoE	システムズ オブ エンゲージメント Systems of Engagement	つながりのためのシステム	105
EA	エンタープライズ アーキテクチャ Enterprise Architecture	エンタープライズアーキテクチャ	106
BI ツール	ビジネス インテリジェンス ツール Business Intelligence tool	（データ活用ツール）	116
E-R 図	エンティティ リレーションシップ ダイアグラム Entity Relationship Diagram	実体関連図	107・303
DFD	データ フロー ダイアグラム Data Flow Diagram	データフロー図	108
BPR	ビジネス プロセス リ エンジニアリング Business Process Re-engineering	ビジネスプロセス・リエンジニアリング	108
BPM	ビジネス プロセス マネジメント Business Process Management	ビジネスプロセス・マネジメント	108
BPMN	ビジネス プロセス モデリング ノーテーション Business Process Modeling Notation	ビジネスプロセスモデリング表記法	108
RPA	ロボティック プロセス オートメーション Robotic Process Automation	ロボットによる間接業務の自動化	109
BYOD	ブリング ユア オウン デバイス Bring Your Own Device	私的デバイス活用	110
IoT	インターネット オブ シングス Internet of Things	モノのインターネット	111
M to M	マシーン トゥ マシーン Machine to Machine	マシーン トゥ マシーン	111
SNS	ソーシャル ネットワーキング サービス Social Networking Service	ソーシャル・ネットワーキング・サービス	110・326
ASP	アプリケーション サービス プロバイダー Application Service Provider	アプリケーションサービスプロバイダ	112
パース PaaS	プラットフォーム アズ ア サービス Platform as a Service	パース	112
イアース IaaS	インフラストラクチャ アズ ア サービス Infrastructure as a Service	イアース	113
ダース DaaS	デスクトップ アズ ア サービス Desktop as a Service	ダース	113
サース SaaS	ソフトウェア アズ ア サービス Software as a Service	サーズ、サース	112・113
SOA	サービス オリエンテッド アーキテクチャ Service Oriented Architecture	サービス指向アーキテクチャ	113
PoC	プルーフ オブ コンセプト Proof of Concept	概念実証	113

3-2　システム化計画

略　称	正式名称	日本語訳（簡易説明）	参照ページ
RFI	リクエスト フォー インフォメーション Request For Information	情報提供依頼書	125
RFP	リクエスト フォー プロポーザル Request For Proposal	提案依頼書	125

第４章　開発技術

4-2　ソフトウェア開発管理技術

略　称	正式名称	日本語訳（簡易説明）	参照ページ
UML	ユニファイド モデリング ランゲージ Unified Modeling Language	統一モデリング言語	144
ラド RAD	ラピッド アプリケーション デベロプメント Rapid Application Development	（開発期間内でプロトタイプの修正を加える開発手法）	146
SLCP	ソフトウェア ライフ サイクル プロセス Software Life Cycle Process	（ソフトウェアが企画・開発・導入・運用・破棄されるまでの過程）	147
CMM	キャパビリティ マチュリティー モデル Capability Maturity Model	能力成熟度モデル	147
CMMI	キャパビリティ マチュリティー モデル Capability Maturity Model インテグレーション Integration	能力成熟度モデル統合	147

※4-１　略語なし

※5-１　略語なし

第６章　サービスマネジメント

6-1　サービスマネジメント

略　称	正式名称	日本語訳（簡易説明）	参照ページ
アイティル ITIL	インフォメーション テクノロジー Information Technology インフラストラクチャー ライブラリー Infrastructure Library	（IT サービスのガイドライン）	162
SLA	サービス レベル アグリーメント Service Level Agreement	サービスレベル合意書	164
SLM	サービス レベル マネジメント Service Level Management	サービスレベル管理	164
UPS	アンインタラプティブル パワー サプライ Uninterruptible Power Supply	無停電電源装置	167

※6-２　略語なし

第７章　基礎理論

※7-１　略語なし

7-2　アルゴリズムとプログラミング

略　称	正式名称	日本語訳（簡易説明）	参照ページ
SGML	スタンダード　ジェネライズ　マークアップ　ランゲージ Standard Generalized Markup Language	（文書電子化のためのマークアップ言語）	208
HTML	ハイパー　テキスト　マークアップ　ランゲージ Hyper Text Markup Language	（主に Web サイトで利用されるマークアップ言語）	208
XML	エクステンジブル　マークアップ　ランゲージ eXtensible Markup Language	（独自にタグの定義をすることができるマークアップ言語）	209
XHTML	エクステンシブル　ハイパーテキスト　マークアップ　ランゲージ eXtensible HyperText Markup Language	（HTML と XML の整合性を取ったマークアップ言語）	209

第８章　コンピュータシステム

8-1　コンピュータ構成要素

略　称	正式名称	日本語訳（簡易説明）	参照ページ
CPU	セントラル　プロセッシング　ユニット Central Processing Unit	中央演算処理装置	216・217
GPU	グラフィック　プロッセシング　ユニット Graphics Processing Unit	（3D グラフィックスアクセラレータの発展形）	217
ラム RAM	ランダム　アクセス　メモリー Random Access Memory	（揮発性などの特徴を持つメモリ）	218
ディーラム DRAM	ダイナミック　ラム Dynamic RAM	（低速で容量が大きい RAM）	218
エスラム SRAM	スタティック　ラム Static RAM	（高速で容量が小さい RAM）	218
ロム ROM	リード　オンリー　メモリー Read Only Memory	（不揮発性などの特徴を持つメモリ）	218
ピーロム PROM	プログラマブル　ロム Programmable ROM	（一度だけ利用者がデータを書き込める ROM）	218
イーピーロム EPROM	イレイサブル　プログラマブル　ロム Erasable Programmable ROM	（複数回データを書き込める ROM）	218
イーイーピーロム EEPROM	エレクトリカリー　イレイサブル　アンド　プログラマブル　ロム Electrically Erasable and Programmable ROM	（電気操作でデータ書き換えができる ROM）	218

HDD	ハード ディスク ドライブ Hard Disk Drive	ハードディスク	219・220
SSD	ソリッド ステート ドライブ Solid State Drive	ソリッドステートドライブ	219
CD	コンパクト ディスク Compact Disc	コンパクトディスク	219
DVD	デジタル バーサトル ディスク Digital Versatile Disk	DVD	219・291
NFC	ニア フィールド コミュニケーション Near Field Communication	近距離無線通信	223

8-2　システム構成要素

略　称	正式名称	日本語訳（簡易説明）	参照ページ
MTBF	ミーン タイム ビットウィーン フェイリヤー Mean Time Between Failure(s)	平均故障間隔	236
MTTR	ミーン タイム トゥ リペアー Mean Time to Repair	平均修復時間	236
TCO	トータル コスト オブ オーナーシップ Total Cost of Ownership	総所有コスト	239

8-3　ソフトウェア

略　称	正式名称	日本語訳（簡易説明）	参照ページ
OS	オペレーティング システム Operating System	オペレーティングシステム	218・244
CUI	キャラクター ベースド ユーザー インターフェース Character-based User Interface	（文字により情報表示をするユーザインタフェース）	246
GUI	グラフィカル ユーザー インターフェース Graphical User Interface	（グラフィックにより情報表示をするユーザインタフェース）	246
GPL	ジェネラル パブリック ライセンス General Public License	（オープンソースソフトウェアライセンスのひとつ）	256
LGPL	レサー ジェネラル パブリック ライセンス Lesser General Public License	（オープンソースソフトウェアライセンスのひとつ）	256

8-4　ハードウェア

略　称	正式名称	日本語訳（簡易説明）	参照ページ
PC	パーソナル コンピュータ Personal Computer	パーソナルコンピュータ	264
PDA	パーソナル デジタル アシスタント Personal Digital Assistant	携帯情報端末	95・265
OCR	オプティカル キャラクター リーダー Optical Character Reader	光学式文字読取装置	267

第９章　技術要素

9-1　ヒューマンインタフェース

略　称	正式名称	日本語訳（簡易説明）	参照ページ
CSS	カスケーディング スタイル シート Cascading Style Sheets	カスケーディングスタイルシート	283

9-2　マルチメディア

略　称	正式名称	日本語訳（簡易説明）	参照ページ
DRM	デジタル ライツ マネジメント Digital Rights Management	デジタル著作権管理	292
CPRM	コンテンツ プロテクション フォー レコーダブル メディア Content Protection for Recordable Media	シーアールピーエム	292
CG	コンピュータ グラフィックス Computer Graphics	コンピュータグラフィックス	296
VR	バーチャル リアリティー Virtual Reality	バーチャルリアリティ	296
AR	オーグメント リアリティー Augmented Reality	拡張現実	296

9-3　データベース

略　称	正式名称	日本語訳（簡易説明）	参照ページ
DBMS	データベース マネジメント システム DataBase Management System	データベース管理システム	302
RDBMS	リレーショナル データベース マネジメント システム Relational DataBase Management System	リレーショナル型データベース管理システム	302

9-4　ネットワーク

略　称	正式名称	日本語訳（簡易説明）	参照ページ
ラン LAN	ローカル エリア ネットワーク Local Area Network	（限定された領域内で利用するネットワーク）	312・313
ワン WAN	ワイド エリア ネットワーク Wide Area Network	（遠隔地同士の LAN を接続したネットワーク）	312
SDN	ソフトウェア ディファインド ネットワーキング Software-Defined Networking	（ソフトウェアによって仮想的なネットワーク環境を作る技術）	315
WWW	ワールド ワイド ウェブ World Wide Web	ワールド・ワイド・ウェブ	319
TCP	トランスミッション コントロール プロトコル Transmission Control Protocol	（通信プロトコルのひとつ）	319
IP	インターネット プロトコル Internet Protocol	（通信プロトコルのひとつ）	319

テクノロジ系

ESSID	エクステンディッド サービス セット アイデンティファー Extended Service Set Identifier	（無線 LAN におけるネットワークの識別子のひとつ）	313
NTP	ネットワーク タイム プロトコル Network Time Protocol	（内部時計をネットワークを介し調整するプロトコル）	320
DHCP	ダイナミック ホスト コンフィグレーション プロトコル Dynamic Host Configuration Protocol	（IP アドレスなどを自動的に割り当てるプロトコル）	319
HTTP	ハイパー テキスト トランスファー プロトコル Hyper Text Transfer Protocol	（主に Web 閲覧で利用されるプロトコル）	319
HTTPS	ハイパーテキスト トランスファー プロトコル セキュリティー HyperText Transfer Protocol Security	（セキュリティを強化した HTML）	319
SSL	セキュア ソケット レイヤー Secure Socket Layer	（上で情報を暗号化して送受信するプロトコル）	319
FTP	ファイル トランスファー プロトコル File Transfer Protocol	（ファイルの転送を行うときに利用される通信プロトコル）	320
SMTP	シンプル メール トランスファー プロトコル Simple Mail Transfer Protocol	（メール送信時に利用されるプロトコル）	320
ポップ POP	ポスト オフィス プロトコル Post Office Protocol	（メール受信時に利用されるプロトコル）	320
アイマップ IMAP	インターネット メッセージ アクセス プロトコル Internet Message Access Protocol	（インターネット上のメールを取り扱う時に利用されるプロトコル）	320
マイム MIME	マルティパーパス インターネット メール エクステンション Multipurpose Internet Mail Extensions	（インターネット上のメールで画像、音声、動画などを扱うための規格）	325
URL	ユニフォーム リソース ロケーター Uniform Resource Locator	（インターネット上の住所に当たる情報の記述形式）	321
DNS	ドメイン ネーム システム Domain Name System	（インターネット上のホスト名と IP アドレスを対応させるシステム）	321
ISP	インターネット サービス プロバイダー Internet Services Provider	インターネットサービスプロバイダ	327
to	トゥ To	（メールの宛先）	324

cc	カーボン コピー Carbon Copy	(コピーを送っておきたい相手の宛先)	324
bcc	ブラインド カーボン コピー Blind Carbon Copy	(秘密裏にコピーを送っておきたい相手の宛先)	324
BBS	ブルティン ボード システム Bulletin Board System	電子掲示板	326
ISDN	インテグレイテッド サービシズ デジタル Integrated Services Digital ネットワーク Network	(電話やFAX、データ通信を統合して扱うデジタル通信網)	327
ADSL	アシンメトリック デジタル サブスクライバー Asymmetric Digital Subscriber ライン Line	(電話線を使い高速なデータ通信を行う技術)	327
FTTH	ファイバー トゥ ザ ホーム Fiber To The Home	(光ファイバーによる家庭向けのデータ通信サービス)	327
RSS	サイト サマリー リアリー RDF Site Summary / Really シンプル シンジケーション Simple Syndication	(Webサイトの見出しや要約などを記述・配信するXMLフォーマット)	326

9-5 セキュリティ

略 称	正式名称	日本語訳(簡易説明)	参照ページ
DoS攻撃	デナイアル オブ サービシズ アタック Denial of Services attack	サービス拒否攻撃	337
SOC	セキュリティ オペレーション センター Security Operation Center	サイバー攻撃の検出、攻撃の分析と対応策のアドバイスを行う組織	344
ISMS	インフォメーション セキュリティー マネジメント Information Security Management システム System	情報セキュリティマネジメントシステム	342
CSIRT	コンピュータ セキュリティ インシデント Computer Security Incident レスポンス チーム Response Team	シーサート	344
DLP	データ ロス プリベンション Data Loss Prevention	包括的な情報漏えい対策	350
MDM	モバイル デバイス マネジメント Mobile Device Management	企業において携帯端末を管理すること	350
DMZ	ディミリタライズド ゾーン DeMilitarized Zone	非武装地帯	350
VPN	バーチャル プライベート ネットワーク Virtual Private Network	(公衆回線を専用回線のように利用するネットワーク)	350
PKI	パブリック キー インフラストラクチャー Public Key Infrastructure	公開鍵基盤	354

非売品

ゼロからはじめる［改訂第六版］
ITパスポートの教科書
試験によく出る略語一覧 特別付録

発 行 2012年12月3日初版発行
2014年 2月4日初版第9刷発行
2014年12月5日改訂第二版発行
2016年 4月5日改訂第三版発行
2018年 4月7日改訂第四版発行
2019年 2月21日改訂第五版発行
2020年 3月10日改訂第六版発行
著 者 滝口 直樹
発行人 大西 京子
編 集 野川 育美
制 作 Design i.N
印 刷 音羽印刷
発行所 とりい書房
〒164-0013
東京都中野区弥生町2-13-9
電 話（03）5351-5990

✎練習問題

問1

A～Zの26種類の文字を表現する文字コードに最小限必要なビット数は幾つか。

ア 4　　イ 5　　ウ 6　　エ 7

（ITパスポート試験　平成30年春期　問75）

問2

二つの2進数01011010との01101011を加算して得られる2進数はどれか。ここで，2進数は値が正の8ビットで表現するものとする。

ア 00110001
イ 01111011
ウ 10000100
エ 11000101

（ITパスポート試験　平成29年春期　問72）

問3

次のベン図の網掛けした部分の検索条件はどれか。

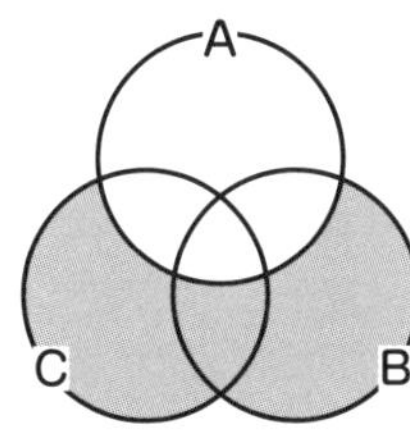

ア (not A) and (B and C)
イ (not A) and (B or C)
ウ (not A) or (B and C)
エ (not A) or (B or C)

（ITパスポート試験　平成29年秋期　問98）

問4

3人の候補者の中から兼任も許す方法で委員長と書記を1名ずつ選ぶ場合，3人の中から委員長1名の選び方が3通りで，3人の中から書記1名の選び方が3通りであるので，委員長と書記の選び方は全部で9通りある。5人の候補者の中から兼任も許す方法で委員長と書記を1名ずつ選ぶ場合，選び方は何通りあるか。

ア　5　　イ　10　　ウ　20　　エ　25

（ITパスポート試験　平成29年秋期　問98）

問5

ワイルドカードの"%"が0個以上の連続した任意の文字列を表し，"_"が任意の1文字を表すとき，文字列全体が"%イ%ン_"に一致するものはどれか。

ア　アクセスポイント
イ　イベントドリブン
ウ　クライアントサーバ
エ　リバースエンジニアリング

（ITパスポート試験　平成23年秋期　問73）

練習問題の解答

問1　解答：イ
A～Zを表わすためには26パターンを表現できるビット数が必要になります。
ビットは0または1を一桁で表し、数桁組み合わせていくことで、より多くのパターン表現を可能にします。
たとえば、
1ビット：0，1 の2パターン
2ビット＝00，01，10，11 の4パターン
3ビット＝000，001，010，011，100，101，110，111 の8パターン
上記より，パターンの数は、2^nとなっていることが分かります。
26パターンを表現するには，2^5＝32パターンあれば足りることが分かるので、答えはイとなります。

問2　解答：エ

2進数同士の加算や減算は，そのまま筆算でも可能ですが、ここでは2進数を一度10進数に変換し、それを加算した後に再び2進数に戻す方法を試します。

$(01011010)_2=2^6+2^4+2^3+2^1=64+16+8+2=90$

$(01101011)_2=2^6+2^5+2^3+2^1+2^0=64+32+8+2+1=107$

$90+107=197$

$(197)_{10}=128+64+4+1=2^7+2^6+2^2+2^0=(11000101)_2$

以上より，エが正解となります。

問3　解答：イ

ベン図は，命題を図で表現することで，論理積や論理和といった，複数の集合の関係を表現する場合によく利用されます。

問題のベン図は，

① Aではない(not A)であること

② BとCは，Bのみの部分，Cのみの部分だけでなく，重なり合っている部分も選ばれていることから論理和(B or C)であること

③ ABCいずれにも含まれない部分は選ばれていないこと

が条件となります。

上記をいずれも満たす選択肢は，イの(not A) and (B or C)になります。

なお，エの(not A) or (B or C)では，ABCいずれにも含まれない外側の部分も選ばれてしまうため不適切です。

問4　解答：エ

本文の3人の例から，

・5人の中から委員長1名を選ぶ方法は5通り

・5人の中から書記1名は5通り

あることが分かります。

本問では，委員長と書記の兼任が許されているので、委員長の選び方のそれぞれについて書記の選び方が5通りあることになり，選び方は5通り×5通り＝25通りになります。

問5　解答：ア

ワイルドカードは任意の文字を指定するために用いられます。

"%"が0個以上の連続した任意の文字列

"_"が任意の1文字

を表すため，

"%イ%ン_"　のイの前後は0以上の複数の文字、ンの後ろは1文字であることが分かります。

以上の条件を満たすのはアのみです。

7-2 アルゴリズムとプログラミング

□ 7-2-1 データ構造

データ分析や整理を行うには，データ及びデータ構造についての基本的な考え方の理解が必要です。

1. データ構造

データ及びデータ構造

コンピュータで取り扱われる情報は，一定の形式に従って格納され，そのときの形式による集まりをデータとして扱います。この形式をデータ構造と呼びます。

構造	説明
変数	プログラムで扱うデータを一時的に記憶する領域のことです。変数に名前を付け，その都度，必要な値を代入するなどして実行結果を変化させることができます。
フィールドのタイプ（データ型）	格納するデータの種類のことです。データによって文字列，数値などの形式を定義します。定義に合ったデータだけが格納されるため，データの精度向上を図ることができます。
配列	複数のデータをまとめたものです。個々のデータの格納位置は添え字（配列Aの場合，A[1]，A[2]…のような形式）で指定します。

リスト	順序づけられたデータのまとまりを指します。配列のデータにポインタと呼ばれる順序を示す情報を付加して扱うイメージです。また，データ構造として，0個以上のデータを順序をつけて格納したもの（コンテナ）もリストと呼びます。
レコード	データを1行に並べたものです。データ型が異なるデータも扱えます。データの格納位置はフィールドで指定します。
ファイル	記憶装置に記録された情報の集まりを指します。プログラムを記録したプログラムファイルと，複数列からなるデータなどを記録したデータファイルに分かれます。

木構造（ツリー構造）

データ構造のうち，ひとつの要素が複数の子要素を持ち，同様に子要素が複数の孫要素を持つような形で，階層が深くなるほど枝分かれしていく構造のことを指します。

記述する際は，親のない最初の要素を最上部に書き，下にいくほど枝分かれをするように書かれます。

2分木（バイナリツリー）

データ構造のひとつで，木構造のうち，要素が最大で2つの子を持つものを指します。二分探索などで利用されるデータ構造です。

スタックとキュー

データの挿入や削除を行うときの基本的な考え方が，**スタック**と**キュー**です。データの挿入と削除の順序が異なるこの2つの考え方は，プログラムの構造に応じて使い分けられています。

スタック

最後に入力したデータが先に出力されるという特徴をもつという考え方です。

本を机の上に積み上げるような構造で，データを入れるときは新しいデータが一番上に追加され，データを出すときは一番上にある新しいデータから出てきます。

キュー（待ち行列）

先に入力したデータが先に出力されるという考え方です。

ちょうど銀行の窓口のような構造で，データを入れるときは新しいデータが最後尾につき，データを出すときは一番古いデータが優先して出てきます。

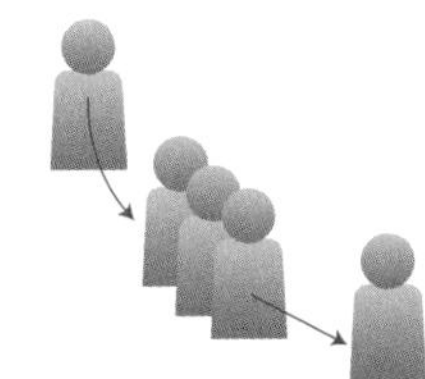

キューとスタックを用いたイメージ

「PUSH n：品物(番号n)を積み上げる」「POP：品物を1 個取り出す」
という，装置に対する2つ操作が可能な場合，最初は何も積み上げていない状態から開始し，次の順序で操作を行うとデータはどのように保存されていくか。
PUSH1 → PUSH2 → POP → PUSH3

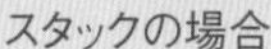

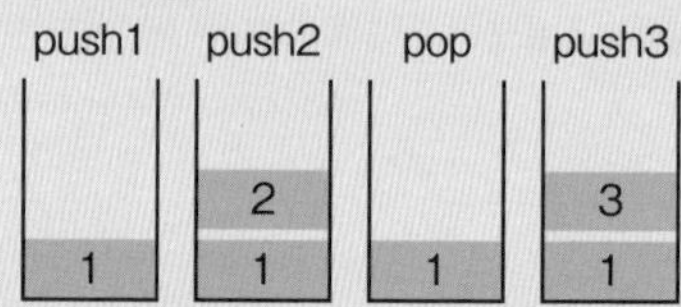

キューの場合

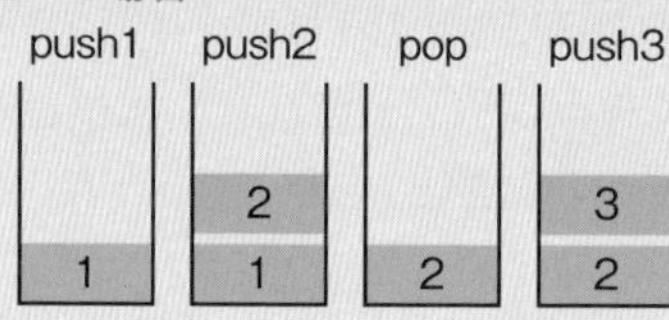

✎サンプル問題

下から上へ品物を積み上げ，上にある品物から順に取り出す装置がある。この装置に対する操作は，次の2種類である。

PUSH n ：品物(番号n)を積み上げる。

POP ：上にある品物を1個取り出す。

PUSH → POP

最初は何も積み上げていない状態から開始して，次の順序で操作を行った結果はどれか。

PUSH 1 → PUSH 5 → POP → PUSH 7 → PUSH 6 → PUSH 4 → POP → POP → PUSH 3

ア
1
7
3

イ

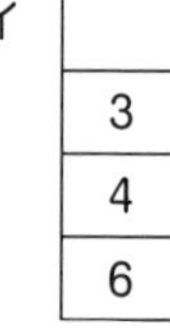

ウ

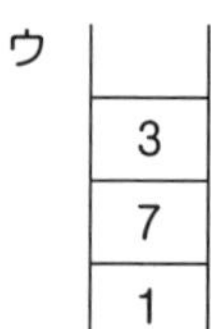

エ

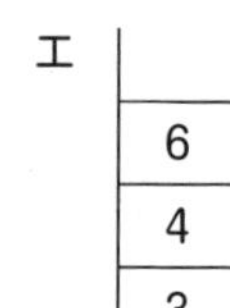

(ITパスポートシラバス　サンプル問題41)

解答：ウ

スタック方式のデータの出し入れに関する問題です。ただし，スタック自体を理解していなくても，落ち着いて問題文を読めば解答を導き出せます。

PUSH 1 → PUSH 5 → POP → PUSH 7 → PUSH 6 →PUSH 4 → POP → POP → PUSH 3

上記の手順を図で表すと次の通りです。

push1	push5	pop	push7	push6	push4	pop	pop	push3
					4			
				6	6	6		3
	5		7	7	7	7	7	7
1	1	1	1	1	1	1	1	1

結果，正答はウになります。

□ 7-2-2 アルゴリズム

料理をする人にとってのレシピにあたるのが，コンピュータにとってのアルゴリズムです。正確で効率的なデータの取り扱いには，効率的な処理手順が必要です。

1. 流れ図（フローチャート）

プログラムを構築する上で，処理の手順が複数ある場合，アルゴリズムを用いて手順の明確化を行います。このアルゴリズムを分かりやすく図にしたものが，**流れ図（フローチャート）**です。

流れ図で用いる記号は， JIS規格によって標準化が図られています。

主な記号

端子	流れ図の入り口と出口を表します。	
処理	演算などの任意の処理を表します。	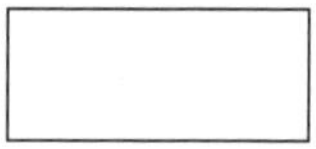
データ記号	データを表します。	
判断	択一の選択肢がある分岐点を表します。	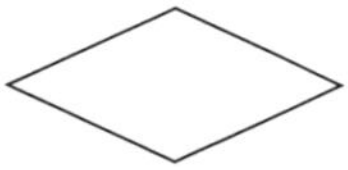
ループ(開始・終了)	ループの始まりと終わりを表します。	 (始まり) (終わり)
線	データ，手順，制御の流れを表します。	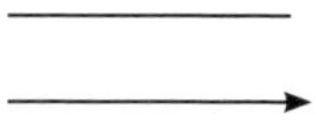

流れ図の例

仮に0を代入されたiが10より大きくなるまで1ずつ加えるアルゴリズムを定義した場合の流れ図は右のようになります。

iは変数であり，i = i+1が成立する点に注意が必要です。

なお，この流れ図は，後判定型の繰り返し構造を利用していますが，前判定型でも同様のアルゴリズムを書くことは可能です。

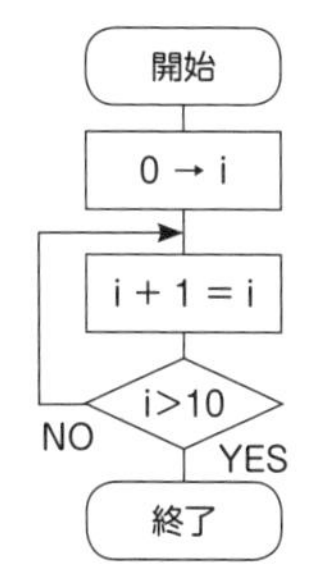

2. アルゴリズムの基本構造

アルゴリズムの処理の進め方には，3つの基本構造があります。

順次構造

順番に連続して処理が進む構造を表します。

選択構造

条件により分岐する(選択が異なる)構造を表します。

繰り返し構造

条件によって同じ処理を反復する(繰り返す)構造を表します。

予め条件の判断をしてから処理を行う**前判定型**(While-do型)と処理結果を条件に照らし合わせる**後判定型**(Do-while型)が存在します。

基本構造のイメージ

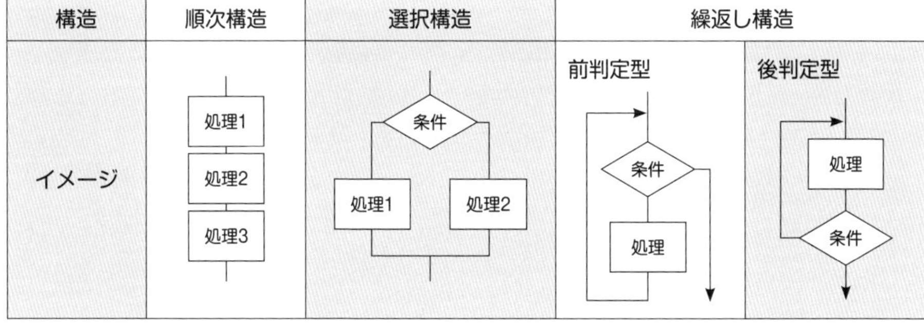

構造	順次構造	選択構造	繰返し構造	
イメージ	処理1 処理2 処理3	条件 処理1　処理2	前判定型 条件 処理	後判定型 処理 条件

3. 基本的なアルゴリズム

基本的なアルゴリズムとして，ここでは，4つのアルゴリズムを説明します。

合計

最も基本的なアルゴリズムで，足し算をするアルゴリズムです。足し算が複数回必要な場合は，その回数に応じて構造を選択します。

数回程度の足し算であれば，順次構造で記述します。それ以上の足し算の場合や，同じ数値を何度も用いるなどの複雑な処理の場合には選択構造や繰り返し構造を使います。

探索（検索・サーチ）

条件に合うデータを見つけるアルゴリズムで，サーチとも呼ばれます。探索には，2通りの主な手法があります。

線形探索法（リニアサーチ）

線形探索法は，条件に合うデータが見つかるまで，先頭のデータから順に照合するシンプルな手法です。

二分探索法（バイナリサーチ）

二分探索法は，対象となるデータの集合の中央にあるデータから，そのデータの前にあるか後ろにあるかを判断し，半分のデータを絞り込むという作業を繰り返すことで，データを探索します。線形探索法に比べて，データを照会する回数が少なくて済むという特徴があります。

併合（マージ）

複数のファイルやデータ，プログラムなどを1つに統合するアルゴリズムです。結合の際にデータの並び順に変更はかけません。

結合時にデータの並び替えを行うアルゴリズムは，区別して**マージソート**と呼びます。

整列(ソート)

データを昇順(小さい方から)か降順(大きい方から)に並べ替えることです。

バブルソート

バブルソートは，隣同士の数値を比較し入れ替えを繰り返す，最も基本的な手法です。③①④②の順に並んでいる値を昇順で整列するバブルソートのイメージは次の通りです。

繰返し	1回目	2回目	3回目
処理 A< B	③①④② ↓(③と①を比較) ①③④② ↓(③と④を比較) ①③④② ↓(④と②を比較) ①③②④ ④が最大の値	①③②④ ↓(①と③を比較) ①③②④ ↓(③と②を比較) ①②③④ ③が2番目に大きい値	①②③④ ↓(①と②を比較) ①②③④ 入れ替えなしの為終了

✎サンプル問題

5個のデータ列を次の手順を繰り返して昇順に整列するとき，整列が完了するまでの手順の繰返し実行回数は幾つか。

〔整列前のデータの並び順〕

5，1，4，3，2

〔手順〕

(1) 1番目のデータ>2番目のデータならば，1番目と2番目のデータを入れ替える。
(2) 2番目のデータ>3番目のデータならば，2番目と3番目のデータを入れ替える。
(3) 3番目のデータ>4番目のデータならば，3番目と4番目のデータを入れ替える。
(4) 4番目のデータ>5番目のデータならば，4番目と5番目のデータを入れ替える。
(5) 一度も入替えが発生しなかったときは，整列完了とする。
入替えが発生していたときは，(1) から繰り返す。

ア 1　　イ 2　　ウ 3　　エ 4

(ITパスポートシラバス　サンプル問題42)

解答：エ

〈繰返し1回目〉	〈繰返し2回目〉	〈繰返し3回目〉	〈繰返し4回目〉
15432 ↓(1と5を比較) 15432 ↓(5と4を比較) 14532 ↓(5と3を比較) 14352 ↓(5と2を比較) 14325	14325 ↓(1と4を比較) 14325 ↓(4と3を比較) 13425 ↓(4と2を比較) 13245 ↓(4と5を比較) 13245	13245 ↓(1と3を比較) 13245 ↓(3と2を比較) 12345 ↓(3と4を比較) 12345 ↓(4と5を比較) 12345	12345 ↓(1と2を比較) 12345 ↓(2と3を比較) 12345 ↓(3と4を比較) 12345 ↓(4と5を比較) 12345

入れ替えなし＝完了

手順5より，繰返し３回目で「12345」の昇順になった時点で終了せず。入れ替えが１度もなかった繰返し4回目で終了となります。
よって，正答はエの4回目になります。

□ 7-2-3　プログラミング・プログラム言語

システムやソフトウェア開発では，データ処理のアルゴリズムをファイルに記述する必要があります。ここでは，この記述の基本的な知識について確認します。

1. プログラミング・プログラム言語

　開発時にアルゴリズムを記述することを**プログラミング**と呼び，記述のために利用する言語を**プログラム言語**と呼びます。プログラム言語は複数あり，開発するプログラムによって利用するプログラム言語は異なります。

プログラム言語の種類

　プログラム言語は人間が読み書きできるようになっていますが，コンピュータはその記述を0と1の組合せである**機械語**に翻訳しなければ理解できず，プログラムを実行することができません。プログラム言語は，この翻訳処理によって3つに分類されます。

　なお，翻訳するためのプログラムを**言語プロセッサ**と呼びます。

アセンブリ言語

　人間が書いた**ソースコード（ソースプログラム・原始プログラム）**と機械語の**オブジェクトコード（オブジェクトプログラム・目的プログラム）**が1対1で対応しているプログラム言語です。言語プロセッサを**アセンブラ**と呼び，翻訳処理を**アセンブル**といいます。

　機械に理解しやすい言語であるため，実行速度が速いのが特徴ですが，構文解析や最適化処理はできないため，人間にとってはやや理解しづらい言語です。

　なお，情報処理試験用に作られたCASL（キャスル），CASL Ⅱ（キャスルツー）はアセンブリ言語です。

コンパイラ言語

　アセンブラ言語同様，ソースコードを，オブジェクトコードに翻訳して実行するプログラム言語です。言語プロセッサを**コンパイラ**，翻訳処理を**コンパイル**と呼びます。

　ソースコードは先に変換され，実行時にはオブジェクトコードを直接実行できるため，実行速度が速いのが特徴です。また，高度な構文解析と最適化処理を持っているため，人間の言語に近く理解しやすい構文でソースコードを書くことができます。

　反面，プログラム修正時にはコンパイルもやり直さなければならないため，改良とテストを繰り返すようなプログラムにはあまり向いていないとされています。

　代表的な言語に，C言語（シー），C++（シープラスプラス），Java（ジャバ），COBOL（コボル），FORTRAN（フォートラン）があります。

インタプリタ言語

インタプリタと呼ばれる言語プロセッサを利用するプログラム言語の種類で，ソースコードを読み込んで，直ちに1行ずつ機械語に翻訳して実行します。

オブジェクトコードを作成しないため，プログラムの一部分であっても，ソースコードを実行して結果を確かめることができます。反面，構文解析などを1行毎にしながら実行して行くため，実行には時間がかかります。インタプリタとコンパイラの両方を使って実行されるプログラム言語も多く，区別が難しいのが実情です。

代表的なプログラム言語にBASIC（ベーシック），Perl（パール），PHP（ピーエイチピー）などがあります。

主なプログラム言語

代表的なプログラム言語の特徴を確認しておきます。

C言語	代表的なコンパイル型のプログラム言語です。ソフトウェアから組込みシステムまで様々な開発に用いられています。
C++	Cの拡張版で，オブジェクト指向に対応しています。 オブジェクトを構成するクラスの定義が可能です。
COBOL	事務処理用に開発された言語で，以前から汎用コンピュータなど多くのシステム開発を支えてきたプログラム言語です。
Java	オブジェクト指向に対応し，インターネット技術やシステム開発など多くの場所で利用され，注目度の高い言語です。
FORTRAN	科学技術に関する計算処理用の言語です。 世界初のプログラム言語といわれています。
BASIC	代表的なインタプリタ言語です。アプリケーションのインターフェース開発に適したVisual（ビジュアル） Basic（ベーシック）などの派生言語もあります。

Javaプログラムの種類

Javaで作られたプログラムは実行される環境によって次のように区別されます。

Javaアプリケーション　：OS上からコマンドとして起動されるプログラムです。
Javaアプレット　　　　：Webブラウザ上で実行されるプログラムです。
Javaサーブレット　　　：Webサーバ上で実行されるプログラムです。
※JavaScript：Webブラウザ上での利用に適したスクリプト言語（簡易プログラミング言語）で，Javaプログラムではありません。

✎サンプル問題

プログラム言語の役割として，適切なものはどれか。

ア　コンピュータが自動生成するプログラムを，人間が解読できるようにする。

イ　コンピュータに対して処理すべきデータの件数を記述する。

ウ　コンピュータに対して処理手続を記述する。

エ　人間が記述した不完全なプログラムを完全なプログラムにする。

(ITパスポートシラバス　サンプル問題43)

解答：ウ

ア　プログラムを自動生成するということはありません。

イ　処理すべきデータ件数の記述はプログラム言語の役割とはいえません。

ウ　正解です。処理手続を記述することがプログラム言語の役割です。

エ　このような役割はありません。

COLUMN

プログラム言語を一覧で見ると，なんでこんなにも種類が多いのだという気持ちになります。しかしそれは，プログラム言語の特徴や開発の歴史によるもので致し方ないものです。

当然，プログラム言語は特徴に応じて得意分野，苦手分野もありますので，自分が将来開発者になりたいのであれば，どの言語を学ぶべきかを見極めることは非常に重要なことになります。

外国語の学習と同じで，言語の勉強は一朝一夕でできるものではありません。
実際にプログラムを書いてみながらの学習になるので，ここではあくまで特徴だけをつかんでおくということにしておきたいと思います。

□ 7-2-4　その他の言語

ソフトウェアの動作を記述するプログラム言語の他にも，IT技術を支える言語は存在します。ここでは，コンピュータ上の表現に用いるための言語を確認しましょう。

1. マークアップ言語

マークアップ言語は，元々テキストファイルで文章を書くにあたり，段落などの文書の構造や文字の色や大きさなどのデザインを表現するための言語です。

発展の過程で，テキスト表現以外にも画像などのグラフィック表示や**Web**(ウェブ)**サービス**と呼ばれるインターネットを活用したサービスにも対応できるようになり，活用の幅は広がっています。

マークアップ言語は，原則として**タグ**(tag)と呼ばれるマークで文書を挟むことで，その間にある文書に特別な構造定義やデザイン指定をすることができます。タグは基本的に< >という記号ではさむことで，文書本文と区別をすることができます。

代表的なマークアップ言語は次の通りです。

SGML(Standard Generalized Markup Language)

文書の電子化のためのマークアップ言語で，現在利用されている様々なマークアップ言語のベースになっています。

文書の論理構造，意味構造を記述するもので，タイトルや引用部など，特別な意味をもつ部分の定義をすることができます。

HTML(Hyper Text Markup Language)

最も代表的なマークアップ言語で，**WWW**(World Wide Web)上の文書やWebページの構造を定義し，**Webブラウザ**などのソフトウェア上で表現するために利用されます。

テキストの見栄えだけでなく，他のWebページやファイルの参照する**ハイパーリンク**や文字の装飾，文書のレイアウトを実現します。

近年は，マルチメディア対応などが強化された**HTML5**が普及してきています。

主なHTMLタグ

タグ	説明	タグ	説明
<html> </html>	HTML開始・終了	<p> </p>	本文(段落開始・終了)
<body> </body>	内容の開始・終了	<h1> </h1>	見出し開始・終了
<title> </title>	タイトル開始・終了	<b> </b>	太字開始・終了

XML(eXtensible Markup Language)

HTMLを拡張したマークアップ言語で，Webサービスの実現などで利用されています。

独自にタグを定義することができるのが特徴で，独自構造を表現できることから，ソフトウェア間の通信におけるデータ形式やファイルフォーマット(データ記録方式)の定義などで活用されています。

XHTML(eXtensible HyperText Markup Language)

HTMLとXMLの整合性を取り，多くのWebブラウザ上で利用でき，かつXMLに準拠した文書を作成することができます。HTMLとほぼ同じタグを利用しますが，タグは小文字でなければならないなどのルールが存在します。

プラス α

CSS(Cascading Style Sheets)
マークアップ言語の見栄えを一元管理するために利用する仕様です。
XHTMLなどと連携させることで，タグごとの見栄えを設定することができます。
例えば，<p>タグで挟まれた文を青文字にする場合，HTMLだけだと，タグが出てくるたびに，<p style="color:blue;">のように記述する必要がありますが，CSSで“<p>タグは青文字にする”としておけば，毎回，色の指定を記述する必要がなくなります。
また，CSSを変更することで，一斉に表現を変更することもできます。

サンプル問題

インターネット上で公開されるWeb ページを作成するときに使用される言語はどれか。

ア　BMP　　イ　FTP　　ウ　HTML　　エ　URL

(ITパスポートシラバス　サンプル問題44)

解答：ウ
ア　BMPは，ビットマップ形式の画像ファイルの拡張子です。
イ　FTPは，ネットワークでファイルの転送を行うための通信プロトコルです。
ウ　正解です。HTMLはWWW上で文書を表現するために用いられるマークアップ言語です。
エ　URLは，Webページの所在(ページが保存されている場所)を表す表記です。

✎練習問題

問1

複数のデータが格納されているスタックからのデータの取出し方として，適切なものはどれか。

ア　格納された順序に関係なく指定された任意の場所のデータを取り出す。
イ　最後に格納されたデータを最初に取り出す。
ウ　最初に格納されたデータを最初に取り出す。
エ　データがキーをもっており，キーの優先度のデータを取り出す。

（ITパスポート試験　平成30年秋期　問76）

問2

図1のように二つの正の整数A1，A2を入力すると，二つの数値B1，B2を出力するボックスがある。B1はA2と同じ値であり，B2はA1をA2で割った余りである。図2のように，このボックスを2個つないだ構成において，左側のボックスのA1として49，A2として11を入力したとき，右側のボックスから出力されるB2の値は幾らか。

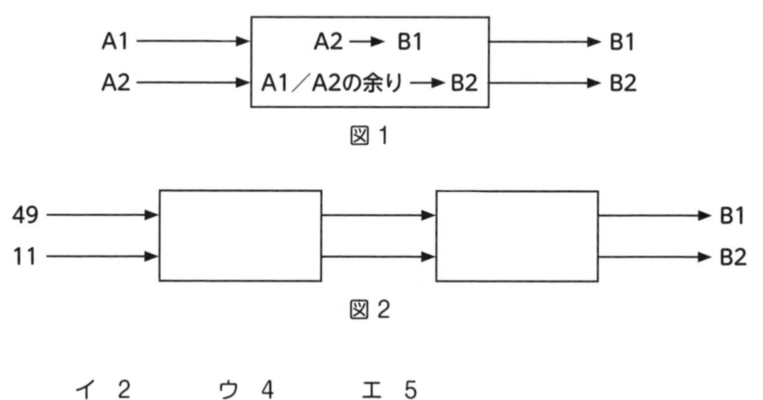

ア　1　　　イ　2　　　ウ　4　　　エ　5

（ITパスポート試験　平成31年春期　問71）

問3

表に示す構成のデータを，流れ図の手順で処理する場合について考える。流れ図中のx，y，zをそれぞれデータ区分A，B，Cと適切に対応させれば，比較("xか?"，"yか?"，"zか?")の回数の合計は，最低何回で済むか。

データ区分	件数
A	10
B	30
C	50
その他	10

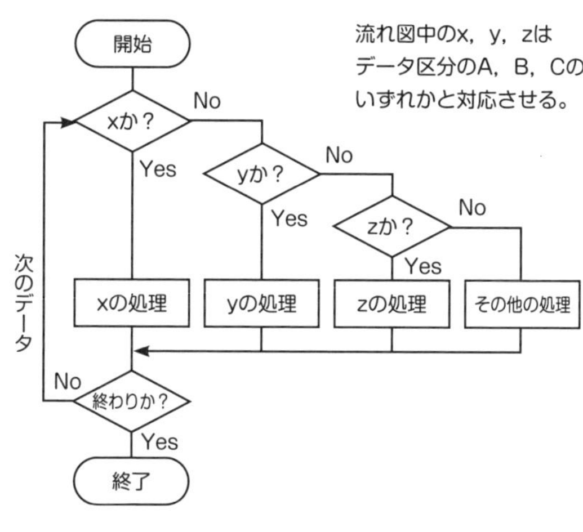

ア　170　　イ　190　　ウ　230　　エ　250

(ITパスポート試験　平成27年秋期　問48)

問4

コンピュータに対する命令を，プログラム言語を用いて記述したものを何と呼ぶか。

ア　PINコード

イ　ソースコード

ウ　バイナリコード

エ　文字コード

(ITパスポート試験　平成29年秋期　問81)

問5

マークアップ言語では，画面表示や印刷などを目的に，文章の内容だけでなく，文書構造やレイアウト情報，文字のフォント及びサイズなどを指定する記述を直接埋め込むことができる。このマークアップ言語に分類されるものはどれか。

ア　CASL　　イ　HTML　　ウ　SQL　　エ　URL

(ITパスポート試験　平成25年春期　問69)

練習問題の解答

問1　解答：イ

スタックは，最後に入力したデータが先に出力されるという特徴をもつという考え方です。本を机の上に積み上げるような構造で，データを入れるときは新しいデータが一番上に追加され，データを出すときは一番上にある新しいデータから出てきます。

問2　解答：ア

入力と出力をトレースしていきます。
1つめのボックスは，入力A1=49，入力A2=11であるため，
出力B1は，「A2 → B1」に従い，11となります。
出力B2は，「A1/A2の余り → B2」に従い，5となります。
2つめのボックスは，ひとつめの出力B1=入力A1=11，出力B2=入力A2=5であるため，
出力B1は，「A2 → B1」に従い，5となります。
出力B2は，「A1/A2の余り → B2」に従い，1となります。
よって，2つめ(右側の)ボックスから出力されるB2の値は1となります。

問3　解答：ア

なるべく多い件数のデータ区分を先の分岐で処理したほうが全体の分岐の回数を少なくすることができます。
つまり、件数の多いデータ区分CをX、次に多いデータ区分Bをy、残ったデータ区分Aをzとして処理することで、分岐処理の回数を最も少なくすることができます。
以上を元に、流れ図を元に、順に処理件数を確認していきます。

分岐処理	処理回数	Yesの件数	Noの件数
① X(区分C)か？	100	50	50
② y(区分B)か？	50	30	20
③ z(区分A)か？	20	10	10

よって、分岐の回数は、100+50+20=170回と分かります。

問4　解答：イ

プログラム言語は人間が読み書きできるようになっていますが，コンピュータはその記述を0と1の組合せである機械語に翻訳しなければ理解できず，プログラムを実行することができません。この人間が読み書きできる形で命令を記述したものをソースコードと呼びます。

ア　PINコードは個人認証で利用される数値コードです。
ウ　バイナリコードは，ソースコードをコンピュータが理解できるように2進数の記述に翻訳したコードで，機械語とも呼ばれます。
エ　文字コードは，コンピュータ上で扱う文字や記号とコンピュータ上で扱える2進数の割り当てを定めたものです。

問5　解答：イ

ア　CASLは，情報処理試験向けに策定されたアセンブリ言語です。
イ　正解です。HTMLは，Webページなどで用いられるマークアップ言語です。
ウ　SQLは関係データベースを操作するために利用される言語です。
エ　URLは，Webページの場所を指定するために用いる文字列です。

第7章　基礎理論
キーワードマップ

7-1　基礎理論

7-1-1 離散数学

1. **数と表現**　⇒ディジタル，アナログ
   - 2進数の表現　⇒ビット(bit)，バイト(byte)
   - 基数変換　⇒基数，2進数
   - 負の数の表現　⇒符号付き2進数，補数
   - 2進数の加算や減算
2. **集合**　⇒命題，ベン図，真理値表
3. **論理演算**　⇒論理積(AND)，論理和(OR)，否定(NOT)，排他的論理和(EOR，XOR)

7-1-2 応用数学

1. **確率と統計**
   - 確率の概要　⇒順列，組合せ
   - 統計の概要　⇒平均値，中央値(メジアン)，最頻値(モード)，最大値，最小値，散布図，度数分布表，ヒストグラム

7-1-3 情報に関する理論

1. **情報の単位**
   - 情報量の単位　⇒K(キロ)，M(メガ)，G(ギガ)，T(テラ)
   - 時間の単位　⇒m(ミリ)，μ(マイクロ)，n(ナノ)，p(ピコ)
2. **ディジタル化**
   - アナログとディジタルの特徴
   - ディジタル化　⇒A/D変換，標本化，量子化，符号化
3. **文字の表現**
   - 文字の表現　⇒文字コード，ASCIIコード，EUC，JISコード，Unicode

7-2　アルゴリズムとプログラミング

7-2-1 データ構造

1. データ構造

・データ及びデータ構造 ⇒変数，フィールド，配列，リスト，レコード，ファイル

・木構造 ⇒2分木

・スタックとキュー ⇒スタック，キュー(待ち行列)

7-2-2 アルゴリズム

1. 流れ図・フローチャート⇒端子，処理，データ記号，判断，ループ

2. アルゴリズムの基本構造

・順次構造　・選択構造　・繰り返し構造

3. 基本的なアルゴリズム

・合計

・探索(サーチ) ⇒線形探索法(リニアサーチ)，
二分探索法(バイナリサーチ)

・併合(マージ) ⇒マージソート

・整列(ソート) ⇒バブルソート

7-2-3 プログラミング・プログラム言語

1. プログラミング・プログラム言語

・プログラム言語の種類 ⇒機械語，言語プロセッサ，ソースコード，
オブジェクトコード，アセンブラ，CASL，CASL Ⅱ，
コンパイラ，インタプリタ，Perl，PHP

・主なプログラム言語 ⇒C言語，C++，Java，COBOL，FORTRAN，BASIC

7-2-4 その他の言語

1. マークアップ言語 ⇒Webサービス，タグ(tag)

・SGML

・HTML ⇒WWW，Webブラウザ，ハイパーリンク

・XML

・XHTML

・CSS

テクノロジ系

第8章

コンピュータシステム

1. コンピュータ構成要素
2. システム構成要素
3. ソフトウェア
4. ハードウェア

8-1 コンピュータ構成要素

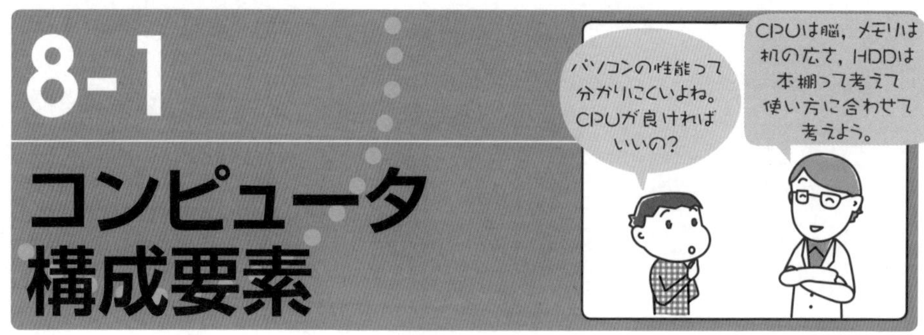

□ 8-1-1 プロセッサ

ここでは，コンピュータの基本的な5つの機能とその機能を動作させるための制御を担うプロセッサについて学習します。

1. コンピュータの構成

コンピュータは，演算，制御，記憶，入力，出力の5つの基本的な機能から構成されています。それらをコンピュータの5大要素と呼びます。コンピュータには，それぞれの要素に対応する装置が装備され，情報の処理やソフトウェアの操作を可能にしています。

5大装置の主な役割

①**入力装置**によって命令を入力します。
②命令を**記憶装置**に記憶します。
③記憶された命令を**演算装置**が演算します。
④演算結果を記憶装置に記憶します。
⑤結果を**出力装置**に表示します。
※**制御装置**は一連の動作を制御します。

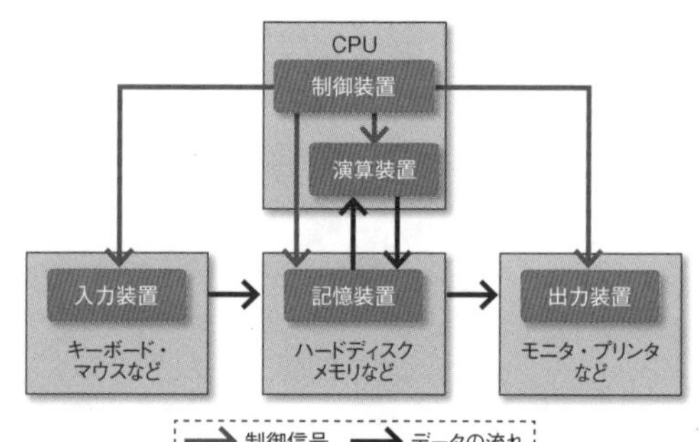

主な5大装置

- 制御装置：中央演算処理装置(CPU)
  ※演算装置を兼ねる
- 演算装置：中央演算処理装置(CPU)※制御装置を兼ねる
- 記憶装置：メモリ，ハードディスク，CD-ROM，DVD-ROMなど
- 入力装置：キーボード，マウス，タブレットなど
- 出力装置：モニタ，プリンタなど

2. プロセッサの基本的な仕組み

プロセッサとは，CPU（Central Processing Unit：中央演算処理装置）を指します。プロセッサは，一般にコンピュータの頭脳にあたる部分と表現されるように，コンピュータの演算，制御の役割を担います。

CPUは，電子回路の集合体である**チップ（コア）**と，他の機器とのデータ転送に利用される**バス**を搭載しています。

CPUの性能は基本的に，処理の速さ（1秒間あたりの周期を繰り返す回数）を表す**クロック周波数（動作周波数）**と，データの転送速度を表す**バス幅**によって決められます。コンピュータの基本性能もこのCPUの性能によるところが大きく，一般的にCPUの性能＝コンピュータの性能と見る傾向があります。

クロック周波数の単位は，**ヘルツ（Hz）**という単位を用い，最近では1GHz以上のプロセッサが主流となっています。なお，1GHzは10億回／秒の処理周期が繰り返されることを表しています。

プラスα

最近では，チップを複数搭載したCPUが増えています。
2つのコアを持つCPUをデュアルコアCPU，4つのコアを持つCPUをクアッドコアCPUと呼びます。
同時に複数の演算処理を行う場合などに効率がよいとされています。

GPU

Graphics Processing Unitの略で，PCなどで画像処理（特に3Dグラフィックスの表示）に必要な計算処理を行う半導体チップのことです。
この装置を活用することで，CPUの処理を軽減することができます。
GPUチップを内蔵したCPUもありますが，より高度な画像処理が必要な場合は，高性能なGPU拡張ボード（グラフィックボード）を用いることもあります。

✎サンプル問題

PC でソフトウェアが動作するために，常時必要なものはどれか。

ア　キーボード　　イ　ネットワーク　　ウ　プリンタ　　エ　メモリ

（ITパスポートシラバス　サンプル問題45）

解答：エ

ア　マウスのみや，最近ではタッチパネル式で動作するソフトウェアも存在します。
イ　ネットワークに接続していなくても動作します。
ウ　印刷しなければプリンタは必要ありません。
エ　正解です。記憶装置であるメモリはPCの動作に必要です。

□ 8-1-2　メモリ

ここでは，記憶装置にあたるメモリについて学習します。一口にメモリと言っても，保存形式，形状や役割によって様々なものが存在します。整理して覚えておきましょう。

1. メモリ

コンピュータの記憶装置を総称して**メモリ**と呼びます。

メモリは半導体素子に情報を記憶しますが，その記憶方式によって**RAM**(Random Access Memory)と**ROM**(Read Only Memory)に分類されます。

RAM(Random Access Memory)

コンピュータによる高速処理には，データへのアクセススピードが重要です。RAMの一番の利点は高速にデータへアクセスできることです。一方で，**揮発性**(電源供給を断つとデータが失われる)という特徴があり，長期間のデータの保存には向いていません。

このような特性から，主に**主記憶装置(メインメモリ)**として利用され，CPUと連携してデータのやり取りを行うために利用されます。

またRAMは，低速なものの容量が大きい**DRAM**(Dynamic RAM)と，容量が小さく高速な**SRAM**(Static RAM)に分類されます。

それぞれの特徴により，DRAMは主記憶装置に利用され，SRAMは一時的なファイルを保存する**キャッシュメモリ**などに利用されています。

ROM(Read Only Memory)

ROMは，低速で，容量は大きく不揮発性(電源供給を断ってもデータが失われない)です。この特徴からデータの読み出しや書き込みをする補助記憶装置に利用されています。

一般的にROMは，コンピュータの構成を記したデータや，OS(Operating System)や応用ソフトウェアの保存に利用されています。

ROMには，文字通り読み出し専用で記録内容を書き換えることができない**マスクROM**，一度だけ利用者がデータを書き込める**PROM**や複数回データを書き込める**EPROM**などがあります。同様に，電気操作でデータ書き換えができる**EEPROM**はフラッシュメモリなどの記録媒体として利用されています。

2. 記録媒体

記録媒体の特徴

記録媒体	特徴
ハードディスク （HDD：Hard Disk）	磁性体を塗布した円盤（ディスク）に，磁気によって記録を行います。最も大容量化が進み，最近では数百MB～数TBのものまで流通しています。（詳細は次ページ）
SSD	磁気ではなく電気信号でデータの読み書きを行うEEPROMの補助記憶装置のひとつです。大容量化が進み，ハードディスクと同様に利用できるようになり，普及が進んでいます。 内部にプラッタや磁気ヘッドが存在しないため，静音で低発熱であり，非常に高速なデータの読み書きを実現します。
フロッピーディスク （FD：Floppy Disk）	ハードディスクと同様，磁性体を塗布したディスクに磁気によってデータを記録します。ディスクはプラスチック製の保護ケースに内蔵され，ディスクドライブに差し込んで利用します。よって持ち運びが可能です。保存容量が小さくあまり利用されなくなっています。
CD （Compact Disk）	レーザー光の照射によってデータを読み書きするディスクです。640MB～700MB程度の容量があります。
CD-ROM	予めデータが書き込まれ，ユーザーは書き込みできません。
CD-R	データの書き込みが1度可能なCDです。
CD-RW	データの書き込みが複数回可能なCDです。
DVD （Digital Versatile Disk）	レーザー光の照射によってデータを読み書きするディスクです。片面一層型は4.7GB，片面二層型は8.54GBの容量があります。
DVD-ROM	予めデータが書き込まれ，ユーザーは書き込みできません。
DVD-R	データの書き込みが1回のみ可能なDVDです。
DVD-RW	データの書き込みが複数回可能なDVDです。
DVD-RAM	FDのようなディスクへの保存が可能なDVDです。
Blu-ray Disc（ブルーレイ）	次世代光ディスク規格で，青紫色半導体レーザーを使用しデータの読み書きをします。 データ容量は片面1層で7.5GB，片面2層式で15GBと非常に大きく，最大で128GBの容量を持つ4層型のものも存在します。 高精細な動画の保存・視聴に利用されています。
フラッシュメモリ	電気操作でデータ書き換えができるEEPROMです。
USBメモリ	コンピュータのUSBポートに差し込んで利用するフラッシュメモリです。
SDカード	カード型の記録媒体で，携帯電話やデジタルカメラなどの電子端末で利用されています。

ハードディスクの構造

ハードディスクの内部には**プラッタ**と呼ばれる1〜数枚の円盤（ディスク）があり，**磁気ヘッド**によって，プラッタに情報を読み書きすることでデータを扱います。

プラッタは，同心円上の**トラック**に分割され，さらにトラックは放射状に等分した**セクタ**と呼ばれる領域に分割されます。データはこのセクタを最小単位として保存されます。なお，ハードディスクによって1トラックあたりのセクタの数は異なります。

ハードディスクの性能

ハードディスクの性能で最も重要なのがデータの保存量にあたる**容量（記録密度）**です。容量は年々大きくなっており，現在では数十GB（ギガバイト）から数TB（テラバイト）が一般的になってきています。

また，複数のセクタにまたがるデータを読み書きするにはプラッタが回転するため，プラッタの回転速度も性能の基準となります。これを**回転数**と表現し，1分間あたりの回転数で性能を表します。1分間あたり5400回転，7200回転が一般的で，それぞれ5400rpm，7200rpmと表現します。

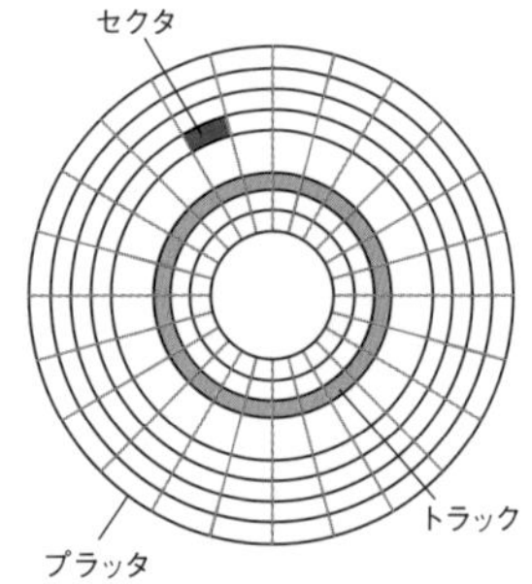

ハードディスク内の情報を読み取るには，該当するセクタまで磁気ヘッドが移動する必要があり，その到達までの時間を**シークタイム**と呼びます。シークタイムが短いほど，読み書き速度は早いということになります。

RAID（レイド）

ハードディスクは複数を組み合わせることで，システムとしての性能と信頼性の向上が期待できます。これを**RAID**と呼びます。

RAIDにはRAID-0からRAID-5までの6つのレベルが存在し，レベルによって得られる効果は異なります。RAIDを構築した場合，RAID-0は複数台の HDDにデータを交互に保存することで，読み書きの高速化を図ります。**ストライピング**とも呼ばれます。RAID-1は複数台のHDDに同時に同じデータを書き込みます。**ミラーリング**と呼ばれます。

なお，RAIDを構築するには，対応するパーツやプログラムが必要であり，利用するコンピュータ環境によって利用できるレベルも異なります。

3. 記憶階層

記憶階層とは，記憶装置のアクセス速度と記憶容量によって生じる，様々な記憶装置の位置づけを表すピラミッド型の階層図のことを指します。

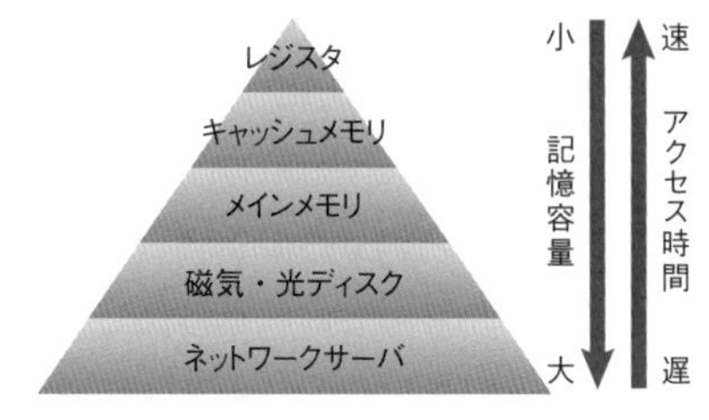

最もCPUに近くアクセス時間が速い領域を**レジスタ**と呼び，次いで**キャッシュメモリ**，メインメモリ（主記憶装置），磁気・光ディスク（補助記憶装置），ネットワークサーバと階層分けされます。階層が下がるほどアクセス時間は遅く，反面，容量は大きくなります。

キャッシュメモリ

元々，CPUの処理速度とメモリの読み書きの速度には大きな差があります。
CPUの処理能力をなるべく発揮させるため，事前にメインメモリにあるデータを移しておき，データをメモリから呼び出すためのCPUの待ち時間を減らします。
この事前にデータを移しておく領域をキャッシュメモリと呼びます。

✎サンプル問題

SD カードに使われているメモリは，どれに属するか。

ア　CD-ROM　　イ　DRAM　　ウ　SRAM　　エ　フラッシュメモリ

（ITパスポートシラバス　サンプル問題46）

解答：エ

ア　レーザー光の照射によってデータを読み書きする円盤状の補助記憶媒体です。
イ　主記憶装置として使われる低速なものの容量が大きいRAMです。
ウ　主記憶装置として使われる容量が小さく高速なRAMです。
エ　正解です。電気操作でデータ書き換えができるROMでSDカードに使われています。

□ 8-1-3　入出力デバイス

ここでは，入力装置，出力装置にあたる装置（デバイス）について学習します。デバイスを接続するための規格や方法についてもあわせて覚えるようにしましょう。

1. 入出力インタフェース

入出力デバイス（キーボードやマウスなどの入力装置，モニタやプリンタなどの出力装置）や外付け補助記憶装置（周辺機器）は，原則として外部接続の形をとり，コンピュータ本体の**入出力インタフェース**の規格に合ったケーブルなどで接続して利用します。

入出力インタフェースのデータの扱い

入出力インタフェースでのデータの扱いは，大きくアナログとディジタルに分かれます。

アナログのデータは連続性を持つデータで伝送距離が長くなると速度の低下やノイズの影響などを受けやすくなります。

ディジタルの情報は距離やノイズの影響は受けにくいものの，データは連続性のないものになります。

入出力インタフェースの規格

入出力インタフェースの規格は，大きく**シリアルインタフェース**，**パラレルインタフェース**，**ワイヤレスインタフェース**に分類されます。

シリアルインタフェース

1本の信号線で1ビットずつデータを転送します。シリアルは直列の意味です。

線の数が1本で済みますが，送信側ではパラレルのデータをシリアルに変換し，受信側ではシリアルのデータをパラレルに戻してメモリに保存しなければなりません。

パラレルインタフェース

複数の信号線で，複数ビットのデータを同時転送します。パラレルは並列の意味です。

メモリに保存されているデータをそのまま送れますが，仮に8ビットのデータを一度に送る場合は8本の線が必要になります。

ワイヤレスインタフェース

データ伝送に信号線を使わず，赤外線や電波で機器を接続します。離れた機器との連携に向いていますが，障害物などの条件によって通信に制限が発生します。

主なインタフェースの規格

名称	分類	説明
USB	シリアル	様々な機器の接続に利用される規格で，現在最も普及しているUSB2.0の接続速度は480Mbpsです。 2008年11月に策定されたUSB3.0では5Gbpsという高速でのデータ転送が可能になりました。 ハブ（中継機器）で最大127台の機器を接続できます。
IEEE1394（アイトリプルイー）	シリアル	Apple社のFireWireという規格を元に策定された規格です。USB同様，様々な機器の接続に利用されます。接続速度は100Mbps～3200Mbpsまで幅広く存在します。 ハブ（中継機器）で最大63台の機器を接続できます。
HDMI	シリアル	入出力インタフェースのうち，主にディスプレイとの接続で利用される規格です。 映像だけでなく音声も伝送することができるのが特徴です。 また，著作権保護機能を含むものがほとんどで，不正コピー防止などにも役立てられています。 これまで利用されてきた**アナログRGB**や**DVI**といった映像出力用のインターフェースは徐々に利用されなくなってきています。
PCMCIA	パラレル	主にノートパソコンで利用する小型カード型の規格です。機器の接続のほかに他のインターフェースを拡張する用途でも多く利用されます。形状や速度の異なるTypeⅠ，TypeⅡ，Express Cardなどが存在します。
SCSI（スカジー）	パラレル	周辺機器同士をデイジーチェーン方式で並列接続できるという特徴を持っている規格です。接続の終端コネクタにはターミネータを設置する必要があります。
IrDA	ワイヤレス	赤外線通信によるワイヤレス規格です。携帯電話などのモバイル端末に多く搭載されています。
Bluetooth（ブルートゥース）	ワイヤレス	電波によるワイヤレス規格です。2.4GHz帯を利用しますが，最大10m以内の通信に限定されています。
NFC	ワイヤレス	近距離無線通信技術の国際標準で，特にICカードやスマートフォンなどでの電子決済や機器間のデータ通信に利用されています。

プラスα

通常，コンピュータへ外部機器を接続する際は，コンピュータの電源をオフにした状態でなければなりません。
しかし，一部のインタフェースは，コンピュータの電源を入れたまま，周辺機器の接続ができる**ホットプラグ**という技術を利用できます。
USB，IEEE1394，PCMCIAなどはホットプラグに対応した規格です。
なお，通電時に内蔵機器を接続することを**ホットスワップ**と呼びます。

2. IoTデバイス

IoTシステムは、人間を介さずに機器同士が情報をやり取りするシステムです。このIoTシステムを構成する機器を**IoTデバイス**と呼びます。IoTデバイスには、コンピュータやネットワーク機器の他にもさまざまな機器が利用されています。

センサ

対象の情報を収集する装置の事で、代表的なものに温度センサや光センサなどがあります。センサを機器に搭載することで，自動的な動作につなげます。例えば、エアコンでは温度センサが搭載され、温度に応じて動作をコントロールします。

IoTシステムでは、センサをIoTデバイスに組み込むことで、その機器自身の動作だけでなく、IoTシステムに参加する他の機器の動作につなげます。

アクチュエータ

様々なエネルギーを機械的な動きに変換し，機器を動作させるための駆動装置です。電気モータや油圧シリンダ，空気圧シリンダなどが該当します。センサから受け取ったデータを基に、ロボットやコネクテッドカーをはじめとする機器がアクチュエータの動作を切り替えます。

3. デバイスドライバ

デバイスドライバ

デバイスドライバとは，周辺機器を動作させるためのソフトウェアで，基本ソフトであるOSが周辺機器を制御するために利用されます。デバイスドライバが正しく導入（インストール）されていないと周辺機器は正常に動作しません。

通常，デバイスドライバは周辺機器のメーカーから提供されます。利用環境に合ったドライバをCD-ROMまたはインターネットから入手しインストールします。

プラグアンドプレイ

プラグアンドプレイ（Plug and Play）は，このデバイスドライバのインストールの手間を軽減するため，外部機器を接続した際に，自動的に外部機器を検出して最適な設定を行う仕組みのことです。

プラグアンドプレイに対応した周辺機器を接続した際には，OSの開発販売元が予め用意したドライバを自動検索してインストールを行います。

✎サンプル問題

PC と周辺機器の接続インタフェースのうち，信号の伝送に電波を用いるものはどれか。

ア　Bluetooth　　　　イ　IEEE 1394

ウ　IrDA　　　　エ　USB 2.0

（ITパスポートシラバス　サンプル問題47）

解答：ア

ア　正解です。電波によって無線での伝送を実現します。

イ　有線のシリアルインタフェースです。

ウ　無線インタフェースですが，赤外線によってデータを伝送します。

エ　有線のシリアルインタフェースです。

✎練習問題

問1

プロセッサに関する次の記述中のa，bに入れる字句の適切な組合せはどれか。

[a]は[b]処理用に開発されたプロセッサである。CPUに内蔵されている場合も多いが，より高度な[b]処理を行う場合には，高性能な[a]を搭載した拡張ボードを用いることもある。

	a	b
ア	GPU	暗号化
イ	GPU	画像
ウ	VGA	暗号化
エ	VGA	画像

(ITパスポート試験　令和元年秋期　問95)

問2

CPUの性能に関する記述のうち，適切なものはどれか。

ア　32ビットCPUと64ビットCPUでは，32ビットCPUの方が一度に処理するデータ長を大きくできる。

イ　CPU内のキャッシュメモリの容量は，少ないほど処理速度が向上する。

ウ　同じ構造のCPUにおいて，クロック周波数を上げると処理速度が向上する。

エ　デュアルコアCPUとクアッドコアCPUでは，デュアルコアCPUの方が同時に実行する処理の数を多くできる。

(ITパスポート試験　平成29年秋期　問75)

問3

フラッシュメモリの説明として，適切なものはどれか。

ア　紫外線を利用してデータを消去し，書き換えることができるメモリである。
イ　データ読出し速度が速いメモリで，CPUと主記憶の性能差を埋めるキャッシュメモリによく使われる。
ウ　電気的に書換え可能な，不揮発性のメモリである。
エ　リフレッシュ動作が必要なメモリで，主記憶によく使われる。

（ITパスポート試験　平成29年秋期　問67）

問4

PCの処理効率を高めるために，CPUが主記憶にアクセスする時間を見かけ上短縮することを目的としたものはどれか。

ア　SSD
イ　仮想記憶
ウ　キャッシュメモリ
エ　デフラグ

（ITパスポート試験　平成27年春期　問52）

問5

様々なエネルギーを機械的な動きに変換し，機器を動作させるための駆動装置はどれか。

ア　アクチュエータ
イ　ドローン
ウ　センサ
エ　デバイスドライバ

（オリジナル）

問6

NFCに準拠した無線通信方式を利用したものはどれか。

ア　ETC車載器との無線通信
イ　エアコンのリモートコントロール
ウ　カーナビの位置計測
エ　交通系のIC乗車券による改札

（ITパスポート試験　平成31年春期　問93）

練習問題の解答

問1　解答：イ

GPU (Graphics Processing Unit) は，PCなどで画像処理 (特に3Dグラフィックスの表示) に必要な計算処理を行う半導体チップのことです。この装置を活用することで，CPUの処理を軽減することができます。

なお，VGAは映像出力の規格になります。

問2　解答：ウ

CPU(中央演算処理装置)は、コンピュータの制御機能と演算機能を担当する装置です。

性能は主にクロック周波数と呼ばれる単位時間あたりの処理回数によって決まり、同じ構造のCPUにおいて、クロック周波数を上げるほど処理速度は向上します。

ア　一度に処理するデータ長は64ビットCPUのほうが2倍大きくなります。

イ　キャッシュメモリの領域が大きいほど、CPUの処理に無駄がなくなり処理速度が向上します。

エ　デュアルコアは2つのコア、クアッドコアは4つのコアを搭載するので、クアッドコアの方が同時に実行できる処理数は多くなります。

問3　解答：ウ

フラッシュメモリは、不揮発性のROMのうち、電気によってデータを繰り返し読み書きするEEPROMです。

なお、揮発性とは、コンピュータの電源を切った際に保存されたデータが失われる性質のことであり、主記憶装置 (RAM) がこれに該当します。不揮発性のフラッシュメモリは電源を切った後もデータが残るもので、代表的なものにUSBメモリやSDカードがあります。

ア　UV-EPROMの説明です。

イ　SRAM(スタティックRAM)の説明です。

エ　DRAM(ダイナミックRAM)の説明です。

問4　解答：ウ

PCの処理は、CPUとメインメモリの間で命令やデータをやり取りしながら行われます。しかし、CPUに比べてメインメモリの処理能力は遅く、CPUに不必要な待ち時間が生じてしまう問題があります。この速度差を埋めるために、CPUとメインメモリの間に用意されるのがキャッシュメモリです。

メインメモリにある命令やデータの内、CPUが次に利用する可能性の高いものや、CPUが処理中に一時的に保存しておきたいものなどをキャッシュメモリに保存しておくことで、CPUの待ち時間を減らし、PC全体の処理効率を高めます。

ア　SSDは，HDDの代わりに普及が進む、大容量のフラッシュドライブです。

イ　仮想記憶は，HDDの一部をメインメモリとして利用することでメインメモリの領域不足を補う機能です。

エ　デフラグは，HDD上のデータの保存と削除を繰り返した結果生じるフラグメンテーションを解消するための再配置機能です。

問5　解答：ア

様々なエネルギーを機械的な動きに変換し，機器を動作させるための駆動装置はアクチュエータです。電気モータや油圧シリンダ，空気圧シリンダなどが該当します。センサから受け取ったデータを基に、ロボットやコネクテッドカーをはじめとする機器がアクチュエータの動作を切り替えます。

イ　ドローンは，小型の無人飛行機のことです。

ウ　センサは，対象の情報を収集する装置の事で、代表的なものに温度センサや光センサなどがあります。

エ　デバイスドライバは，周辺機器を動作させるためのソフトウェアで，基本ソフトであるOSが周辺機器を制御するために利用されます。

問6　解答：エ

NFCは，近距離無線通信技術の国際標準で，至近距離での無線通信規格です。

特に交通系のICカードやスマートフォンなどでの電子決済を利用する際の機器間のデータ通信に利用されています。

8-2 システム構成要素

□ 8-2-1　システムの構成

多くのシステムは複数のコンピュータから成り立っています。ここでは，このシステム内のコンピュータ同士はどのような関係性で連携しているのかを確認します。

1. 処理形態

集中処理

集中処理は，**ホストコンピュータ**と呼ばれるシステムの中心にあるコンピュータにすべての処理をさせる処理形態です。ホストコンピュータに資源を集中させやすく，管理対象も限られるため比較的運用しやすい処理形態とされています。

一方で，ホストコンピュータが停止した場合の影響が大きいというリスクも存在します。

分散処理

分散処理は，ネットワーク上の複数のコンピュータによって処理を分散して行います。

メリットは，1台のコンピュータが停止してもシステム全体は停止しないで済む点，コンピュータを増やすことでシステムの規模や機能を拡張することができる点です。

デメリットは，複数台のコンピュータの管理が必要になり，運用保守が複雑になる点です。また，システムの不具合が発生時の原因特定に時間がかかる場合があります。

並列処理

並列処理は，接続した複数のコンピュータによって1つの処理を行う処理方法です。複数台の能力を集中させるので処理性能の向上が図れます。

分散処理と同様に1台のコンピュータが停止してもシステム全体は稼働を続けられるメリットがある反面，運用保守の複雑さというデメリットが伴います。

仮想化

コンピュータを構成する様々な要素（CPU・メモリ・HDDなど）を柔軟に分化したり統合したりすることで，用途に合った効率的な運用を可能にする技術のことです。
1台のコンピュータをあたかも複数台のコンピュータであるかのように構成し，異なったOSやアプリケーションソフトウェアを動作させたり，逆に複数のHDDをあたかもひとつのHDDのように管理するといった使い方をします。

2. システム構成

デュアルシステム

デュアルシステムは，同じ構成の2つのシステムで同じ処理を行うシステム構成です。

2つのシステムが相互にチェックしつつ稼働するので，精度や効率の向上を図ることができます。また，片方のシステムが停止した際に，もう一方のシステムに切り替えて処理を続けることができるメリットもあります。

デュプレックスシステム

デュプレックスシステムは，同じ構成の2つのシステムを用意し，1つを稼働用（主系），もう1つを待機用（従系）とするシステム構成です。業務では稼働用のシステムを利用し，障害発生時には待機用のシステムに切り替えて処理を継続します。

レプリケーション

データベース管理システム（DBMS）の機能の一つで，データベースの複製（レプリカ）を別のコンピュータに作成して常に同期させることで，信頼性の向上や負荷の分散を実現します。いずれか1か所でデータを更新すると，他のレプリカやマスター（元のデータベース）にも更新が反映されます。

プラス α

クラスタ

元々はかたまり，集合を表す言葉ですが，IT分野ではハードディスクなどの記録媒体において複数のセクタをまとめたものを指す言葉として利用されます。

また，複数のコンピュータを束ねて1台のコンピュータのように扱うことを"クラスタリング"と呼びます。

3. 利用形態

対話型処理

対話型処理は，ディスプレイ上に表示されるコンピュータからの要求に返答する形でユーザーが操作を行う利用形態です。

リアルタイム処理

リアルタイム処理は，データが入力された時点で即時に処理を行う利用形態です。

システムの自動処理が行われるので，ATMや予約システムなどで利用されており，処理結果が即座に反映される点が特徴です。

バッチ処理

バッチ処理は，決められた期間やタイミングで蓄積したデータの一括処理をする利用形態です。複数の処理をまとめて1つの処理として登録し，一気に実行することもできます。

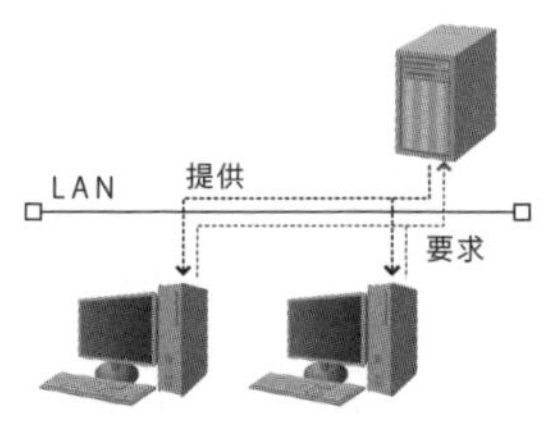

1日，1週間などのようにデータの蓄積期間を設定することで，データの入力や確認のための時間的な余裕が生まれる点が特徴です。

4. クライアントサーバシステム

様々な構成のシステムが存在する中で，現在，最も利用されているのが**クライアントサーバシステム**です。

クライアントサーバシステムは，ユーザーが操作するクライアント側のコンピュータと，処理の中心的な役割を担うサーバが，互いに処理を分担しながら連携して動作するシステムのことを指します。サーバ側にデータベースやソフトウェア，周辺機器を用意し，クライアントがそれらを利用します。

クライアントサーバシステムの種類

ファイルサーバ

サーバに保存してあるファイルをクライアントが共有して利用します。

ファイルを一元管理することで，情報資産の活用や安定したバックアップが行えます。

プリンタサーバ

プリンタサーバに接続されたプリンタをクライアントが共有して利用します。複数台のコンピュータで１台のプリンタを共有する環境において有効です。

データベースサーバ

サーバ内のデータベースに保存されたデータをクライアントが活用できます。データ入力もクライアントからサーバ内のデータベースに行います。

なお，サーバ機能とデータベースを1台のコンピュータで担うものを**2階層システム**，サーバ機能とデータベース機能を分けたものを**3階層システム**とも呼びます。

NAS

Network Attached Storageの略で，ネットワークに接続するファイルサーバを指します。

NASは通常のファイルサーバに比べ機能が限定されているものを指し，同じネットワークに参加しているコンピュータからは，直接ハードディスクが接続されているように見えるのが特徴です。

シンクライアント

シンクライアントは，システムの中心にある**サーバ**でソフトウェアやサービス，ファイルなどを管理して，ユーザーが直接操作するクライアントからサーバにあるソフトウェアなどを操作するシステム構成です。クライアント側のコンピュータは極めて小さい構成(能力)で済むのが特徴です。

Webシステム

サーバにある情報やアプリケーションをWebブラウザと呼ばれるWeb閲覧ソフトを介して行うシステムをWebシステムと呼びます。
クライアント側にインターネット環境とWebブラウザさえあれば利用できる点が大きなメリットです。
Webシステムは社内環境に限らず，企業サイトの問い合わせ窓口やインターネットショッピングサイトの注文システムなどで利用されています。

プラス α

ピアツーピア型システム

接続されたコンピュータが，対等に処理を分担するシステムをピアツーピア型システムと呼びます。サーバとクライアントの区別がなく，すべてのコンピュータがサーバとしてもクライアントとしても機能します。

✎サンプル問題

問1　ネットワークに接続されているコンピュータ同士が，それぞれのもつデータなどの資源をお互いに対等な関係で利用する形態はどれか。

ア　クライアントサーバ
イ　ストリーミング
ウ　ピアツーピア
エ　メーリングリスト

（ITパスポートシラバス　サンプル問題48）

問1　解答：ウ
ア　クライアントサーバシステム自体には，コンピュータ同士が対等な関係であるという定義は存在しません。
イ　インターネット上で動画を配信する技術です。
ウ　正解です。ピアツーピア型のシステムでは全コンピュータが対等な関係で接続されます。
エ　特定のグループ参加者に対して一斉にメールを配信する仕組みです。

問2　デュアルシステムの説明はどれか。

ア　通常使用される主系と，故障に備えて待機している従系の二つから構成されるコンピュータシステム
イ　ネットワークで接続されたコンピュータ群が対等な関係である分散処理システム
ウ　ネットワークで接続されたコンピュータ群に明確な上下関係をもたせる

分散処理システム

エ　二つのシステムで全く同じ処理を行い，結果をクロスチェックすることによって結果の信頼性を保証するシステム

（ITパスポート試験　平成24年秋期　問57）

問2　解答：エ

ア　デュプレックスシステムの説明です。

イ　水平負荷分散システムの説明です。

ウ　垂直負荷分散システムの説明です。

エ　正解です。同じ処理を行うことで障害時の移行も素早く行うことが可能になります。

□ 8-2-2　システムの評価指標

システムは性能，信頼性，経済性（費用対効果）によって評価されます。ここでは，システムの評価指標について確認します。

1. システムの性能

システムの性能は，性能テストによって評価されます。

レスポンスタイム

レスポンスタイムは，システムの処理を行ったときの最初の反応が返ってくるまでの時間のことを指します。この速度が速いほど性能が高いと評価されます。

ターンアラウンドタイム

レスポンスタイムが最初の反応までの時間であるのに対し，**ターンアラウンドタイム**はすべての処理を終えて，その結果が返ってくるまでの時間を指します。レスポンスタイム同様，速いほど性能が良いとされます。

ベンチマーク

ベンチマークは，特定のソフトウェアを実行し，実行時のレスポンスタイムや，CPUの稼働率やメモリの速度，ハードディスクの読み書き速度などを総合的に評価します。

2. システムの信頼性

システムの信頼性は，システムが稼働する時間と停止してしまう時間との比率，すなわち**稼働率**によって評価されます。

システムの信頼性を表す指標

稼働率は，**平均故障間隔**（MTBF）と**平均修復時間**（MTTR）によって判断されます。

平均故障間隔（MTBF：Mean Time Between Failures）

システム稼働期間における故障が発生するまでの間隔の平均を指します。システムの連続稼働時間の平均と言いかえることもできます。

平均修復時間（MTTR：Mean Time to Repair）

故障発生時から，システムが復旧するまでにかかる時間の平均を指します。MTTRが実際にシステムが停止している時間です。

プラス α システムの信頼性を示す指標の1つで，システムが故障する一定期間に故障する確率を**故障率**と呼びます。
平均故障間隔の逆数にあたり，**故障率＝1／MTBF** で求められます。

稼働率の計算

平均故障間隔と平均修復時間を足すことで全運用時間となり，全運用時間のうち，修復にかかる時間と頻度（故障間隔）を計算することで稼働率は求められます。
稼働率を求める式は以下の通りで，与えられた情報に応じて式を使い分けます。

$$稼働率＝\frac{平均故障間隔}{平均故障間隔＋平均修復時間}$$

$$稼働率＝\frac{全運用時間－故障時間}{全運用時間}$$

直列システムと並列システムの稼働率

直列システムの稼働率の計算

全体の稼働率　＝装置aの稼働率×装置bの稼働率

並列システムの稼働率の計算

全体の稼働率　＝1－（装置aの不稼働率）×（装置bの不稼働率）
＝1－（1－装置aの稼働率）×（1－装置bの稼働率）

例題）

同じ働きをする装置a1とa2を並列に接続したシステムのMTBFとMTTRが表のとおりであるとき，このシステムの稼働率は何%か。

単位：時間

装置	MTBF	MTTR
a1	120	80
a2	180	20

解説）

a1の稼働率＝120/(120+80)＝0.6，bの稼働率＝180/(180+20)＝0.9
並列の接続なので，1－(1－0.6)×(1－0.9)＝1－0.4×0.1＝1－0.04＝0.96＝96%

信頼性の設計

システムの信頼性は，構築するシステムの構成によって大きく変わります。信頼性を重視した設計には次のようなものがあります。

デュアルシステム	同じ構成の2組のシステムを同時に稼働させ，相互にチェックしながら処理を行うシステム構成です。故障発生時は一方のシステムのみで稼働できます。
デュプレックスシステム	同じ構成の2つのシステムを用意し，1つを主系，もう1つを従系とするシステム構成です。 通常は主系のシステムが稼働しますが，障害発生時は従系のシステムに切り替えて処理を継続します。
フェールセーフ	システムに障害が発生した場合，継続稼働よりも安全性を優先して制御する設計手法です。 障害は必ず発生するという考え方を元に設計し，故障時の深刻な被害を食い止める考え方です。
フォールトトレランス	システムを多重化することで，障害発生時にもシステム稼働を維持できるようにする設計手法です。仮に機能が縮小しても稼働を継続する設計です。
フールプルーフ	システムの利用者が誤操作をしても危険に晒されることがないように安全対策を施しておく設計手法です。システムに限らず多くの工業製品で用いられる考え方でもあります。

3. システムの経済性

システムの経済性とは，すなわち費用対効果に対する評価になります。

TCO(Total Cost of Ownership)

システムには，導入時にかかる**初期コスト**，稼働後にかかる**運用コスト**，電気代，ハードウェアや消耗品の購入費など様々なコストがかかります。これらのコストを**TCO**（Total Cost of Ownership）と呼びます。システムの経済性はTCOによって評価されます。

以前は，システムの初期コストが非常に大きく，そこに注目が集まっていましたが，最近では初期コストの低下やシステム故障時の損害額の増大に伴いTCOによる評価が重要視されています。

✎サンプル問題

システムの信頼性向上のためには，障害が起きないようにする対策と，障害が起きてもシステムを動かし続ける対策がある。障害が起きてもシステムを動かし続けるための対策はどれか。

ア　故障しにくい装置に置き換える。
イ　システムを構成する装置を二重化する。
ウ　操作手順書を作成して，オペレータが操作を誤らないようにする。
エ　装置の定期保守を組み入れた運用を行う。

（ITパスポートシラバス　サンプル問題49）

解答：イ
「障害が起きてもシステムを動かし続ける」という問題文から，フォールトトレランスの設計に関する問題であると分かります。
フォールトトレランスはシステムを多重化することでシステム稼働を継続する考え方ですから，正解はイになります。

✎練習問題

問1

バッチ処理の説明として，適切なものはどれか。

ア　一定期間又は一定量のデータを集め，一括して処理する方式
イ　データの処理要求があれば即座に処理を実行して，制限時間内に処理結果を返す方式
ウ　複数のコンピュータやプロセッサに処理を分散して，実行時間を短縮する方式
エ　利用者からの処理要求に応じて，あたかも対話をするように，コンピュータが処理を実行して作業を進める処理方式

（ITパスポート試験　平成30年秋期　問94）

問2

通常使用される主系と，その主系の故障に備えて待機しつつ他の処理を実行している従系の二つから構成されるコンピュータシステムはどれか。

ア　クライアントサーバシステム
イ　デュアルシステム
ウ　デュプレックスシステム
エ　ピアツーピアシステム

（ITパスポート試験　平成29年秋期　問87）

問3

1台のコンピュータを論理的に分割し，それぞれで独立したOSとアプリケーションソフトを実行させ，あたかも複数のコンピュータが同時に稼働しているかのように見せる技術として，最も適切なものはどれか。

ア　NAS　　イ　拡張現実　　ウ　仮想化　　エ　マルチブート

（ITパスポート試験　平成30年春期　問62）

問 4

図のような構成の二つのシステムがある。システムXとYの稼働率を同じにするためには，装置Cの稼働率を幾らにすればよいか。ここで，システムYは並列に接続した装置Bと装置Cのどちらか一つでも稼働していれば正常に稼働しているものとし，装置Aの稼働率を0.8，装置Bの稼働率を0.6とする。

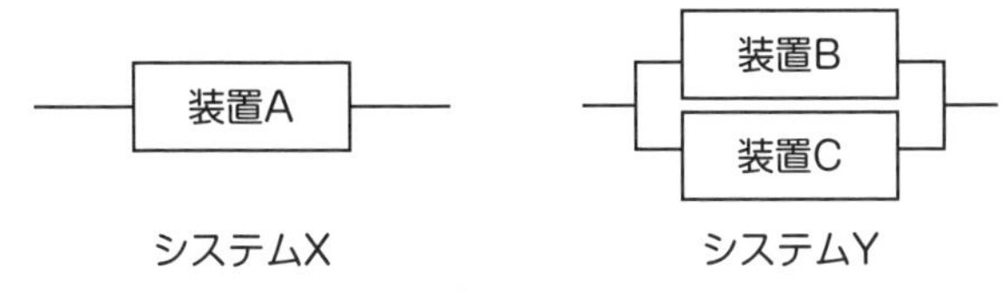

ア　0.3　　イ　0.4　　ウ　0.5　　エ　0.6

（ITパスポート試験　平成26年秋期　問84）

問 5

コンピュータシステムに関する費用 a～c のうち，TCOに含まれるものだけを全て挙げたものはどれか。

a. 運用に関わる消耗品費
b. システム導入に関わる初期費用
c. 利用者教育に関わる費用

ア　a, b　　イ　a, b, c　　ウ　a, c　　エ　b, c

（ITパスポート試験　平成27年秋期　問53）

練習問題の解答

問1　解答：ア

バッチ処理は，決められた期間やタイミングで蓄積したデータの一括処理をする利用形態です。複数の処理をまとめて1つの処理として登録し，一気に実行することもできます。

イ　リアルタイム処理の説明です。

ウ　分散処理の説明です。

エ　対話型処理の説明です。

問2　解答：ウ

ア　クライアントサーバシステムは，ユーザーが操作するクライアント側のコンピュータと，処理の中心的な役割を担うサーバが，互いに処理を分担しながら連携して動作するシステムです。

イ　デュアルシステムは，同じ構成の2つのシステムで同じ処理を行うシステム構成です。2つのシステムが相互にチェックしつつ稼働するので，精度や効率の向上を図ることができます。また，片方のシステムが停止した際に，もう一方のシステムに切り替えて処理します。

ウ　正解です。デュプレックスシステムは，同じ構成の2つのシステムを用意し，1つを稼働用（主系），もう1つを待機用（従系）とするシステム構成です。

エ　ピアツーピアシステムは，接続されたコンピュータが，対等に処理を分担するシステムです。

問3　解答：ウ

ア　NAS（Network Attached Storage）は，ネットワークに接続するファイルサーバです。

イ　拡張現実（AR）は，ディスプレイに映し出した画像に，バーチャル情報を重ねて表示することで，より便利な情報を提供する技術です。

エ　マルチブートは，1台のコンピュータ上に2つの異なるOSを用意し，起動時に選択する機能です。

問4　解答：ウ

システムXの稼働率が0.8ですので、システムYの稼働率も0.8になるような装置B・装置Cの稼働率を求めます。

システムYのように並列接続のシステム全体の稼働率は次の式で求められます。

全体の稼働率＝1－(Bの不稼働率)×(Cの不稼働率)＝1－(1－Bの稼働率)×(1－Cの稼働率)

ここから、装置Cの稼働率Xを計算します。

1－(1－0.6)×(1－X)＝0.8

1－(0.4－0.4X)＝0.8

0.4X＝0.8－0.6

0.4X＝0.2

X＝0.5

以上より，ウが正解となります。

問5　解答：ウ

システムには、導入時にかかる初期コスト（イニシャルコスト）(a)、稼働後にかかる運用コスト（ランニングコスト）、電気代、ハードウェアや消耗品の購入費 (b) や教育に関わる費用 (c) など様々なコストがかかります。これらのコストを合計したものをTCO (Total Cost of Ownership)と呼びます。

よって、本問のa～cはいずれもTCOに含まれるため，イが正解となります。

1 企業と法務
2 経営戦略
3 システム戦略
4 開発技術
5 プロジェクトマネジメント
6 サービスマネジメント
7 基礎理論
8 コンピュータシステム
9 技術要素

8-3 ソフトウェア

ソフトウェアって
ワープロとか表計算
とかいっぱい
あるでしょ?

ここではOSと
ビジネスで利用される
ソフトウェアに絞って
解説するよ。

□ 8-3-1 オペレーティングシステム

OSは，私たちがコンピュータを扱う上で必須である基本ソフトウェアです。様々なソフトウェア，システムやハードウェアはこのOSを介して利用されています。

1. OSの必要性

オペレーティングシステム（**OS**：Operating System）は，ユーザーや応用ソフトウェア（**アプリケーションソフトウェア**）に対して，ハードウェアやソフトウェアなど，そのコンピュータが持つ資源を効率的に提供するための制御機能，管理機能をもっている**基本ソフトウェア**です。

OSによってコンピュータの基本的な仕様や機能が定められ，ソフトウェアやハードウェアはOSにあった形式で利用することができます。その点でコンピュータ全体を管理するソフトウェアがOSであるといえます。

2. OSの機能

OSには様々なハードウェアやソフトウェアなどの資産管理の他にも様々な機能が用意されています。

ユーザー管理

コンピュータの利用者が利用するユーザーID の登録，抹消の管理を行う機能です。

利用者は割り当てられた**アカウント**（ユーザーIDとパスワード）によってOSに**ログオン**し，コンピュータを利用することができます。また，ユーザーごとに**プロファイル**（個人情報）があり，**アクセス権**（利用できる機能やソフトウェアの制限）を設定できます。

記憶管理

メモリ(記憶装置)上でいかに効率的にデータを扱うか管理する機能です。

一般的には，HDDなどの磁気ディスクに保存されたプログラムや入力装置からの命令はメインメモリに読み込んでおき，CPUが順次読み出し実行します。実行完了後に読み込まれたプログラムは解放されます。

メインメモリ(実記憶)が不足した際には，ハードディスクなどの補助記憶装置の一部をメインメモリのように利用できるようにする**仮想記憶**を利用します。

ファイル管理

アプリケーションソフトウェアで作成されたファイルの管理をする機能です。ユーザー別にファイルへのアクセス権を設定することもできます。

なお，ファイルはOSに対応した**ファイルフォーマット**(ファイル形式)で保存する必要があります。

ファイルの指定した補助記憶装置からの呼び出し，指定した補助記憶装置に保存，ファイルのコピーや削除などもOSの機能です。

入出力管理

キーボード，マウス，モニターなどの入出力装置を管理する機能です。入出力インタフェースに接続されたデバイスのドライバを導入し，正常に動作するように管理します。

資源管理

コンピュータに接続されたCPU，メモリ，補助記憶装置(ハードディスクなど)のハードウェア資源やアプリケーションソフトウェア資源を管理する機能です。

3. OSの種類

一口にOSといっても様々なものがあります。代表的なOSは以下の通りです。

MS-DOS（エムエスドス）

Microsoft社によって開発されたOSです。実行できる処理が1つだけの**シングルタスク方式**で，メモリのアドレスとして直接指定できるのが64KB (2^{16}) である16ビットOSです。命令文や処理結果を文字で表示する**CUI**(Character User Interface)で操作を行います。

Windows（ウィンドウズ）

Microsoft社が**GUI**(Graphical User Interface)の32ビットOSとして開発しました。

Windowsは GUIの名の通り，アイコンなどの視覚的な表現を利用して命令や処理を実行することができます。また，同時に複数の処理を行う**マルチタスク方式**です。

Windowsはバージョンアップを繰り返しており，Windows 3.1，Windows 95，Windows NT，Windows 98，Windows Me，Windows 2000，Windows XP，Windows Vista，Windows 7などが存在します。

Windows95は，パーソナルコンピュータ (PC) が爆発的に社会に普及するきっかけになったOSといえます。またWindows XP以降は64ビット版も登場しています。

Mac-OS（マックオーエス）

Apple社が開発し，Apple社のパーソナルコンピュータMacintoshに搭載されるGUIのOSです。

GUIを最初に搭載したOSであり，特にクリエイティブ分野で多く利用されているOSです。Mac-OSの名称はバージョン8.0から始まり，現在はMac-OS X (バージョン10) が広く利用されています。

UNIX（ユニックス）

AT&Tベル研究所が開発したOSです。安定性が評価され，主に**ワークステーション**と呼ばれる高性能なコンピュータなどで利用されています。CUIでの操作になりますが，マルチユーザーやマルチタスクに対応しています。

Linux（リナックス）

UNIXと互換のあるOSです。ベースはCUIですが，ソフトウェアを組み込むことにより，GUIで動作する特徴があります。

GUIを可能にするソフトウェアを含む様々なソフトウェアや機能の組み込んだ**ディストリビューション**と呼ばれる派生OSが多数存在します。

また，無償で利用できる**オープンソースソフトウェア**である点も大きな特徴です。コンピュータだけでなく様々な機器に組込みシステムとして採用されています。

iOS

Apple社が開発し，Apple社のスマートフォンやタブレットPCに搭載されるGUIのOSです。アプリと呼ばれる小さな応用ソフトウェアを追加することで，様々な機能やサービスを追加できます。

Android

Google社が開発し，様々なメーカーのスマートフォンやタブレットPCに搭載されるGUIのOSです。

i-OS同様にアプリと呼ばれる小さな応用ソフトウェアを追加することで，様々な機能やサービスを追加できます。

✎サンプル問題

PC のOS に関する記述として，適切なものはどれか。

ア　PC のハードウェアやアプリケーションなどを管理するソフトウェア
イ　Web ページを閲覧するためのソフトウェア
ウ　電子メールを送受信するためのソフトウェア
エ　文書の作成や編集を行うソフトウェア

(ITパスポートシラバス　サンプル問題50)

解答：ア
OSは，コンピュータの基本ソフトウェアで，接続されたハードウェアやインストールされたソフトウェアを管理します。他の選択肢については次項で解説します。

□ 8-3-2　ファイルシステム

ここではOSの機能の1つであるファイル管理について，さらに詳しく学習します。

1. ファイル管理

ファイル管理は，OSやソフトウェアそのもののプログラムやコンピュータ内のアプリケーションソフトウェアで利用するデータをファイルとして保存するだけでなく，保存先である**ディレクトリ(フォルダ)**を作成するなどの体系的な管理を行うことを指します。

その他，ファイルやディレクトリのコピー，他のユーザーとファイルを共同で利用する**ファイル共有**の管理，ファイルやディレクトリへの**アクセス権設定**などもファイル管理機能に含まれます。

ディレクトリ(フォルダ)管理

ディレクトリ(フォルダ)とは，階層構造のあるファイルを保管する場所のことを指します。

すべてのディレクトリの最上位を**ルートディレクトリ**(ルート)と呼び，アクセスしているディレクトリのことを**カレントディレクトリ**と呼びます。

ディレクトリの指定

ファイルを呼び出すためにはディレクトリの指定が必要で，その指定の仕方には2通りあります。なお，ディレクトリの区切りにはシステムによって「¥」や「/」を利用します。

絶対パス

ルートディレクトリから目的のディレクトリに至るまでのアクセス経路を示したものです。
左図のディレクトリA1を指定する場合は，「¥A¥A1」となります。
(通常ルートディレクトリは省略します。)

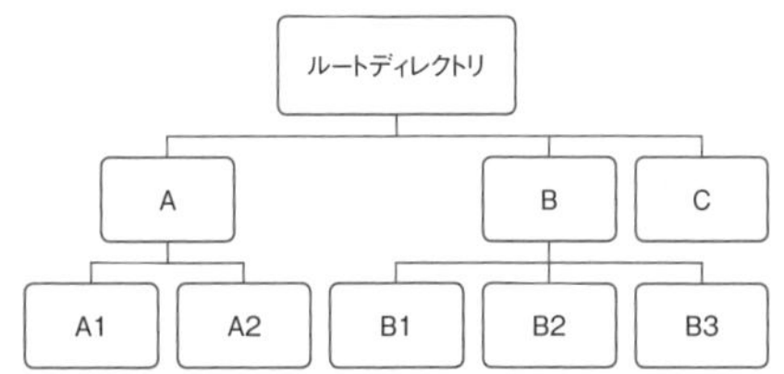

相対パス

カレントディレクトリから目的のディレクトリを指定する方法です。
左図ディレクトリBからディレクトリA1を指定する場合は，
「..¥A¥A1」となります。ここで，「..」は1つ上のディレクトリを指しています。
※「」は説明上付けたもので実際には不要です。

ファイル拡張子

ファイル名の末尾に付けることで，ファイルの種類を識別するための文字列です。ファイル名の後ろに"."（ドット）を付け，さらにその後ろにファイルの種類を表す数文字程度の文字列を加えます。

同じファイルであっても，拡張子を変えると別のファイルとして扱われるため，拡張子の変更には注意が必要です。

プラスα

フラグメンテーション
データが飛び飛びのセクタに保存されることです。デフラグ（データ再配置）を行うことで解消されます。

COLUMN

あまり注目されませんが，コンピュータの内部構造におけるファイルシステムの重要性は非常に高いものです。
仕事の現場では無意識ながらも，情報整理の中心的な役割を担っていると思います。
しかし昨今，デスクトップ検索と称されるファイル検索技術の高速化が進み，これを利用することで，ユーザーはディレクトリを意識せずにファイルを扱うこともできるようになってきています。

2. バックアップ

バックアップは，コンピュータやシステムの故障によるファイルの破損や，誤操作によるファイルの削除などの事態に備えて，予めファイルの複製を保存しておくことを指します。

バックアップは通常，定期的に指定したファイルまたはディレクトリを，既存の保存先とは異なる外部記憶装置（外付けHDDやDVD-Rなど）に保存します。

ただし，システムやファイルに重大な変更があった場合や，システムを変更処理する直前の安全策として臨時でバックアップを行うこともあります。

また，バックアップファイルそのものが破損している可能性を考慮して，バックアップの対象を複数のタイミングで保存します。これを**世代管理**と呼びます。直前のバックアップを第1世代，その前のバックアップを第2世代といったように保存しておくことで，万が一第1世代のバックアップに支障があった場合は第2世代を利用して復元が可能になります。何世代まで保存しておくかは，システムや設定によって異なります。

バックアップの種類

フルバックアップ	バックアップ対象のすべてを保存すること。 データが大きく，バックアップに時間がかかる。
差分バックアップ	フルバックアップ後に更新したファイル全てを保存すること。 フルバック後の時間がたつほど，データが大きくなる。フルバックアップと差分バックアップの2ファイルだけでデータの復元が可能。
増分バックアップ	前回のバックアップから更新したファイルのみ保存。 データ量が少なく，バックアップにかかる時間が短くて済む。データの復元には時間がかかる。

例）バックアップのイメージ　（網掛け部　が追加・変更箇所）

1/3深夜時点のデータ　⇒フルバックアップ

1/1	AAA	あああ
1/2	BBB	いいい
1/3	CCC	ううう

1/4深夜時点のデータ　⇒差分バックアップ・増分バックアップともに1/1と1/4のデータを保存

1/1	FFF	あああ
1/2	BBB	いいい
1/3	CCC	ううう
1/4	DDD	えええ

1/5深夜時点のデータ　⇒差分バックアップは1/1と1/3と1/4と1/5のデータを保存

⇒増分バックアップは1/3と1/5のデータを保存

1/1	FFF	あああ
1/2	BBB	いいい
1/3	CCC	おおお
1/4	DDD	えええ
1/5	EEE	おおお

✎サンプル問題

問1　図に示す階層構造で，複数個の同名のディレクトリA，B が配置されているとき，＊印のディレクトリ（カレントディレクトリ）から矢印が示すディレクトリの配下のファイルfを指定するものはどれか。ここで，ファイルの指定方法は次のとおりである。

〔指定方法〕

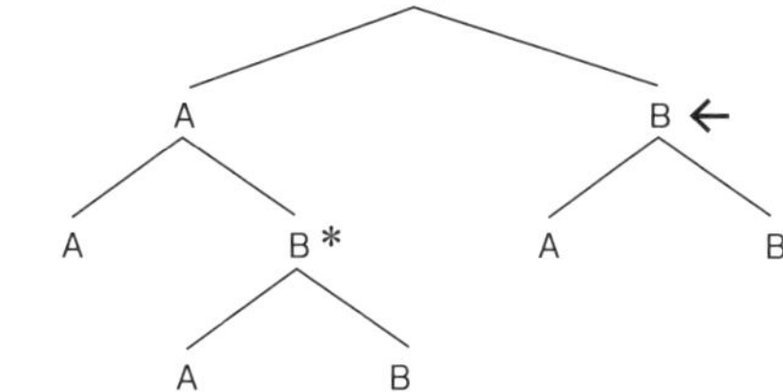

(1)　“ディレクトリ名￥ … ￥ディレクトリ名￥ファイル名”のように，経路上のディレクトリを順に“￥”で区切って並べた後に“￥”とファイル名を指定する。

(2)　カレントディレクトリは“.”で表す。

(3)　1 階層上のディレクトリは“..”で表す。

(4)　始まりが“￥”のときは，左端のルートディレクトリが省略されているものとする。

ア　.￥B￥f　　　　イ　..￥..￥B￥f

ウ　..￥A￥..￥B￥f　　　　エ　..￥B￥f

（ITパスポートシラバス　サンプル問題51）

問1　解答：イ

最初にBからAへ，次にルートディレクトリへディレクトリを2階層上がります。

1階層上に上がるのは「..￥」ですから，2階層では「..￥ ..￥」となります。

次にディレクトリBに進み（￥B），その中のファイルfを指定します（￥f）。

よって「..￥..￥B￥f」が正解となります。

問2　ハードディスクが故障したときのために，重要なファイルを複製しておくことにした。その方法として最も適切なものはどれか。

ア　異なるハードディスク上に，ファイル名に版番号を付けて複製する。

イ　作業のたびに空きのあるハードディスクを見つけて，そこに複製を置く。

ウ　前回の複製で使用したハードディスク上に，同じファイル名で複製する。

エ　当該ファイルと同じハードディスク上に，ファイル名を変更して複製する。

（ITパスポートシラバス　サンプル問題52）

問2　解答：ア

ア　正解です。バックアップ先は異なる外部保存領域に行うのが基本です。

イ　バックアップ先が不明になる，または世代管理ができない恐れがあります。

ウ　複数のタイミングでバックアップファイルを保存する世代管理が望ましいとされます。

エ　そのハードディスクが故障時に元のファイルと同様に利用ができなくなります。

□ 8-3-3　開発ツール

ユーザーは，アプリケーションソフトウェアを利用して，様々なファイルを開発，作成します。ここでは，ファイル開発，作成のための代表的なソフトウェアを取り上げます。

1. ソフトウェアパッケージ

文書作成，グラフの作成，画像編集など，特定の目的のために利用するソフトウェアを**アプリケーションソフトウェア**と呼びます。これらのアプリケーションソフトウェアの中で，店頭でソフトウェア単体を商品として販売されているものを**ソフトウェアパッケージ**といいます。

代表的なソフトウェアパッケージには，ワープロソフト，表計算ソフト，プレゼンテーションソフト，画像編集ソフト，動画編集ソフトなどがあります。

ワープロソフト，表計算ソフト，プレゼンテーションソフトなどビジネスで日常的に利用するソフトウェアを総称して**オフィスソフトウェア**，画像編集，音声編集，動画編集ソフトを総称して**マルチメディアオーサリングツール**と分類して呼ぶこともあります。

また最近では，目的や利用シーンの近い複数のソフトウェアを組み合わせてパッケージ化したものをスイートと称して販売する形態も存在します。

2. ワープロソフト

ワープロソフトは，主に文書作成と印刷のために利用されます。

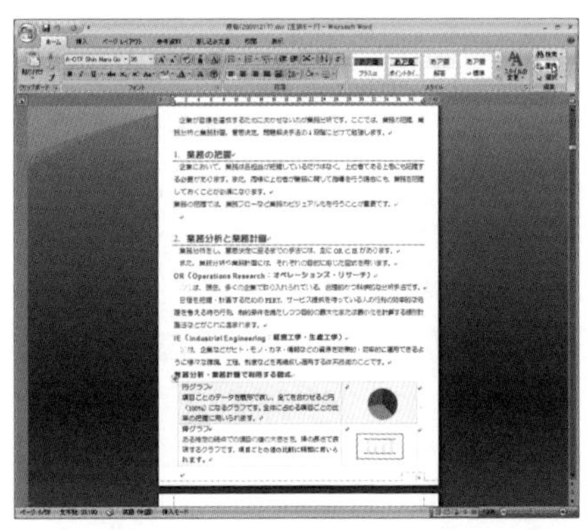

作成する文書は文字の装飾はもちろん，表の作成，図表の埋込みなども可能です。

また，文書内の任意の文字列や図表をコピー，切り取り，貼り付けすることもできるのが大きな特徴で，コピーや切り取りをしたものは，**クリップボード**と呼ばれる領域に一時的に保存され，その内容の貼り付けを何度も繰り返すことができます。

アプリケーションソフトウェアの代表的なもので，現在ではほとんどのコンピュータにインストールされています。

3. 表計算ソフト

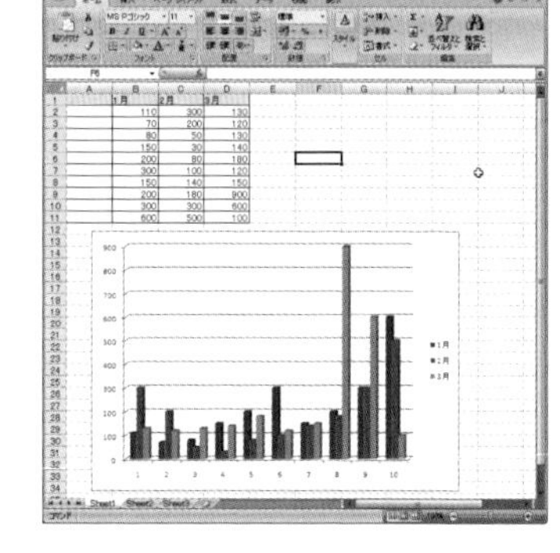

数値データの集計や分析などを行うためのソフトウェアです。

セルと呼ばれるマス目に入力した数値を元に計算を行うのが一般的です。例えば，セルC3にセルA1の値からセルB1の値を足した値を表示する場合には，セルC3に「=A1+B1」と入力します。すると，その計算式の結果がC3に表示されます。

また，**関数**と呼ばれる組込みの数式も用意されており，簡単に集計や分析を行うこともできます。

代表的な関数は，SUM（加算），AVERAGE（平均），MAX（最大値），MIN（最小値），IF（条件）などです。例えば，セルC3に「=AVERAGE(A1:B1)」という関数を入力すると，セルA1とセルB1の平均値がセルC3に表示されます。

離れた**セルの参照**や別ファイルにあるデータの**セルへの代入**といった機能や，計算や分析に利用するデータの選択・追加・削除も可能です。

表計算ソフトはその名の通り，数値を表形式にまとめるため，行単位や列単位での数値の挿入や，数値を基準にした行や列の並べ替え，数値の検索や絞り込みもできます。

また，表を元にした**グラフの作成機能**により，より視覚的な表現も可能になっています。

4. プレゼンテーションソフト

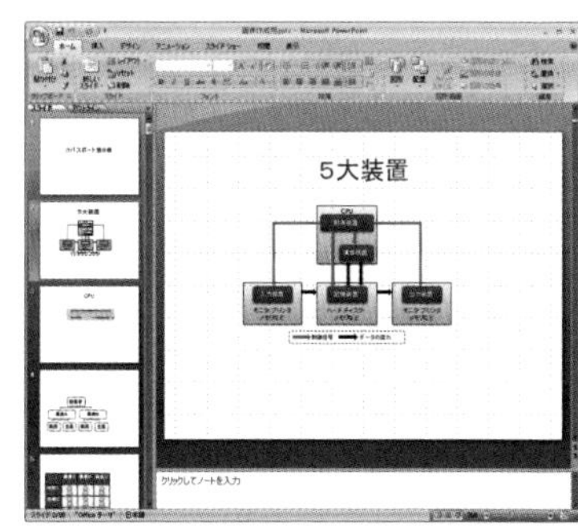

スライド形式の資料を作成，プレゼンテーションに利用できるアプリケーションソフトです。情報を視覚的に表現する際によく利用されます。

スライドの作成には，文書の入力などの基本機能の他，デザイン面での機能が充実していて，フォントの選択，図形の作成，画像の取込み，発表時に利用するアニメーションの設定などが行えます。

また，1つのファイルを，発表用のプロジェクタなどの大画面出力だけでなく，配布資料用としても印刷できる点も特徴です。

5. WWWブラウザ（Webブラウザ）

WWWブラウザは，インターネット上のWebサイトを閲覧するためのアプリケーションソフトウェアです。様々なWebブラウザが存在しますが，そのほとんどが無償で提供されています。

Webサイトの閲覧の他に，Webサイトでの情報検索やインターネットショッピング，コミュニケーションなど様々なシーンで利用されています。

また，一部のシステムではクライアントのインタフェースにも利用されています。

Webサイトでの検索

Webブラウザには，Webサイトの閲覧の他，**検索サイト**などを利用して情報を検索できるという利点を持っています。

検索したい情報に関する言葉（キーワード）を検索窓と呼ばれる入力欄に書き込み，実行ボタンを押すことで，インターネット上にある関連サイトが一覧で表示されます。

ただし，一般的な単語で検索した場合，大量のWebサイトが表示されるため，必要に応じて検索条件の絞り込みを行います。代表的な絞り込み検索の手法は次の通りです。

- AND検索（A　BまたはA and B：ABの両方を含んだ検索）
  複数のキーワードをすべて含んだ検索を行います。
  キーワードの間にスペースまたは「 **and** 」を入力します。
- OR検索（A or B：AかBのどちらかを含んだ検索）
  複数のキーワードのいずれかを含んだ検索を行います。
  キーワードの間に「 **or** 」を入力します。
- NOT検索（A not B：Aを含むものの中でBは含まれない検索）
  複数のキーワードのうちいずれかを含み，かつ，残りのキーワードは含まない情報の検索を行います。
  キーワードの間に「 **not** 」を入力し，notの前のキーワードを含み，かつ，notの後ろのキーワードを含まない検索結果が表示されます。

プラス α

オフィスソフトウェアなどをインターネット上で提供し，ユーザーはWWWブラウザを介して利用できる**クラウド**と呼ばれる技術が注目を浴びています。
ワープロソフトや表計算ソフトのほか，メールソフトや画像描画ソフトなどもクラウド技術を用いたサービスが増えてきています。
クラウド技術により提供されるソフトウェアは，コンピュータへのソフトウェアのインストールが必要ないので，利用するコンピュータが変わっても，いつも同じソフトウェアが利用できるメリットがあります。
一方で，インターネットに必ず接続していなければならないこと，周辺機器との連携が完全ではないことなどの制約も存在します。

✎サンプル問題

マルチメディアオーサリングツールの利用目的はどれか。

ア　画像，音声，文字などの素材を組み合わせて，マルチメディアコンテンツを作成する。
イ　画像，音声，文字などのマルチメディア情報を扱うネットワーク環境を構築する。
ウ　画像，音声，文字などのマルチメディア情報をインターネットで検索する。
エ　画像，音声，文字などのマルチメディア情報からなるデータベースを構築する。

（ITパスポートシラバス　サンプル問題53）

解答：ア
ア　正解です。マルチメディアコンテンツを制作するソフトウェアの総称です。
イ　ネットワーク環境の構築には利用しません。
ウ　インターネットの検索で利用するのはWWWブラウザです。
エ　データベースを構築するのはデータベースソフトウェアと呼ばれるソフトウェアで，マルチメディアオーサリングツールには含まれません。

□ 8-3-4　オープンソースソフトウェア

ソフトウェアには様々なライセンス体系（使用許諾の種類）が存在します。ここでは，無償で利用できるオープンソースソフトウェアに注目して学習します。

1. オープンソースソフトウェア（OSS）

オープンソースソフトウェア(OSS)の特徴

一般的にオープンソースソフトウェアは，ソフトウェアの**ソースコード**を無償で公開し，改良や再配布を制限しない，無保証のソフトウェアと認識されています。OSSは，ただ単に無償のソフトウェアであるというだけではありません。

OSSにはいくつもの定義があり，その定義に従って利用する範囲においてのみ，無償でソフトウェアを利用できます。オープンソースソフトウェアの標準化団体である**OSI**（The Open Source Initiative）が定める定義は次の通りです。

OSSの定義

1. 再頒布の自由
2. ソースコードでの頒布の許可
3. 派生ソフトウェア頒布の許可
4. 作者のソースコードの完全性
5. 個人やグループに対する差別の禁止
6. 利用する分野に対する差別の禁止
7. 再頒布時の追加ライセンスへの同意要求の禁止
8. 特定製品でのみ有効なライセンスの禁止
9. 他のソフトウェアを制限するライセンスの禁止
10. 技術的な中立性の確保

オープンソースライセンス

OSSには，OSSの定義にあった数十ものライセンス形態が存在します。最も一般的なライセンスが**GPL**（General Public License）と**LGPL**（Lesser General Public License）です。

GPLとLGPLは，フリーソフトウェア財団のGNUプロジェクトによって作成されたもので，OSS定義を最も実現できるライセンスの1つといわれ，多くのOSSはこれらのライセンスを使用しています。

オープンソースソフトウェア(OSS)の種類

現在，私たちは多種多様なオープンソースソフトウェアを利用することができます。代表的なものは次の通りです。

主なオープンソースソフトウェア

名称	分類	説明
リナックス Linux	OS	GPLライセンスのオープンソースOSです。 元々はOSの基本機能を実装したソフトウェアであるカーネルでしたが，シェルと呼ばれるプログラムなどを含んだディストリビューションと呼ばれる派生版も多数存在します。
オープンオフィス OpenOffice.org	オフィスソフト	LGPLライセンスのオフィスソフトウェア群です。ワープロ，表計算，プレゼンテーション，データベース，描画など多数のソフトウェアが含まれています。
ファイアフォックス Firefox	WWWブラウザ	非営利公益法人Mozillaが開発した，WWWブラウザです。アドオンを利用して機能を追加できる点が特徴です。
アパッチ Apache HTTP Server	Webサーバ	Apacheソフトウェア財団が作成した，世界中で使われているWebサーバソフトウェアです。同財団は様々なソフトウェアを開発していますが，通常はApacheという場合はApache HTTP Serverを指します。
マイエスキューエル MySQL	データベース	オラクルが提供するデータベース構築・管理ソフトウェアです。Webサーバ上でのデータベース利用などで広く使われています。
ワードプレス WordPress	ブログシステム	ブログ(日記)システムのOSSとして世界中で利用されています。 Webサーバ上での利用にはMySQLなどのデータベースが必要です。

✎サンプル問題

オープンソースソフトウェアを利用することによるメリットはどれか。

ア　サポートを含め，無償で利用することができる。

イ　ソースコードを自由に改良することができる。

ウ　ソフトウェアに脆弱性がないので，セキュリティが確保できる。

エ　どのOS上でも動作させることができる。

（ITパスポートシラバス　サンプル問題54）

解答：イ

ア　通常，オープンソースソフトウェアの利用にサポートは含まれません。

イ　正解です。自由な改良は認められていますが，ソースコードは公開する必要があります。

ウ　脆弱性がないとは言い切れません。

エ　利用できるOSは，ソフトウェアにより異なります。

COLUMN

オープンソースは，ここ数年のソフトウェアのトレンドといえる考え方であり，数年前に比べて，格段に認知度が向上しています。
しかし，公式なサポートを受けられないといった点を気にして，仕事の現場などにはまだまだ普及が進んでいないのが現状のようです。

一方，コンピュータに詳しい個人や一部の開発者には広く普及しており，結果としてオープンソースは専門家に近い人が利用するやや扱いが難しいソフトウェアという印象ができてしまっている点が指摘されます。

実際に扱ってみると，多くのオープンソースソフトウェアは，インタフェースも洗練されており，コンピュータにあまり詳しくないユーザーでも扱いやすいものが多いことに気付きます。
これを機会に，まだ扱ったことがない方も，何か1つオープンソースソフトウェアを使ってみてはいかがでしょうか。

✎練習問題

問1

Webサイトからファイルをダウンロードしながら，その間に表計算ソフトでデータ処理を行うというように，1台のPCで，複数のアプリケーションプログラムを少しずつ互い違いに並行して実行するOSの機能を何と呼ぶか。

ア　仮想現実

イ　デュアルコア

ウ　デュアルシステム

エ　マルチタスク

(ITパスポート試験　平成29年春期　問73)

問2

図に示すような階層構造をもつファイルシステムにおいて，＊印のディレクトリ(カレントディレクトリ)から "..¥..¥DIRB¥Fn.txt" で指定したときに参照されるファイルはどれか。ここで，図中の　ディレクトリ名を表し，ファイルの指定方法は次のとおりである。

〔指定方法〕

(1) ファイルは "ディレクトリ名¥…¥ディレクトリ名¥ファイル名" のように，経路上のディレクトリを順に "¥" で区切って並べた後に "¥" とファイル名を指定する。

(2) カレントディレクトリは "." で表す。

(3) 1階層上のディレクトリは ".." で表す。

(4) 始まりが "¥" のときは，左端のルートディレクトリが省略されているものとする。

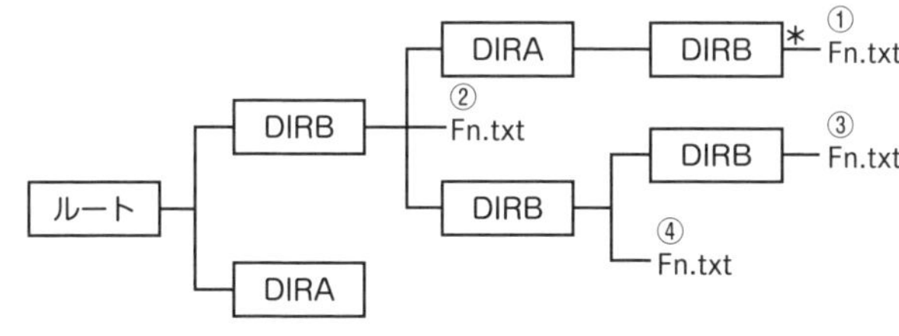

ア　①のFn.txt

イ　②のFn.txt

ウ　③のFn.txt

エ　④のFn.txt

(ITパスポート試験　平成28年秋期　問75)

問3

毎週日曜日の業務終了後にフルバックアップファイルを取得し，月曜日〜土曜日の業務終了後には増分バックアップファイルを取得しているシステムがある。水曜日の業務中に故障が発生したので，バックアップファイルを使って火曜日の業務終了時点の状態にデータを復元することにした。データ復元に必要なバックアップファイルを全て挙げたものはどれか。ここで，増分バックアップファイルとは，前回のバックアップファイル(フルバックアップファイル又は増分バックアップファイル)の取得以降に変更されたデータだけのバックアップファイルを意味する。

ア　日曜日のフルバックアップファイル，月曜日と火曜日の増分バックアップファル

イ　日曜日のフルバックアップファイル，火曜日の増分バックアップファイル

ウ　月曜日と火曜日の増分バックアップファイル

エ　火曜日の増分バックアップファイル

(ITパスポート試験　平成28年春期　問92)

問4

ある商品の月別の販売数を基に売上に関する計算を行う。セルB1に商品の単価が，セルB3〜B7に各月の商品の販売数が入力されている。セルC3に計算式"B$1＊合計(B$3:B3)／個数(B$3:B3)"を入力して，セルC4〜C7に複写したとき，セルC5に表示される値は幾らか。

	A	B	C
1	単価	1,000	
2	月	販売数	計算結果
3	4月	10	
4	5月	8	
5	6月	0	
6	7月	4	
7	8月	5	

ア　6　　　イ　6,000　　　ウ　9,000　　　エ　18,000

(ITパスポート試験　令和元年秋期　問76)

問5

OSS(Open Source Software)に関する記述のうち，適切なものはどれか。

ア　高度な品質が必要とされる，医療分野などの業務での利用は禁じられている。

イ　様々なライセンス形態があり，利用する際には示されたライセンスに従う必要がある。

ウ　ソースコードがインターネット上に公開されてさえいれば，再頒布が禁止されていたとしてもOSSといえる。

エ　有償で販売してはならない。

(ITパスポート試験　平成29年秋期　問100)

練習問題の解答

問1　解答：エ

OSには、同時に1つのアプリケーションソフトウェアしか実行できないシングルタスクのOSと複数のアプリケーションソフトウェアが実行できるマルチタスクのOSが存在します。

ア　VR（バーチャルリアリティ）とも呼ばれる実在しない空間があるような現実感を人工的に作る技術の総称です。

イ　2つのコアがあるデュアルコアプロセッサの説明です。

ウ　同じ構成の2つのシステムで同じ処理を行うシステム構成の説明です。

問2　解答：エ

〔指定方法〕に従って追っていきます。

① ..　*のディレクトリ「DIRB」の1階層上である「DIRA」

② ¥..　①の1階層上である「DIRB」

③ ¥DIRB　②の下にある「DIRB」

④ ¥Fn.txt　③の「DIRB」ディレクトリ内のFn.txt＝④

以上より、参照するファイルはエの④のFn.txtが正解となります。

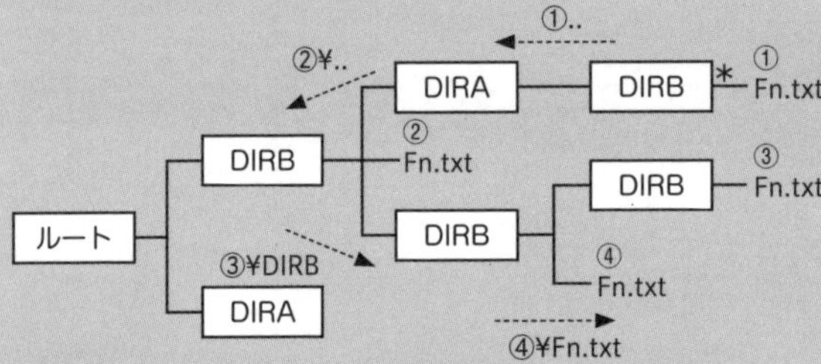

問3　解答：ア

フルバックアップは、その時点でのデータベース全体を保存するバックアップです。一方、増分バックアップは、問題文のとおり、前回のバックアップファイル(フルバックアップファイル又は増分バックアップファイル)の取得以降に変更されたデータだけのバックアップになります。

本問では、水曜日に故障が発生したため、火曜日まで業務内容が反映されたデータベースを復元します。

つまり、日曜日の時点でのフルバックアップに、月曜日と火曜日の業務終了後に行った増分バックアップのファイルが必要になることがわかります。

問4　解答：イ

表計算ソフトでは、セルを参照した式をコピーした場合，同じ方向に同じ数だけ参照先のセルも移動する相対参照になります。この時，参照するセルを動かさないためには、セル番地の行列番号それぞれに$マークを付けることでオ呈することができます。

セルC3には，"B$1＊合計(B$3:B3)／個数(B$3:B3)"と式が書かれており，最初のセルB1の行番号，および合計と個数の関数の始点となるセルB3の行番号も固定されていることが分かります。

一方で，各関数の参照先の終点となるセルには$マークがなく，下方向にコピーした際に，行が移動することが分かります。

以上より，セルC5の式は、，"B$1＊合計(B$3:B5)／個数(B$3:B5)"になることが分かります。これを計算すると，1,000×18／3=6,000となり，イが正解となります。

問5　解答：イ

OSS（オープンソースソフトウェア）は無償で利用できるソフトウェアですが、様々なライセンス形態に従う必要があります。

ア　OSSは業種による制限はかけてはいけません。

ウ　OSSの各ライセンスでは再配布の許可が求められています。

エ　ソフトウェア自体は無償ですが、サポートなどを含めて有償で提供することは問題ありません。

8-4 ハードウェア

僕はパソコンの自作が趣味だからここは余裕だね!

ここでは専門的な用途の装置も扱うから油断しないでね。

□ 8-4-1　ハードウェア

コンピュータの内部で働くソフトウェアに対し，コンピュータそのもの，コンピュータを支えるパーツや周辺機器など物体として存在するものを総称してハードウェアと呼びます。

1. コンピュータ

コンピュータは，その性能や役割に応じていくつかに分類されます。

PC(パーソナルコンピュータ)

PC(パーソナルコンピュータ)は，個人向けの安価なコンピュータです。

近年，性能面ではサーバや汎用コンピュータ並の処理が可能になりましたので，ユーザーが個人であること，利用するOSやソフトウェアが個人向けであることなどを前提にPCとサーバを区別しています。PCは形によって次のように分類されます。

● デスクトップPC

机に据え置きの状態で利用するPCで，本体とモニタやキーボードは外部接続の形式をとります。メンテナンス性が高く，比較的安価であることが特徴です。本体にはタワー型，スリム型などの種類があります。

本体とモニタが1つになっていて省スペースの**一体型PC**も増えています。

● ノートブックPC

ノート状の形態で，本体，キーボード，モニタが1つなっているPCです。一般的にモニタと本体・キーボードで半分に折り畳むことができます。

画面が大きいが重量の重い**デスクノートPC**，小さく持ち運びがしやすい**モバイルPC**などノートブックの中にもさらに分類が存在します。

サーバ

サーバは，ユーザーからの要求に対してサービスを提供するシステムのこと，またそのシステムを導入し実行するためのコンピュータを指します。

前述のクライアントサーバシステムにあるサーバという用語がそのまま，その役割を果たすコンピュータの総称としても使われています。これに対し，サーバに接続するPCを**クライアント**とも呼びます。

サーバは，複数のユーザーからの要求に答えなければならないため，CPU性能やメモリ容量，HDD容量などの基本的な性能がPCに比べて優れているのが一般的です。

タワー型のものの他に，1つの筐体（きょうたい）に複数の薄型の本体を差し込んで利用する**ブレードサーバ**と呼ばれる形も存在します。

汎用コンピュータ（メインフレーム）

PCも汎用のコンピュータといえますが，ここでPCと区別される汎用コンピュータは，科学技術計算や商用計算など，一度に大量のデータを扱えるコンピュータを指します。

メインフレームや**ホストコンピュータ**とも呼ばれます。

なお，スーパーコンピュータは高度な科学技術計算に特化した高速処理を行えるコンピュータを指し，汎用コンピュータとは区別されます。

携帯情報端末（PDA：Personal Digital Assistant）

小型で持ち運びができ，OSなどコンピュータの機能を内蔵したものを，携帯情報端末（PDA：Personal Digital Assistant）と呼びます。現在では，PDAに携帯電話機能を含んだ**スマートフォン**が広く普及しています。

スマートフォンは，インターネットや**GPS（Global Positioning System）**を活用した地図，カメラ機能，マルチメディアの再生などのエンターテイメント機能の充実が図られています。また，腕時計型など身に付ける形状でスマートフォンなどの機能やセンサを搭載した**ウェアラブル端末**も普及し始めています。

> **プラスα**
>
> **タブレット端末**
>
> タブレットコンピュータとも呼ばれる，板状のコンピュータで，タッチパネルをディスプレイとして備えたオールインワン型のコンピュータです。
>
> 近年，急速に普及し，PCと携帯電話やスマートフォンの中間に位置する情報端末として人気を獲得しています。

スマートデバイス

あらゆる用途に使用可能な多機能端末の総称です。
明確な定義はなく，現在は一般的にスマートフォンやタブレット端末，一部のウェアラブルコンピュータなどがスマートデバイスと呼ばれています。

2. 入出力装置

コンピュータは，様々な入出力装置を接続して，処理の指示や処理結果の表示を行います。それぞれの装置の特徴についてまとめます。

キーボード

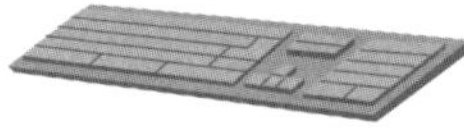

キーボードは，主に文字入力に利用される入力装置です。

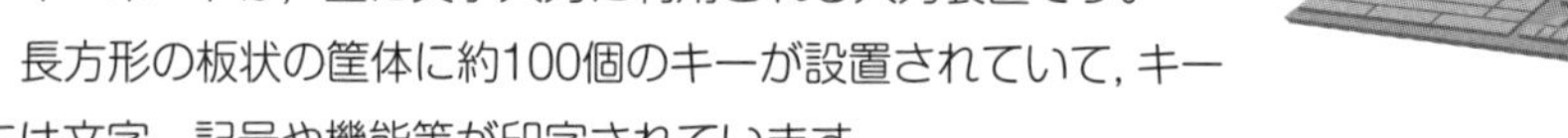

長方形の板状の筐体に約100個のキーが設置されていて，キーには文字，記号や機能等が印字されています。

キーを押すことで，割り当てられた文字や機能がコンピュータに入力されます。また，特殊機能が割り当てられたキーと組み合わせて他のキーを押すことで，文字入力方式の切替や特殊な処理を行うこともできます。

以前は**PS2**と呼ばれるインタフェースで接続されているものがほとんどでしたが，現在はUSB，Bluetoothなどの無線通信での接続に対応しているものが多くなっています。

マウス

マウスは，形状がネズミに似ていることからその名がついた，主にカーソルを操作するために利用される入力装置です。

マウスを手元で動かすことで，その動きに応じて画面上のカーソル（矢印）も動きます。カーソルが動いた先のアイコンを指定するには，マウスにあるボタンを押します。この操作を**クリック**といいます。必要に応じて，2回クリックする**ダブルクリック**，主にサブメニューを表示する右クリックなどを使い分けます。

元々，左右2つのボタンが搭載されますが，最近では3つ以上のボタンや**ホイール**と呼ばれる前後に回転できるボタンを搭載したマウスが多くなっています。

キーボードと同様に，以前はPS2で接続されていましたが，最近ではUSBや無線通信での接続に対応しているものが多くなっています。

タブレット

タブレットは，板状の筐体の上で，付属の特殊ペンを動かすことで，カーソルやソフトウェアの動作を行う入力装置です。

イラストやプレゼンテーションなどでよく利用されています。最近では，タブレットにモニタ機能を搭載したものも出てきています。

イメージスキャナ

イメージスキャナは，文書や画像をディジタル静止画像にしてコンピュータに送る入力装置です。ガラス板の上にディジタル化する対象を置き，外光を遮断するカバーを閉めて，光をつかって対象を画像として読み込みます。

読み込んだ画像はUSBまたはIEEE1394などで接続されたコンピュータに送られて，画像ファイルとして処理されます。

また，画像からテキスト情報を読み込んで，コンピュータ上で編集可能なテキスト情報として変換する**OCR**（Optical Character Reader：光学式文字読取装置）という機能を搭載したものも存在します。

タッチパネル

タッチパネルとは，ユーザーが直接モニタを指やタッチペンと呼ばれる特殊なペンで触り，コンピュータの操作を行うことができる入力装置です。画面上にあるアイコンなどに直接触ることで，マウスのクリックと同じ処理を行います。

以前は，タッチパネルに対応したシステムやモニタが非常に高価で，一般家庭にはなかなか普及しませんでしたが，近年ではWindowsをはじめとするOSがタッチパネルに標準対応，モニタも安価になってきたこともあり，徐々に家庭に広がってきています。

また，PCに先駆けて，携帯情報端末では，タッチパネルを採用したコンピュータが既に数多く販売されています。

バーコードリーダ

バーコードリーダは，JANコードなどのバーコードから情報を読み取ってコンピュータに送る入力装置です。

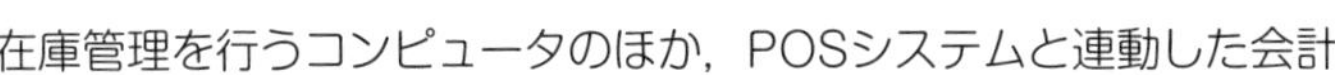

在庫管理を行うコンピュータのほか，POSシステムと連動した会計

レジでの処理などにも利用されています。

また，QRコードのバーコードリーダは携帯電話のカメラ機能を利用したものが多く，**モバイルサイト**（携帯電話向けのWebサイト）への誘導などに利用されています。

Webカメラ

PCと接続，あるいはPCに内蔵された小型のビデオカメラです。

撮影された映像はほぼリアルタイムで保存・送信が可能なため，ビデオチャットなどで利用されています。

ディスプレイ（モニタ）

出力装置の代表的なもので，1台のコンピュータに対し1つのディスプレイを利用するのが一般的ですが，2台のディスプレイを繋（つな）いで作業領域を広くする**デュアルディスプレイ**や，逆にサーバなどでは複数台のコンピュータで1台の監視用モニタを利用する場合もあります。

以前は，ブラウン管式の**CRTディスプレイ**が広く使われていましたが，現在は**液晶ディスプレイ**の利用が広がっています。

ディスプレイのサイズも拡大しており，数年前まで15インチが一般的でしたが，現在では19インチ以上のモニタが安価に手に入るようになっています。

画面で表示できる情報量（**画素数**）を表す**画面解像度**も大きくなっています。画面解像度は，縦横それぞれに表示できる**画素**という最小単位がいくつ表示できるかを表したもので，大きければ大きいほど，より広く画面を利用することができます。

主な画面解像度

名称	サイズ	総画素数
VGA	640×480	307,200
SVGA(Super-VGA)	800×600	480,000
XGA	1024×768	786,432
WXGA (Wide XGA)	1280×768など	983,040
SXGA(Super-XGA)	1280×1024	1,310,720
UXGA (Ultra-XGA)	1600×1200	1,920,000
WUXGA (Wide Ultra-XGA)	1920×1200	2,304,000

> **プラス α**
> テレビのCMなどでよく耳にするHDTV，フルHD（フルハイビジョン）も画面の解像度を表す言葉です。
> HDTVは1280×720，フルHDは1920×1080の解像度を表しています。

プロジェクタ

出力装置のひとつで，画像や映像を大型スクリーンなどに投影することにより表示します。コンピュータとは，VGA端子やHDMIなどディスプレイで利用するインタフェースを利用します。

プリンタ

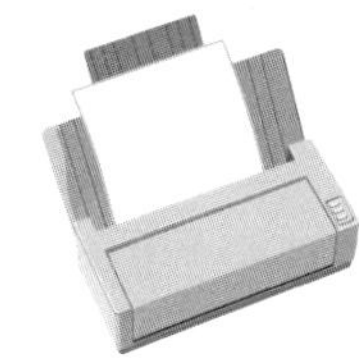

プリンタは，ディスプレイと並んで代表的な出力装置です。コンピュータ上のデータを紙に印刷出力します。

白黒印刷しか行えないプリンタをモノクロプリンタ，カラー印刷を行うプリンタをカラープリンタと呼びます。

また，印刷方式によっても分類があります。

印刷方式によるプリンタの分類

名称	説明
インクジェットプリンタ	非常に小さなノズルからインクを噴射し，紙に着色する方式をとります。比較的安価なため，家庭用として最も普及しています。
レーザープリンタ	感光ドラムにレーザー光線をあてて発生する静電気でトナーとよばれる色の粉を吸着させて印刷する方式をとります。比較的高速な印刷が可能ですが，若干高価です。最近では家庭用としても普及し始めています。
ドットインパクトプリンタ	ピン（針）でカーボンを塗布したインクリボンを叩き，たくさんの点（ドット）の集合を使って印刷する方式です。伝票の複写などに利用しますが，フルカラー印刷にはほぼ対応していません。
サーマルプリンタ	感熱紙に印刷を行う感熱式プリンタと，インクリボンを利用する熱転写プリンタがあります。熱を利用した印刷方式です。
3Dプリンタ	3DCGデータを元に，立体を印刷することができます。箱状のプリンタ内で粉末状の素材を積み上げるように印刷します。

✎サンプル問題

移動方向と距離を検出し，画面上のカーソル移動に反映させる入力装置はどれか。

ア　キーボード　　イ　タッチパネル　　ウ　バーコード　　エ　マウス

(ITパスポートシラバス　サンプル問題55)

解答：エ

ア　主に文字入力に使用する入力装置です。

イ　画面に表示されているアイコンをペンや指で直接触って操作する入力装置です。

ウ　バーコードを読み取りコンピュータに情報を転送する入力装置です。

エ　正解です。

✎練習問題

問1

ブレードサーバに関する説明として，適切なものはどれか。

ア　CPUやメモリを搭載したボード型のコンピュータを，専用の筐(きょう)体に複数収納して使う。

イ　オフィスソフトやメールソフトなどをインターネット上のWebサービスとして利用できるようにする。

ウ　家電や車などの機器に組み込んで使う。

エ　タッチパネル付きの液晶ディスプレイによる手書き入力機能をもつ。

(ITパスポート試験　平成29年秋期　問61)

問2

PCのキーボードのテンキーの説明として，適切なものはどれか。

ア　改行コードの入力や，日本語入力変換で変換を確定させるときに押すキーのこと

イ　数値や計算式を素早く入力するために，数字キーと演算に関連するキーをまとめた部分のこと

ウ　通常は画面上のメニューからマウスなどで選択して実行する機能を，押すだけで実行できるようにした，特定のキーの組合せのこと

エ　特定機能の実行を割り当てるために用意され，F1，F2，F3というような表示があるキーのこと

(ITパスポート試験　平成29年春期　問56)

問3

手書き文字を読み取り，文字コードに変換したいときに用いる装置はどれ。

ア　BD-R　　イ　CD-R　　ウ　OCR　　エ　OMR

(ITパスポート試験　平成27年秋期　問47)

問4

PCなどの仕様の表記として，SXGAやQVGAなどが用いられるものはどれか。

ア　CPUのクロック周波数
イ　HDDのディスクの直径
ウ　ディスプレイの解像度
エ　メモリの容量

(ITパスポート試験　平成30年秋期　問92)

問5

感光ドラム上に印刷イメージを作り，粉末インク(トナー)を付着させて紙に転写，定着させる方式のプリンタはどれか。

ア　インクジェットプリンタ
イ　インパクトプリンタ
ウ　熱転写プリンタ
エ　レーザプリンタ

(ITパスポート試験　平成28年春期　問88)

練習問題の解答

問1　解答：ア
ブレードサーバは、ボード型(平らな形状)をしたコンピュータで、ラックと呼ばれる専用の筐体に差し込むように複数台を収納して利用するサーバです。
イ　クラウドコンピューティングの説明です。
ウ　組込みシステムの説明です。
エ　タブレットやスマートフォンの説明です。

問2　解答：イ
キーボードは、文字や数字、命令を入力するために利用する入力装置です。
フルサイズのキーボードの右側には、数値や計算式を素早く入力するために、数字キーと演算に関連するキーをまとめたテンキーと呼ばれる部分があります。
ア　Enterキーの説明です。
ウ　ショートカットキーの説明です。
エ　ファンクションキーの説明です。

問3　解答：ウ
文字コードへの変換とは、コンピュータ上で扱うことができるテキストデータのことを指します。手書きのデータを文字コードに変換するには、手書きの文字が書かれた紙をOCR（ウ）読み取る必要があります。
OCRは、画像内の文字情報を認識し、テキストデータに変換する装置であり、最近では独立した装置より、イメージスキャナの位置機能として提供されています。
なお、OMRはマークシートを読み取るための装置になります。

問4　解答：ウ
ア　CPUのクロック周波数は，Hz（ヘルツ）が用いられます。
イ　HDDのディスクの直径は，inch（インチ）が用いられます。
ウ　正解です。ディスプレイの解像度の単位は，ppi（ピクセル／インチ）が利用されますが，代表的な解像度は，以下のような表現も用いられます。

名称	サイズ	総画素数
VGA	640×480	307,200
SVGA（Super-VGA）	800×600	480,000
XGA	1024×768	786,432
WXGA（Wide XGA）	1280×768など	983,040
SXGA（Super-XGA）	1280×1024	1,310,720
UXGA（Ultra-XGA）	1600×1200	1,920,000
WUXGA（Wide Ultra-XGA）	1920×1200	2,304,000

問5　解答：エ
プリンタの中で、トナーと呼ばれる粉末状のインクを光によって焼き付ける形で印刷するものをレーザプリンタと呼びます。レーザプリンタは高速な印刷が可能であり、業務用を中心に普及しています。
ア　家庭用を中心に普及しているインクを非常に細かく吹き付ける形式のプリンタです。
イ　インクリボンをピンで叩くような方式で印刷するプリンタです。特殊な用紙を重ねて印刷する複写用紙などで利用されます。
ウ　ロール状のインクリボンを用紙に密着させて熱を加えることで印刷するプリンタです。

第8章　コンピュータシステム
キーワードマップ

8-1　コンピュータ構成要素

8-1-1 プロセッサ

1. コンピュータの構成　⇒5大装置
制御装置・演算装置（中央演算処理装置）
記憶装置（メモリ，ハードディスク，CD/DVD）
入力装置（キーボード，マウス，タブレットなど）
出力装置（モニタ，プリンタなど）

2. プロセッサの基本的な仕組み　⇒CPU，チップ，バス，クロック周波数，バス幅

8-1-2 メモリ

1. メモリ
- RAM　⇒揮発性，主記憶装置（メインメモリ），DRAM，SRAM
- ROM　⇒マスクROM，PROM，EPROM，EEPROM，補助記憶装置

2. 記憶媒体　⇒HDD（ハードディスクドライブ），SSD，CD，DVD，
Blu-ray Disc，フラッシュメモリ，USBメモリ，SDカード，
プラッタ，トラック，セクタ，シークタイム，RAID

3. 記憶階層　⇒レジスタ，キャッシュメモリ

8-1-3 入出力デバイス

1. 入出力インタフェース
- 入出力インタフェースのデータの扱い　⇒アナログ，ディジタル
- 入出力インタフェースの規格
⇒シリアルインタフェース，パラレルインタフェース，ワイヤレスインタフェース，USB，IEEE1394，HDMI，PCMCIA，SCSI，IrDA，Bluetooth，NFC，ホットプラグ

2. IoTデバイス　⇒センサ，アクチュエータ

3. デバイスドライバ
- デバイスドライバ　⇒プラグアンドプレイ

8-2　システム構成要素

8-2-1 システムの構成

1. 処理形態

・集中処理　・分散処理　・並列処理

2. システム構成

・デュアルシステム　・デュプレックスシステム　・シンクライアント

3. 利用形態

・対話型処理　・リアルタイム処理　・バッチ処理

4. クライアントサーバシステム

・クライアントサーバシステムの種類　⇒ファイルサーバ，プリンタサーバ，データベースサーバ

・ホスト型システムとピアツーピア型システム　⇒Webシステム

8-2-2 システムの評価指標

1. システムの性能　⇒レスポンスタイム，ターンアラウンドタイム，ベンチマーク

2. システムの信頼性　⇒稼働率

・システムの信頼性を表す指標　⇒平均故障間隔（MTBF），平均修復時間（MTTR）

・信頼性の設計　⇒デュアルシステム，デュプレックスシステム，フェールセーフ，フォールトトレランス，フールプルーフ

3. システムの経済性

・TCO（Total Cost of Ownership）　⇒初期コスト，運用コスト

8-3　ソフトウェア

8-3-1 オペレーティングシステム

1. OSの必要性　⇒基本ソフトウェア，アプリケーションソフトウェア

2. OSの機能

・ユーザー管理　⇒アカウント，ログオン，プロファイル，アクセス権

・メモリ管理

・ファイル管理　⇒ファイルフォーマット

・入出力管理

・資源管理

3. OSの種類

・MS-DOS　⇒シングルタスク方式，CUI，16ビットOS

・Windows　⇒マルチタスク方式，GUI，32ビットOS，64ビットOS

・Mac-OS

・UNIX　⇒ワークステーション

・Linux　⇒ディストリビューション，オープンソースソフトウェア

・iOS

・Android

8-3-2 ファイルシステム

1. ファイル管理　⇒ファイル共有，アクセス権設定

・ディレクトリ管理　⇒ルートディレクトリ，カレントディレクトリ，絶対パス，相対パス，ファイル拡張子

2. バックアップ　⇒世代管理

8-3-3 開発ツール

1. **ソフトウェアパッケージ** ⇒アプリケーションソフトウェア，
オフィスソフトウェア，
マルチメディアオーサリングツール
2. **ワープロソフト** ⇒クリップボード
3. **表計算ソフト** ⇒セル，関数，セルの参照，セルの代入，グラフの作成
4. **プレゼンテーションソフト**⇒スライド，アニメーション，プロジェクタ
5. **WWWブラウザ** ⇒Webサイト，AND検索，OR検索，NOT検索

8-3-4 オープンソースソフトウェア

1. **オープンソースソフトウェア**
   - OSSの特徴 ⇒ソースコード，OSI，オープンソースライセンス，GPL，LGPL
   - OSSの種類 ⇒Linux，OpenOffice.org，Firefox，ApacheHTTPServer，MySQL，WordPress

8-4 ハードウェア

8-4-1 ハードウェア

1. **コンピュータ**
   - PC ⇒デスクトップPC，ノートブックPC
   - サーバ ⇒サーバ，クライアント
   - 汎用コンピュータ ⇒メインフレーム，ホストコンピュータ
   - 携帯情報端末 ⇒PDA，スマートフォン，ウェアラブル端末，GPS，スマートデバイス
2. **入出力機器**
   - キーボード ⇒PS2インタフェース
   - マウス ⇒クリック，ダブルクリック，ホイール
   - タブレット
   - イメージスキャナ ⇒OCR
   - タッチパネル
   - バーコードリーダ ⇒モバイルサイト

・Webカメラ

・ディスプレイ　　　⇒デュアルディスプレイ，CRTディスプレイ，
液晶ディスプレイ，画素数，画面解像度

・プロジェクタ

・プリンタ　　　⇒インクジェットプリンタ，レーザープリンタ，
ドットインパクトプリンタ，サーマルプリンタ，３Dプリンタ

第9章

技術要素

1. ヒューマンインタフェース
2. マルチメディア
3. データベース
4. ネットワーク
5. セキュリティ

9-1 ヒューマンインタフェース

□ 9-1-1　ヒューマンインタフェース技術

インタフェース（interface）は，「異なる種類のものを結びつけるときの共用部分」の意味です。ここでは，コンピュータと人間を結びつけるインタフェースについて学習します。

1. ヒューマンインタフェース

ヒューマンインタフェースとは，人とコンピュータやシステムの接点となるインタフェースのことを指します。具体的には，ユーザーがコンピュータを操作する環境のことです。

ユーザーが理解しづらいヒューマンインタフェースでは操作が困難になり，非効率な状況での操作を強いることになります。結果として，誤操作などにもつながります。

2. GUI（Graphical User Interface）

GUIはグラフィック技術を活用したヒューマンインタフェースを指します。GUI技術は，ポインティングデバイスなどによる直観的な操作を可能にしました。

GUIは**ウィンドウ**と呼ばれる表示領域に，特定の動作を実行する**アイコン**をはじめとする様々な要素を表示し，ポインティングデバイスなどでの操作を実現します。

ほとんどのウィンドウには，**メニューバー**と呼ばれる各機能を分類し一覧表示する要素があります。選択対象が多い場合や補足が必要な場合などは，選択項目を垂れ下がる形で一覧表示する**プルダウンメニュー**や，情報や選択肢を別ウィンドウに表示する**ポップアップメニュー**などを利用します。操作内容を確認できる**ヘルプ機能**も重要な要素です。

ユーザーの情報や意思を伝えるための要素として，択一式の選択で利用される**ラジオボタン**や**リストボックス**，複数選択で利用される**チェックボックス**などが一般的です。

最近では，画像はアイコンの代わりに**サムネイル**という縮小画像も利用されます。

GUIの例

Microsoft社Windows7のGUI

✎サンプル問題

複数の選択肢から一つを選ぶときに使うGUI (Graphical User Interface) 部品として，適切なものはどれか。

ア　スクロールバー　　　　イ　プッシュボタン

ウ　プログレスバー　　　　エ　ラジオボタン

(ITパスポートシラバス　サンプル問題56)

解答：エ

ア　スクロールバーは表示内容がウィンドウに収まらない場合に表示されます。上下左右に表示領域を移動させる要素です。

イ　プッシュボタンは，ボタン形のアイコンで，ポインティングデバイスを上に載せた状態でクリックすることで，指定の動作を実行する要素です。

ウ　プログレスバーは，ダウンロードやファイル転送などの進行状況を横棒形式でパーセント表現する要素です。

エ　正解です。択一式の選択を行う際に利用します。

□ 9-1-2　インタフェース設計

インタフェースには，ユーザーやシステムの目的に応じていくつかの分類があり，その分類ごとの特徴に合わせた設計をする必要があります。

1. 画面・帳票設計

ユーザーによるデータ入力に関するインタフェース設計を**画面設計**，帳簿や伝票など取引の処理に関するインタフェース設計を**帳票設計**と呼びます。

画面設計

画面設計では，データ入力が自然な流れでできるように注意して設計します。

複数の画面にわたっての入力が必要な場合は，その画面遷移や共通項目の設定にも注意が必要です。設計には，画面の順序や画面の関連性を示した**画面遷移図**や，画面の階層構造を示した**画面階層図**を利用します。

画面設計の主な考慮点

- 複数の画面にわたる入力画面の場合，表示項目やメニューの配置を共通化する
- 色の使い方にルールを設ける
- 操作ガイダンスを用意する
- 元となるデータの表記順からスムーズに入力できるように入力欄を配置する
- 類似項目の入力欄を近くに配置する
- ユーザーの能力にあう入力装置（マウスやキーボード）で操作可能にする
- 特定の情報（商品コードや郵便番号など）から連携する情報を自動参照可能にする

帳票設計

帳簿や伝票など取引に関する情報を扱う**帳票**の場合，用途や出力（印刷）のサイズ，頻度，配布先，保存先，枚数，フォントなどに注意する必要があります。

また，秘密区分，帳票の上端と下端にあたる**ヘッダ**と**フッタ**の内容とデザイン，出力対象となる項目，出力するプリンタなどの設定も必要です。

出力時には，帳票の見やすさを意識して，関連項目を隣接させる，余分な情報は除いて必要最小限の情報を盛り込む，ルールを決めて帳票に統一性をもたせるといったルールに基づく設計を行います。

2. Webデザイン

Webデザインとは，Webサイト全体の色調やレイアウト，アイコンや画像，文章などを総合的にデザインすることを指します。

デザインが異なると全く伝わる印象が異なるため，Webサイトの内容や想定される閲覧者などに合わせたデザインが必要です。

また，見た目だけでなく，**ユーザビリティ**(使いやすさ)にも考慮する必要があります。

Webデザインの主な考慮点

- サイトの内容から著しく逸脱したデザインにならないように注意する
- 1ページの情報量が多い場合は，複数ページに分けてハイパーリンクを設置する
- ヘッダやフッタなど複数のページに共通する表示項目やメニューの配置を統一する
- ナビゲーション(ハイパーリンク，メニュー，ボタン)を分かりやすくする
- ページ数が多い場合は，内容によってグループ化や階層化を行う
- サイトマップと呼ばれるページの一覧を用意する
- 更新のしやすさを考慮する
- 複数種類のWWW ブラウザに対応する
- 一般的な画面解像度に収まるようにする
- 回線速度が遅い環境でもストレスを感じさせないようにする

カスケーディングスタイルシート(CSS)

カスケーディングスタイルシート(CSS)は，HTMLファイルの装飾を指示する仕様であるスタイルシートの具体的な仕様の1つで，多くのWebデザインに利用されています。
CSSを利用することで，複数のページで使われるメニューやレイアウト，文字などに統一性をもたせることができ，ページ本体のファイルであるHTMLファイル内に記述する方式とCSS単独のファイルを作成しHTMLページから参照する方式があります。
また，複数のCSSファイルを用意して，ユーザーが利用しているWWWブラウザに合わせてCSSファイルを切り替えることで，WWWブラウザ環境による表示のずれなどへの対応も可能です。

3. ユニバーサルデザイン

ユニバーサルデザインとは，年齢や文化，障害の有無や能力の違いなどにかかわらず，できる限り多くの人が快適に利用できることを目指すデザインの考え方のことを指します。

コンピュータのディスプレイに映し出される画面だけのことではなく，様々な工業製品や施設などでもユニバーサルデザインの考え方は重要視されています。

特にWebサイトのユニバーサルデザインにあたることを**Webアクセシビリティ**と呼びます。

ユニバーサルデザインの７原則

- どんな人でも公平に使えること
- 使う上で自由度が高いこと
- 使い方が簡単で，すぐに分かること
- 必要な情報がすぐに分かること
- うっかりミスが危険につながらないこと
- 身体への負担がかかりづらいこと(弱い力でも使えること)
- 接近や利用するための十分な大きさと空間を確保すること

コンピュータ分野のユニバーサルデザイン

コンピュータ分野におけるユニバーサルデザインの具体例を見ておきます。
・音声読み上げソフトに対応できるWebサイトの作成
・右クリック左クリックの入れ替えができるマウス
・声による文字入力が可能なシステム
・色覚に異常がある人でも読みとれる背景と文字色を利用した画面のデザイン
これらがユニバーサルデザインにあたります。

プラスα

コンピュータ分野以外の主なユニバーサルデザインも，私たちが普段よく目にするところにたくさん存在します。
駅前に設置されている案内板に書かれた点字や，国籍や使用言語にかかわらず理解できるよう絵で表現された案内掲示，公共施設やトイレなどに設置される手すり，高齢者や子ども向けの操作部が簡単な携帯電話などはこれにあたります。

✎サンプル問題

利用のしやすさに配慮してWeb ページを作成するときの留意点として，適切なものはどれか。

ア　各ページの基本的な画面構造やボタンの配置は，Web サイト全体としては統一しないで，ページごとに分かりやすく表示・配置する。

イ　選択肢の数が多いときは，選択肢をグループに分けたり階層化したりして構造化し，選択しやすくする。

ウ　ページのタイトルは，ページ内容の更新のときに開発者に分かりやすい名称とする。

エ　利用者を別のページに移動させたい場合は，移動先のリンクを明示し選択を促すよりも，自動的に新しいページに切り替わるようにする。

(ITパスポートシラバス　サンプル問題57)

解答：イ

ア　基本的な画面構造やボタン配置はWebサイト全体で統一した方が分かりやすくなります。

イ　正解です。構造化することでユーザーが目的の情報にアクセスしやすくなります。

ウ　開発者ではなくユーザーが分かりやすくする必要があります。

エ　自動的な移動はユーザーの意思に反する可能性があるので適切ではありません。

COLUMN

インタフェース設計と言われるとピンと来なくても，デザインの話だと分かれば理解できた人も多いのではないでしょうか。
実際，コンピュータに限らず，人の手によって作られたありとあらゆるものが，何かしらの目的や意味を持ってデザインされています。
そのように考えて，日常的にデザインを意識してみると，なかなか面白い発見があるかもしれません。

ここで扱うデザインについて共通していることは，目立つという目的よりも，ユーザーが使いやすい，理解しやすいという視点に立ったものばかりです。それを理解しておくだけでも，問題を解くための大きなヒントになるはずです。

✎練習問題

問 1

PCの操作画面で使用されているプルダウンメニューに関する記述として，適切なものはどれか。

ア　エラーメッセージを表示したり，少量のデータを入力するために用いる。

イ　画面に表示されている複数の選択項目から，必要なものを全て選ぶ。

ウ　キーボード入力の際，過去の入力履歴を基に次の入力内容を予想し表示する。

エ　タイトル部分をクリックすることで選択項目の一覧が表示され，その中から一つ選ぶ。

（ITパスポート試験　平成25年春期　問65）

問 2

キーボード入力を補助する機能の一つであり，入力中の文字から過去の入力履歴を参照して，候補となる文字列の一覧を表示することで，文字入力の手間を軽減するものはどれか。

ア　インデント

イ　オートコンプリート

ウ　オートフィルタ

エ　ハイパリンク

（ITパスポート試験　平成29年秋期　問58）

問 3

ブログにおけるトラックバックの説明として，適切なものはどれか。

ア　一般利用者が，気になるニュースへのリンクやコメントなどを投稿するサービス

イ　ネットワーク上にブックマークを登録することによって，利用価値の高いWebサイト情報を他の利用者と共有するサービス

ウ　ブログに貼り付けたボタンをクリックすることで，SNSなどのソーシャルメディア上でリンクなどの情報を共有する機能

エ　別の利用者のブログ記事へのリンクを張ると，リンクが張られた相手に対してその旨を通知する仕組み

（ITパスポート試験　令和元年秋期　問69）

問4

Webサイトを構築する際にスタイルシートを用いる理由として，適切なものはどれか。

ア　WebサーバとWebブラウザ間で安全にデータをやり取りできるようになる。

イ　Webサイトの更新情報を利用者に知らせることができるようになる。

ウ　Webサイトの利用者を識別できるようになる。

エ　複数のWebページの見た目を統一することが容易にできるようになる。

（ITパスポート試験　平成31年春期　問81）

問5

文化，言語，年齢及び性別の違いや，障害の有無や能力の違いなどにかかわらず，できる限り多くの人が快適に利用できることを目指した設計を何というか。

ア　バリアフリーデザイン

イ　フェールセーフ

ウ　フールプルーフ

エ　ユニバーサルデザイン

（ITパスポート試験　平成27年秋期　問61）

練習問題の解答

問1　解答：エ

プルダウンメニューは、選択対象が多い場合や補足が必要な場合などに、タイトル部分をクリックすることで選択項目の一覧が垂れ下がる形で表示され、項目を選択するGUI要素です。

ア　ダイアログボックスの説明です。

イ　チェックボックスの説明です。

ウ　オートコンプリート機能の説明です。

問2　解答：イ

キーボードの入力を補助する目的で、一部の文字を入力した時点で入力候補を表示する機能をオートコンプリートと呼びます。

オートコンプリートは過去の入力履歴の他に、昨今ではインターネット上で頻繁に入力されるキーワードなどを表示することも可能になっています。

ア　入力エリアの左右の端から指定の幅だけ入力文字をずらす機能です。

ウ　入力した文字に間違いや省略文字(©など)がある場合に、自動的に修正する機能です。

エ　文字列や画像をクリックすると指定のページなどに画面をジャンプさせる機能です。

問3　解答：イ

ア　コメント投稿サービスの説明です。

イ　ソーシャルブックマークの説明です。

ウ　ソーシャルボタンと呼ばれる機能の説明です。

エ　正解です。トラックバックは，自身のブログに別のブログの記事へリンクを張り，その記事への意見などを投稿する際に利用します。この時，リンクを張られた側にも通知がされます。

問4　解答：エ

スタイルシート（CSS）は，HTMLファイルの装飾を指示する仕様であるスタイルシートの具体的な仕様の１つで，多くのWebデザインに利用されています。
CSSを利用することで，複数のページで使われるメニューやレイアウト，文字などに統一性をもたせることができます。ページ本体のファイルであるHTMLファイル内に記述する方式とCSS単独のファイルを作成しHTMLページから参照する方式があります。

問5　解答：エ

文化，言語，年齢及び性別の違いや，障害の有無や能力の違いなどにかかわらず，できる限り多くの人が快適に利用できることを目指した設計をユニバーサルデザインと呼びます。
ソフトウェアのインタフェース設計やWebデザインなどのユーザインタフェースにおいて取り入れられる考え方です。
なお、ユニバーサルデザインは、IT分野に限ったものではなく、多くの工業製品や建築などでも取り入れられる考え方です。

ア　バリアフリーデザインは，建築などにおいて障がい者にとって障壁（バリア）になるものを取り除く設計思想です。

イ　フェールセーフは，システムの一部に障害が発生した際に、安全を第一に考えシステムを安全に停止させる設計手法です。

ウ　フールプルーフは，システム設計時に人の操作ミスを想定し大きな障害などにつながらないようにする設計手法です。

COLUMN

GUIの開発によりコンピュータに触れる人は格段に増えましたが，GUIを有効利用するために必要なマウスの開発は意外と話題に上りません。
最初のマウスは1961年に発表され，以降，少しずつ形を変えながら発展をしてきました。

特に，接続方式とマウスの背面のセンサー部の変化は目覚ましい反面，新しい方式が出てもなお，以前からの方式も変わらず利用され続けるという，他の外部装置にはあまりない少し特殊な経過をたどっています。

一般的にPCが広く普及を始めた頃のマウスはPS2方式のインタフェースで，センサー部は小さなボールの転がりによって感知するものでした。
その後，接続方式はUSB，無線，Bluetoohtと選択肢が増え，センサー部も光学式，レーザー式と発展しています。
しかし，それぞれの特徴によって，適している環境が異なるため，今もなお，様々なマウスが混在しています。

いずれにしてもGUIを支える大きな役割を担い続けてきたマウスですが，今後は画面に直接触れて操作するタッチパネルの普及も進み，徐々に役割に変化がおこってくるかもしれませんね。

9-2 マルチメディア

□ 9-2-1　マルチメディア技術

コンピュータの性能向上やインターネット回線の高速化に伴い，コンピュータによるマルチメディアの利用が進んでいます。ここでは，マルチメディアについて学習します。

1. マルチメディア

マルチメディアとは，文字情報，静止画像，動画，音声といった複数の種類の情報を統合的に扱うメディアを指します。元データがアナログ情報の場合には，コンピュータ上で扱うためにディジタル化する必要があります。

特にインターネット分野でのマルチメディア利用の発展は顕著で，以前は文字と静止画だけのものが一般的だったインターネット上で扱う情報（**Webコンテンツ**）は，動画やアニメーションを取り入れたものに変わってきています。

動画配信技術では，**ストリーミング**技術によって，長時間の動画の配信も可能になっています。ストリーミング技術自体は以前から存在しましたが，インターネット回線が低速であったためデータを軽量化する必要があり，結果として画質の悪い小さな画面サイズでの配信に限られていました。しかし，**光ファイバー（FTTH）**の普及や既存回線の高速化が進むことで，一般の家庭でも気軽に利用できるようになりました。

また，マルチメディア情報を他のユーザーに配信するサービスも充実してきており，個人で撮影した写真や動画，音楽などの配信もさかんになってきています。

同様に，音楽配信や動画配信によって収益を上げる新しい形のインターネット販売（eコマース）も増えています。

プラスα

ハイパーメディア

マルチメディアを拡張した概念で，ハイパーテキストと呼ばれる文字情報を主体に画像や音声などを含めたものを指します。

2. マルチメディアのファイル形式

主なマルチメディアファイル形式

静止画，動画，音声といったマルチメディア技術の中で扱われるファイル形式は，圧縮方式や表現の幅などの特徴が異なります。代表的なものは次の通りです。

	形式	説明	圧縮
静止画	GIF（ジフ）	8ビットカラー（256色）の表現が可能な静止画像のファイル形式です。非常に容量が軽く，透過表現や簡易アニメーションも可能なため，Webサイトでよく利用されます。	可逆圧縮
	PNG（ピング）	GIFの拡張版で，24ビットカラー（約1677万色）の表現が可能な静止画像のファイル形式です。	可逆圧縮
	JPEG（ジェイペグ）	24ビットカラー（約1677万色）の表現が可能な静止画像のファイル形式です。Webサイトや写真などによく利用されます。	非可逆圧縮
動画	MPEG-2（エムペグ）	DVD-Videoなどで利用されている動画のファイル形式です。標準的なテレビからHDTVと呼ばれる高精細度テレビまで幅広く利用されています。	非可逆圧縮
	MPEG-4（エムペグ）	圧縮率が高く，携帯情報端末での再生やインターネット配信などで利用される動画ファイル形式です。	非可逆圧縮
	FLV	米Adobe社が規定する動画ファイル形式です。再生には専用のプレイヤーが必要ですが非常に普及率も高く，インターネット上での動画配信やアニメーション表現で広く利用されています。	非可逆圧縮
音声	MP3（エムピー）	圧縮率の高い音声ファイル形式です。多くの携帯音楽プレイヤーで利用できます。	非可逆圧縮
	MIDI（ミディ）	電子楽器で利用する音程，音色，強弱や拍，小節などの情報を含む楽譜にあたるファイルで，正確には電子楽器同士を接続するための通信規格に相当するものです。	—
文書	PDF	無料の専用リーダーを利用することでレイアウトやフォントなどの再現性を高めた電子文書フォーマットです。	—

DRM(Digital Rights Management：ディジタル著作権管理)

デジタルデータの著作権管理に役立てられる技術です。インターネット上で配信するコンテンツやCD・DVDなどのメディアに保存されたデータの不正コピー防止などに役立てられています。
代表的なDRM技術である**CPRM**(Content Protection for Recordable Media)は，1度だけ録画可能なテレビ番組の記録に利用されます。この技術により，他のメディアへのダビング(コピー)を禁止するコピーワンスを実現します。

動画のファイルの仕組み

動画ファイルは，静止画を連続して表示する，いわゆるパラパラ漫画の方式によって映像を表示します。

この動画を構成する1枚1枚の静止画を**フレーム**と呼び，**フレームレート**(単位時間あたりのフレーム数)によって，動画の滑らかさが決定します。一般的に，1秒あたりのフレーム数は10〜30フレーム程度で利用されています。

例えば，1秒あたり24フレームの動画のフレームレートは，24**fps**(Frames Per Second)と表現します。24fpsの動画は12fpsの動画の2倍滑らかになりますが，データ量も多くなります。

動画ファイルサイズの計算

動画ファイルのファイルサイズの計算は，1フレームあたりのデータ量，フレームレート，動画の長さによって決定します。

例題

1画面が10万画素で，256色を同時に表示できるPCの画面全体で，24フレーム/秒のカラー動画を再生する場合の1秒間あたりデータ量は何Mバイトか。

解説

1フレームあたりのデータ量は，フレームの画素数の色数から計算します。
色数によるデータ量は，仮に1画素に対し256色の色表現が可能な場合，1画素あたりのデータ量は256＝2^8＝8ビット＝1バイトとなります。
画素数が10万画素，256色表現の場合，1フレーム(画面)あたりのデータ量は，
10万画素×1バイト＝100キロバイト(100,000バイト)
となります。よって，1秒あたりのデータ量は，24フレームなので
100,000×24＝2,400,000＝2.4Mバイトとなります。

3. 情報の圧縮と伸張

マルチメディアファイルで扱う元のデータは非常に情報量が多く，データサイズは大きくなります。そこで，マルチメディアファイルは，形式ごとに**圧縮**をして取り扱います。圧縮したデータは，**伸張**(解凍)してコンピュータ上で再現し利用します。

一度圧縮したデータは，どの圧縮形式でも元通りに伸張できるわけではなく，完全に元のデータに戻せる**可逆圧縮**，完全には元データに戻せない**非可逆圧縮**に分かれます。非可逆圧縮は可逆圧縮に比べて圧縮率が高く，データサイズを小さくできますが，圧縮前の完全なデータが必要な場合は，圧縮の際に可逆圧縮のファイル形式を選ぶ必要があります。主なファイル形式ごとの可逆圧縮，非可逆圧縮の分類は前ページの表の通りです。

ファイル圧縮(アーカイブ)

前述のマルチメディアファイルが画像や音声単体のデータを圧縮伸張するのに対して，文書やマルチメディアファイルを1つまたは複数をまとめて圧縮伸張することを**ファイル圧縮(アーカイブ)**と呼びます。代表的なファイル圧縮の方式は**ZIP**(ジップ)と**LZH**です。

ZIPは，世界標準のファイル圧縮形式であり，ファイル拡張子は.zipとなります。

LZHは，日本発のファイル圧縮形式であり，日本国内で広く使われています。ファイル拡張子は.lzhです。

✎サンプル問題

JPEG 方式に関する記述のうち，適切なものはどれか。

ア　256 色までの画像に適用される符号化方式である。

イ　オーディオに適用される符号化方式である。

ウ　静止画像に適用される符号化方式である。

エ　動画像に適用される符号化方式である。

(ITパスポートシラバス　サンプル問題58)

解答：ウ

ア　GIFの説明です。

イ　JPEGは静止画のファイル形式です。

ウ　正解です。JPEGは静止画のファイル形式です。

エ　JPEGは静止画のファイル形式です。

□ 9-2-2　マルチメディア応用

マルチメディア技術を応用したグラフィックス（画像）制作がさかんに行われています。ここではグラフィックス処理の知識とマルチメディア技術の具体例について取り上げます。

1. グラフィックス処理

グラフィックス処理とは，マルチメディア技術を応用した画像の加工，編集処理のことを指します。グラフィックス処理を行うために，必要な知識をまとめます。

色の表現

コンピュータの出力装置で再現される色は，**色空間**と呼ばれる再現可能な色の範囲で決定します。ディスプレイでの色表現は**RGB**，プリンタによる印刷物の色表現は，**CMY**での色空間で表現するのが一般的です。

RGBは，**光の3原色**と呼ばれる赤（Red）緑（Green）青（Blue）の3色を組み合わせる色表現で，3色すべてを掛け合わせると白になります。

CMYは，シアン（Cyan），マゼンタ（Magenta），イエロー（Yellow）の組み合わせによる色表現で，**色の3原色**と呼ばれます。3色すべてを掛け合わせると黒になりますが，印刷時には黒（Key tone）のインクを用いることも多く，そのためCMYKと呼ぶこともあります。

また，各色は**色相**（色合い），**明度**（明るさ），**彩度**（鮮やかさ）の3つの要素によって変化を付けることで様々な色表現を可能にします。例えば，同じ赤と緑を掛け合わせたRGBでの表現であっても，要素が異なれば違った色を表現できます。

画像の品質

ディジタル画像の品質は，**画素数**，**解像度**，**階調**といった要素によって決定します。

画素（ピクセル）数

画素（ピクセル）は，コンピュータで画像を扱うときの最小単位の点のことです。

画素ごとに，色，奥行き，透明度などを表現します。ディジタル画像はこの集合体として表現されます。

画素数は表示面積に対する画素の数を表します。画素が多いほど，より情報量の多い高精細な画像を表示することができます。

解像度

解像度は，単位面積あたりの画素の密度を指します。密度が高いほど精密な表現が可能になるため，言い換えれば，画像の粗さを表す値であるといえます。

同じ面積のディスプレイの場合，画素数が多いほど解像度が高くなりますが，画素数を基準とした表現の場合，見え方は小さくなります。

解像度：高

解像度：低

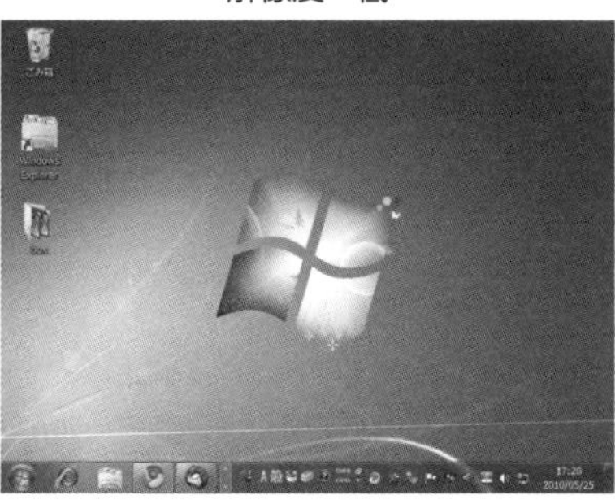

プラスα

4K／8K

画面解像度のうち，おおよその画素数が横4000×縦2000となっているものを「4K」，横8000×縦4000となっているものを「8K」と呼びます。

コンピュータの画面において4Kは3840×2160の解像度を4Kと評しますが，映画など他分野では異なる画素数でも4Kと表現しています。

階調

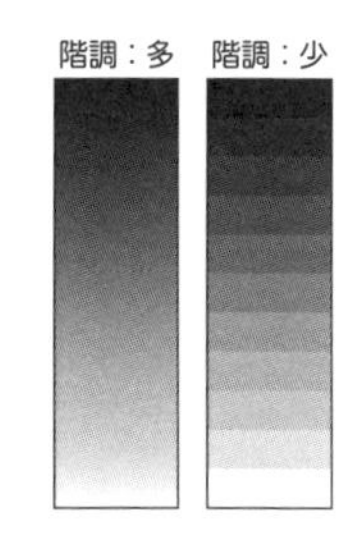

階調とは，色の濃淡のことを指します。階調が多いほど，中間色に当たる色の数が多いことになるので，なめらかな色表現が可能になります。階調が少ないと表現は精細さに欠けますが，境界線がはっきりとするという特徴もあります。輪郭をぼやかしたくない細かな文字を含んだ画像などでは，あえてGIFなどの階調の少ないファイル方式を利用することで，文字を読みやすくする効果を得る場合もあります。

グラフィックスソフトウェア

グラフィックソフトウェアは，コンピュータ上で画像の編集を行うためのソフトウェアの総称です。目的と用途，利用方法などによっていくつかに分類されます。

ペイント系ソフトウェア	マウスポインタを筆として扱い画像を描きます。画像は，ビットマップイメージとして保存されます。
ドロー系ソフトウェア	直線や曲線などを開始点と終了点の指定，角度の指定などを元に演算処理で画像を描きます。画像はベクタグラフィックスとして保存されます。

フォトレタッチソフトウェア	元となる写真を読み込み，明るさ，シャープさ，赤目補正などの補正を行います。

2. マルチメディア技術の応用

主なマルチメディア技術を応用した分野について確認します。

コンピュータグラフィックス(CG)

コンピュータグラフィックス(CG)という言葉自体は，コンピュータによって作成された画像や動画の総称ですが，一般的にCGと呼ばれる場合，3次元表現を含んだコンピュータグラフィックス(3DCG)を指すことが多くなっています。

3DCGは，縦横の平面表現に高さを加えて立体的なものを表現します。表面の色，質感，照明の角度なども演算処理によって表現でき，映画やゲームでよく利用されています。

バーチャルリアリティ(VR)

バーチャルリアリティは，仮想現実とも訳され，現実感を人工的に作る技術の総称です。実際には存在しない空間を作成し，あたかもそこに居るかのように感じさせるものや，目の前には存在しないものを見せて，あたかも直接触っているかのように感じさせる技術などがこれにあたります。

拡張現実(AR:Augmented Reality)

ディスプレイに映し出した画像に，バーチャル情報を重ねて表示することで，より便利な情報を提供する技術です。

VR(バーチャルリアリティ)に近い技術ですが，VRがコンピュータ上に現実のような世界を表現するのに対し，ARは現実世界にコンピュータ情報を重ねる技術になります。

CAD(Computer Aided Design)

CADは，建築や工業製品の設計にコンピュータを用いることを指します。また，そのために利用するソフトウェアもCADもしくはCADソフトウェアと呼びます。3D表現も可能なものが多く，図面を元に建築後の建造物を事前に表現したり，非常に小さな工業製品の設計なども正確に行うことができます。

CADソフトウェアは非常に高価なものが多く，なかなか家庭用には普及していませんが，最近では徐々に家庭用の安価なソフトウェアも増えてきています。

プラス α

コンピュータを利用して特定の状況や操作などの疑似体験ができる技術を総称して**シミュレーション**と呼びます。
実現困難な実験や予測，危険を伴う操作の練習などを，コンピュータを用いてモデル化し，あらかじめ体験できる仕組みで，多くの操作実験や自動車や飛行機のトレーニングなどで活用されています。

サンプル問題

バーチャルリアリティの説明として，適切なものはどれか。

ア　画像を上から順次表示するのではなく，モザイク状の粗い画像をまず表示して，徐々に鮮明に表示することによって，全体像をすぐに確認できるようにする。
イ　コンピュータで生成した物体や空間を，コンピュータグラフィックスなどを使用して実際の世界のように視聴覚できるようにする。
ウ　自動車や飛行機の設計に使われている風洞実験などの代わりに，コンピュータを使用して模擬実験する。
エ　別々に撮影した風景と人物の映像をコンピュータを利用して合成し，実際とは異なる映像を作る。

（ITパスポートシラバス　サンプル問題59）

解答：イ
ア　プログレッシブ表示やインターレース表示と呼ばれる画像表示の技術の説明です。
イ　正解です。実際の世界のような仮想空間を実現します。
ウ　シミュレーションの説明です。
エ　画像合成の説明です。

COLUMN

2010年より，一般的に3Dテレビと呼ばれる，映像が立体的に見える3D対応テレビの発売が話題になっています。
現時点では，ほとんどの3Dテレビの視聴には3Dメガネが必要ですが，将来的には裸眼で3D映像を楽しめるようになるようです。
3DテレビはCG技術ではなく，映像を右目用と左目用の映像を交互に高速に表示することを軸に開発された技術ですが，新たなマルチメディア表現として，注目されています。

✎練習問題

問1

イラストなどに使われている，最大表示色が256色である静止画圧縮のファイル形式はどれか。

ア　GIF　　イ　JPEG　　ウ　MIDI　　エ　MPEG

（ITパスポート試験　平成30年秋期　問86）

問2

ディジタルコンテンツで使用されるDRM(Digital Rights Management)の説明として，適切なものはどれか。

ア　映像と音声データの圧縮方式のことで，再生品質に応じた複数の規格がある。
イ　コンテンツの著作権を保護し，利用や複製を制限する技術の総称である。
ウ　ディジタルテレビでデータ放送を制御するXMLベースの記述言語である。
エ　臨場感ある音響効果を再現するための規格である。

（ITパスポート試験　平成27年秋期　問46）

問3

300×600ドットで構成され，1画素の情報を記録するのに24ビットを使用する画像データがある。これを150×300ドットで構成され，1画素の情報を記録するのに8ビットを使用する画像データに変換した。必要な記憶容量は何倍になるか。

ア　1／12　　イ　1／6　　ウ　1／4　　エ　1／2

（ITパスポート試験　平成28年秋期　問78）

問4

拡張現実(AR)に関する記述として，適切なものはどれか。

ア　実際に搭載されているメモリの容量を超える記憶空間を作り出し，主記憶として使えるようにする技術
イ　実際の環境を捉えているカメラ映像などに，コンピュータが作り出す情報を重ね合わせて表示する技術
ウ　人間の音声をコンピュータで解析してディジタル化し，コンピュータへの命令や文字入力などに利用する技術
エ　人間の推論や学習，言語理解の能力など知的な作業を，コンピュータを用いて模倣するための科学や技術

（ITパスポート試験　平成28年春期　問100）

練習問題の解答

問1　解答：ア
静止画のファイル形式うち，8ビットカラー（256色）の表現が可能な静止画像のファイル形式はGIFです。非常に容量が軽く，透過表現や簡易アニメーションも可能なため，Webサイトでよく利用されます。
イ　JPEGは，24ビットカラー（約1677万色）の表現が可能な静止画像のファイル形式です。Webサイトや写真などによく利用されます。
ウ　MIDIは，電子楽器で利用する音程，音色，強弱や拍，小節などの情報を含む楽譜にあたるファイルで，正確には電子楽器同士を接続するための通信規格に相当するものです。
エ　MPEGは，動画圧縮のファイルフォーマットで、DVDなどで用いられるMPEG-2、インターネット配信などで用いられるMPEG-4などのファイル形式があります。

問2　解答：イ
DRMはディジタルコンテンツの著作権を守るための技術で、暗号化技術などにより複製回数などを制限し、不正コピーや不正公開を防止します。
ア　MPEGの説明です。
ウ　BMLと呼ばれるマークアップ言語の説明です。
エ　ドルビーディジタルと呼ばれる規格の説明です。

問3　解答：ア
画像ファイルの記憶容量は、画素数×画素当たりのデータ量で決まります。
元のデータは、
300×600×24＝4,320,000ビット
変換後のデータは、
150×300×8＝360,000ビット
よって、容量は
4,320,000÷360,000=12
で1/12倍であることが分かります。

問4　解答：イ
拡張現実(AR)は、実際のカメラ映像にコンピュータが作り出す情報を重ね合わせて表示することで、より便利な情報を提供する技術です。
ア　仮想記憶の説明です。
ウ　音声認識の説明です。
エ　AI（人工知能）の説明です。

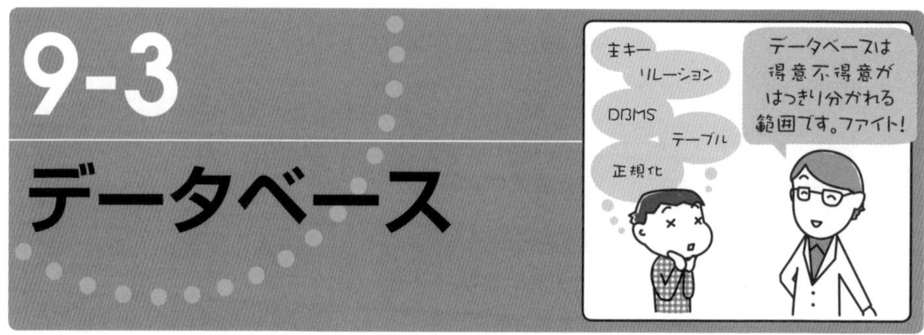

□ 9-3-1　データベース方式

多くの情報を取り扱うシステムにとって，データベースはなくてはならない存在になっています。ここでは，データベースの基礎知識と管理システムについて確認します。

1. データベース

データベースとは，複数のユーザーやソフトウェアで共有される整理されたデータの集合体を指す言葉ですが，その集合体を管理するシステムをデータベースと呼ぶことが一般的です。

データベースは，データを蓄積するだけではなく，データベース管理システムや他のソフトウェアを利用して，蓄積されたデータの活用を行える点も重要です。

データの蓄積には一定の規則が設けられ，その規則に合わせてデータを保存することでデータに統一性を持たせます。そうすることでデータの重複や散逸を防ぐことも可能になります。また，データベースの活用についても，データの検索や絞り込みという点から規則性を保つことは重要です。

データベースは，特定のソフトウェア上で作成されるものとは限らず，OSのファイルシステム上に構築されるものや後述のデータベース管理システムを用いて構築されたものも含みます。

目的や用途によって形も様々で，簡単なものでは企業の組織図や住所録，高度なものでは商品管理や電子カルテ，検索エンジンなどもデータベースの1つです。

また，データベースにはデータの蓄積方法によりいくつかの**データベースモデル**があります。主なデータベースモデルは次の通りです。

主なデータベースモデル

階層型データベース	ツリー構造でデータを表します。組織図などがこれにあたります。 1つの親データに対して複数の子データが関連する形をとります。	A / B C / D E F G
ネットワーク型データベース	階層型と異なり，複数の親データに複数の子データを持つことができるモデルです。項目同士が互いにリンクする形のデータベースになります。	A B D F C E
リレーショナル型データベース	最も利用されているデータベースモデルです。データ項目を表形式のテーブルで保存し，データ項目を元にテーブル同士の関連付け（リレーション）を行います。	（下表参照）

コード	価格	産地
AAA	100	あ
BBB	150	い
CCC	100	う
DDD	300	え

No.	コード	数値	日付
101	AAA	1	0115
102	BBB	2	0115
103	AAA	1	0120
104	CCC	2	0201

NoSQL

「Not Only SQL」の略で，リレーショナル型データベース以外のデータベースおよびデータベース管理システムを指す言葉として用いられます。
リレーショナル型データベースがテーブルを用いてデータを管理することに対し，NoSQLのデータベースは，様々なキーや構造を持ってデータを管理します。様々なNoSQLデータベースが存在しますが，共通する事はリレーショナル型データベース以外である点だけです。

2. データベース管理システム（DBMS）

データベース管理システム（**DBMS**：DataBase Management System）は，その名の通り，データベースの管理を行うためのシステムです。データベースの蓄積や，他のコンピュータやソフトウェアからのアクセス要求に適切に答える役割を果たします。

DBMSを利用することで，複数の利用者が蓄積されたデータを共同利用できます。

なお，DBMSは，リレーショナル型データベースを扱うものが多いため，最初から**RDBMS**（Relational DataBase Management System）と表現されることもあります。

データマートとデータウェアハウス

データベースには，その役割や規模に応じて，特別な名称で呼ばれるものがあります。代表的なものがデータウェアハウスとデータマートです。
データウェアハウスとは，企業活動における情報分析と意思決定に利用するために，取引データなどを蓄積した大規模なデータベースまたは，そのシステムを指します。
データマートとは，データウェアハウスに保存されたデータの中から，使用目的によって特定のデータを切り出して整理し直し，別のデータベースに格納したものを指します。
データウェアハウスは企業全体で活用されるものであるのに対し，データマートは特定の部門で利用されるのが一般的です。

✎サンプル問題

データベース管理システムが果たす役割として，適切なものはどれか。

ア　データを圧縮してディスクの利用可能な容量を増やす。
イ　ネットワークに送信するデータを暗号化する。
ウ　複数のコンピュータで磁気ディスクを共有して利用できるようにする。
エ　複数の利用者で大量データを共同利用できるようにする。

（ITパスポートシラバス　サンプル問題60）

解答：エ
データベース管理システム（Data Base Management System）を利用することで，複数の利用者からのアクセスも受け付け，共同利用できるように制御することができます。ディスク領域や物理的なハードディスクなどの共有を行うシステムではなく，あくまでデータ（情報）の共同利用のための管理システムです。

□ 9-3-2　データベース設計

データを正確に蓄積し利用するには，正しい設計に基づいたデータベースが必要です。ここでは，データベースを構築するためのデータベース設計について確認します。

1. データ分析

データベース設計におけるデータ分析とは，データベースが扱うデータ項目の洗い出しや整理のことを指します。このプロセスを正確に行わないと，必要なデータが，正確な形式で蓄積することができなくなり，結果としてせっかく蓄積したデータを活用できない事態が起こります。

具体的には，構築するデータベースの目的の明確化，必要なデータ項目の洗い出し，ユーザーが入出力する項目の明確化，データの蓄積や利用の流れなどがこれにあたります。

2. データの設計

データ分析によって明確になった内容を基に，実際にデータベースの設計を行います。

最も一般的なリレーショナル型データベースの場合，項目とデータは**テーブル**と呼ばれる表で管理されます。

フィールド　フィールド名

No.	コード	数値	日付
101	AAA	1	0115
102	BBB	2	0115
103	AAA	1	0120
104	CCC	2	0201

レコード　主キー

テーブルは，データ項目ごとの列である**フィールド**と，フィールド項目に入るデータを行単位で表す**レコード**によって構成されます。フィールドの項目名は**フィールド名**と呼ばれ，レコードとは区別します。

また，データ利用時に，特定のレコードを指定できる，重複のないデータ項目（キー）を**主キー**と呼びます。複数のキーによってレコードの特定ができる場合は，そのすべてが主キーとなります。

なお，リレーショナル型データベースにおいて，あるテーブルから他のテーブルの項目を参照する場合，参照する側の列に**外部キー**を設定すると，入力できるデータは参照先にあるデータに限定させることができます。

データベース設計では，**E-R図（実体関連図）**などで，項目の関係性を整理すると便利です。E-R図は，実体（エンティティ）が持つ属性や関連を図式化するもので，最も一般的なモデリング技法の1つです。これを用いることで，特定のデータに結びつく属性や関連する項目をまとめることができ，データベースの項目の整理やテーブル間のリレーション設定などデータの最適化に役立てることができます。

※詳細は，「3-1-2　業務プロセス」を確認してください。

3. データの正規化

関係データベースのテーブルを項目の重複がない状態にし，さらに適切に分割し参照を設定することを**正規化**と呼びます。正規化することで，データの入力や更新などの運用の最適化を図ることができます。正規化には，内容によって段階が存在します。

第1正規化

テーブル内で繰り返し出てくる項目を，複数のレコードに分けることで繰り返さないようにします。第1正規化したファイルを第1正規形と呼びます。

第2正規化

レコードを特定できるキーである**主キー**と主キーに連なる情報を別テーブルに分けます。複数のキーで特定ができる場合，そのすべてが主キーとなります。第2正規化をしたファイルは第2正規形と呼びます。

第3正規化

コードなどの主キー以外の項目が，同じテーブル内の他の項目を決めていないように，情報を別のテーブルに分離します。第3正規化をしたファイルを第3正規形と呼びます。

インデックス

データベースにおいて，テーブルに格納されているデータを高速に取り出す為の仕組みです。書籍の索引のようなもので，すべてのデータを最初から検索することなくデータを探し出せるため，データ検索を高速化できます。

プラス α

テーブルの項目に入力するデータが，別のテーブルにあるデータしか入力できないようにする制約を**外部キー**と呼びます。

正規化の例

元データ

利用日	会員番号	氏名	種目コード	種目	会員番号	氏名	種目コード	種目
2011/7/1	1001	滝口 直樹	1	プール	1002	阿部 祥子	2	テニス
2011/7/2	1002	阿部 祥子	2	テニス	1004	早坂 祐介	1	プール
2011/7/3	1003	滝口 直樹	3	マラソン	1003	丸山 美紀	2	テニス

第一正規化　※項目の重複をなくす

利用日	会員番号	氏名	種目コード	種目
2011/7/1	1001	滝口 直樹	1	プール
2011/7/1	1002	阿部 祥子	2	テニス
2011/7/2	1002	阿部 祥子	2	テニス
2011/7/2	1004	早坂 祐介	1	プール
2011/7/3	1001	滝口 直樹	3	マラソン
2011/7/3	1003	丸山 美紀	2	テニス

第二正規化（主キーとそれに連なるデータを別テーブルに分割）

利用日	会員番号	種目コード	種目
2011/7/1	1001	1	プール
2011/7/1	1002	2	テニス
2011/7/2	1002	2	テニス
2011/7/2	1004	1	プール
2011/7/3	1001	3	マラソン
2011/7/3	1003	2	テニス

会員番号	氏名
1001	滝口 直樹
1002	阿部 祥子
1003	丸山 美紀
1004	早坂 祐介

第三正規化（主キー以外の項目を別テーブルに分割）

利用日	会員番号	種目コード
2011/7/1	1001	1
2011/7/2	1002	2
2011/7/3	1002	2
2011/7/1	1004	1
2011/7/2	1001	3
2011/7/3	1003	2

会員番号	氏名
1001	滝口 直樹
1002	阿部 祥子
1003	丸山 美紀
1004	早坂 祐介

種目コード	種目
1	プール
2	テニス
3	マラソン

□ 9-3-3　データ操作

ここでは，リレーショナル型データベースを利用するための操作について確認します。

1. データ操作

データベースに蓄積したデータの活用では，テーブルから必要なレコードを抜きだす**選択**，テーブルから必要なフィールドを抜きだす**射影**，レコードを追加する**挿入**，複数のテーブルをキーを元に結び付けて1つにする**結合**，レコードの内容を変更する**更新**などの操作を行います。

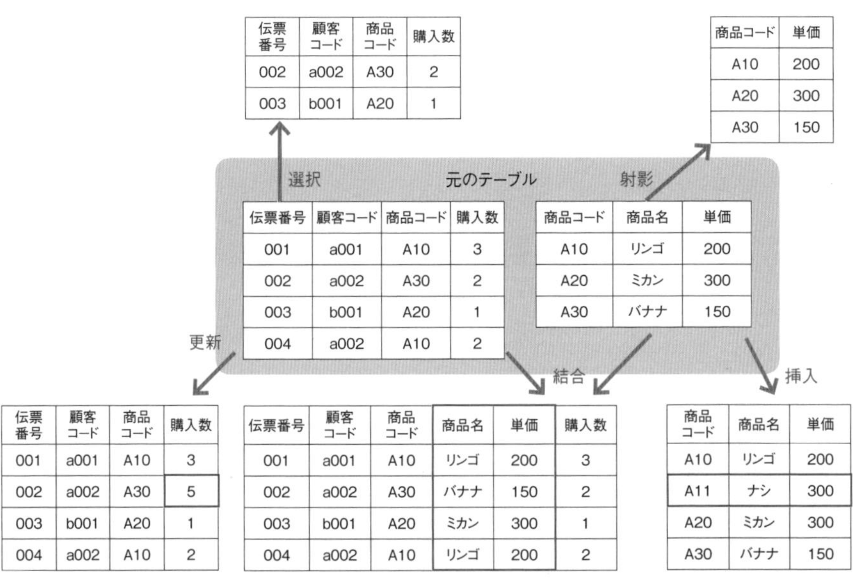

SQL

データベースを操作するために利用される言語で，データベースの定義やテーブルの作成・削除，データベースへのデータの挿入，選択，削除などを命令するために使用します。

✎サンプル問題

問1　データベースを扱う場合，レコードを特定するキーが必要である。ある学年の“生徒管理”表において，レコードを特定するキーとして，適切なものはどれか。

ア　氏名　　イ　住所　　ウ　生徒番号　　エ　生年月日

（ITパスポートシラバス　サンプル問題61）

問2　“会員録”表において，現住所も勤務地も東京都である女性の会員番号はどれか。

会員録

会員番号	氏名	性別	現住所	勤務地
0001	谷澤昭夫	男	埼玉県	東京都
0002	豊永誠人	男	東京都	東京都
0003	秋山真弓	女	千葉県	埼玉県
0004	笠井優花	女	東京都	東京都
0005	山内健太	男	埼玉県	埼玉県
0006	山本伸子	女	千葉県	東京都

ア　0001　　イ　0003　　ウ　0004　　エ　0006

（ITパスポートシラバス　サンプル問題62）

問１　解答：ウ
氏名，住所，生年月日などは重複する生徒がいる可能性があり，主キーに適していません。

問２　解答：ウ
問題文の条件から，現住所も勤務地の東京都である女性を探します。0002は現住所も勤務地も東京ですが性別が男性ですので該当しません。

□ 9-3-4　トランザクション処理

ここでは，データベースを安全に不合理なく運用するためのデータベース管理機能について学習します。

1. データベース管理システムの機能

トランザクション処理

トランザクション処理とは，複数の関連する処理を1つの処理単位としてまとめて処理することを指します。

トランザクション処理では，「すべて成功」か「すべて失敗」のどちらかにしかなりません。途中までの処理が成功していて，最後の処理で失敗した場合でも，該当する処理のすべてが失敗として扱われます。

例えば，銀行振込の場合，元の口座からの出金処理は成功しても，受け付ける先の口座への入金処理が失敗した場合，元口座からの出勤処理も失敗として扱わなければ，元の口座のお金が減るだけで辻褄が合わなくなります。一連の入出金処理をまとめてトランザクションとすることで，辻褄が合わない事態を避けることができます。

排他処理

排他処理とは，データベースへのアクセスや更新を制御する機能のことを指します。

データベースに対して複数のユーザーが同時に更新などを行えてしまうと，ユーザーのアクセスやデータ書き込みをしたタイミングによっては，先にデータ書き込みをしたユーザーのデータが失われてしまう可能性があります。このような事態を避けるために，DBMSによってデータへのアクセスに**ロック**（制限）をかけるなどの排他処理を行います。

排他制御は，2人目以降のユーザーは，データベースにアクセスできない，または読み込みはできても書き込みはできないといった制御をかけます。先にアクセスしたユーザーの処理が完了すると排他は解除されます。

排他処理のイメージ

①1人目のユーザーがアクセス
②2人目はアクセスできない
③1人目のユーザーが処理完了
④2人目のユーザーがアクセス可能

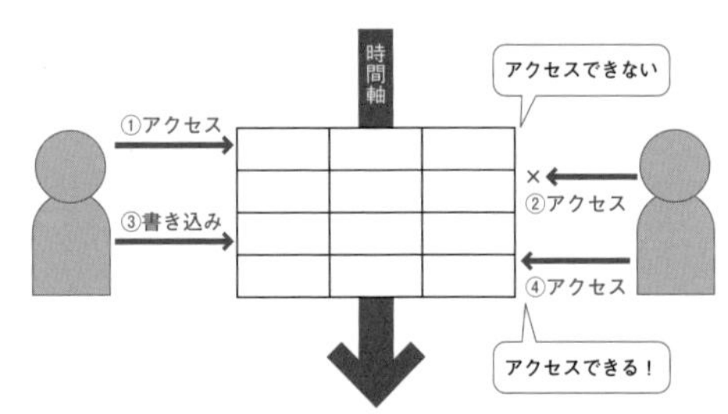

リカバリ機能

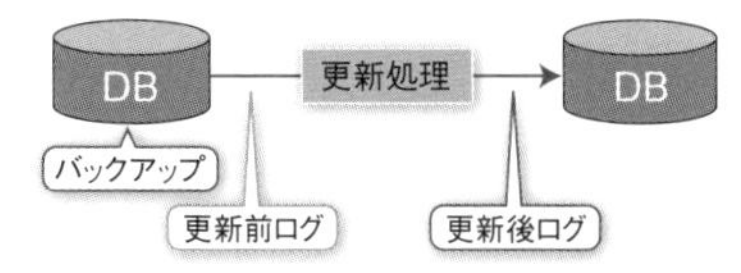

リカバリ機能とは，データベースに障害が発生した場合に，保存データを元に，データを復旧させる機能のことです。リカバリには大きく分けて2種類の方法が存在します。

データの復旧には，データベースの更新時に自動保存された**ログファイル**やデータベース全体を定期的に保存する**バックアップファイル**を利用します。

ロールフォワード

ロールフォワードは，障害が発生した際に，バックアップファイルで保存されているポイントまでさかのぼり，さらに更新後ログを元に障害直前の状態まで復元して，処理を再開するリカバリ方法です。主に，ハードディスク故障など物理的な障害で用いられます。

ロールバック

ロールバックは，トランザクション処理中に障害が発生した場合，更新前ログを元に処理開始前の状態にデータベースを戻すリカバリ方法です。主に，ネットワークエラーなどデータベースプログラム以外の原因による障害への対応策としてよく利用されています。

サンプル問題

一つのファイルを複数の人が並行して変更し，上書き保存しようとするときに発生する可能性がある問題はどれか。

ア　同じ名前のファイルが多数できて，利用者はそれらを判別できなくなる。
イ　最後に上書きした人の内容だけが残り，それ以前に行われた変更内容がなくなる。
ウ　先に変更作業をしている人のPC 上にファイルが移動され，ほかの人はそのファイルを見つけられなくなる。
エ　ファイルの後ろに自動的に変更内容が継ぎ足され，ファイルの容量が増えていく。

（ITパスポートシラバス　サンプル問題63）

解答：イ
ア　全く同じ名前のファイルを同じディレクトリに保存することはできません。
イ　正解です。排他処理を行わないとこのような不整合が起こりえます。
ウ　共有されたファイルを開いても，ファイルそのものはユーザーのPCに移動しません。
エ　並行して更新し上書き保存した場合，変更内容の継ぎ足しは不可能です。

✎練習問題

問1

次のa～dのうち，DBMSに備わる機能として，適切なものだけを全て挙げたものはどれか。

a. ウイルスチェック

b. データ検索・更新

c. テーブルの正規化

d. 同時実行制御

ア　a，b，c　　　イ　a，c　　　ウ　b，c，d　　　エ　b，d

（ITパスポート試験　平成28年秋期　問77）

問2

関係データベースのデータを正規化することによって得られる効果として，適切なものはどれか。

ア　異機種のコンピュータ間でのデータの互換性の確保

イ　データ圧縮処理による格納効率の向上

ウ　データの重複や矛盾の排除

エ　データを格納した装置の障害に備えたバックアップの省略

（ITパスポート試験　平成29年秋期　問62）

問3

関係データベースで管理している"販売明細"表と"商品"表がある。ノートの売上数量の合計は幾らか。

ア　40　　　イ　80　　　ウ　120　　　エ　200

（ITパスポート試験　平成29年秋期　問60）

問4

データベース管理システムにおける排他制御の目的として，適切なものはどれか。

ア　誤ってデータを修正したり，データを故意に改ざんされたりしないようにする。

イ　データとプログラムを相互に独立させることによって，システムの維持管理を容易にする。

ウ　データの機密のレベルに応じて，特定の人しかアクセスできないようにする。

エ　複数のプログラムが同一のデータを同時にアクセスしたときに，データの不整合が生じないようにする。

（ITパスポート試験　令和元年秋期　問64）

練習問題の解答

問1　解答：エ
DBMS(データベース管理システム)は、データベースの管理を行うためのシステムです。
データベースの蓄積や、他のコンピュータやソフトウェアからのアクセス要求に適切に答える役割を果たします。
具体的には、データの検索・更新 (b) や同時実行制御 (排他制御) (d) の他、トランザクション処理やバックアップ機能などを有しています。
なお、データの正規化(c)は、データベース設計上重要ですが、正規化の作業自体はDBMSの機能ではなく設計者が検討するものです。
以上より、エが正解となります。

問2　解答：ウ
データベース設計における正規化とは、取り扱うデータをまとめるテーブルと呼ばれる表に重複する項目を無くし、さらに分割できるものは分割するプロセスのことです。
正規化を行うことで、データの重複や矛盾を取り除くことができます。

問3　解答：ウ
関係データベースでは複数の表 (テーブル) がキー (表同士を結ぶコード) を用いて参照しあい、データを扱います。
本問では、"商品"表のノートの商品コードは「S003」であり、"販売明細"表のなかで商品コードがS003なのは、2行目と4行目のレコードです。
それぞれの販売数量は、40と80なので、
40+80=120(冊)
となり、ウが正解となります。

問4　解答：エ
排他処理とは，データベースへのアクセスや更新を制御する機能のことを指します。
データベースに対して複数のプログラムが同時に更新などを行えてしまうと，プログラムのアクセスやデータ書き込みをしたタイミングによっては，先にデータ書き込みをしたプログラムのデータが失われてしまう可能性があります。このような事態を避けるために，DBMSによってデータへのアクセスにロック(制限)をかけるなどの排他処理を行います。

9-4 ネットワーク

□ 9-4-1　ネットワーク方式

最近では，ほとんどのコンピュータやシステムがネットワークに接続しており，コンピュータとネットワークは切っても切れない関係になっています。

1. ネットワークの構成

ネットワークとは，情報伝達の連携を示す言葉であり，異なるコンピュータやシステム間での情報のやり取りを実現する技術になります。

ネットワークには，LANやWAN，インターネットなど様々な構成が存在します。

LAN（Local Area Network）

LANは，限定された領域内（同じ建物やフロア内など）で利用するネットワーク設備を指します。管理者の責任で設置され，利用を許可されたユーザーのみ利用できる形式が一般的で，PCの他にLANに参加するファイルサーバ，ネットワークプリンタなどの共用機器も利用することができるようにします。

WAN（Wide Area Network）

WANは，公衆回線や専用通信回線を利用して，遠隔地同士のLANを接続したネットワークです。複数のビルにまたがる社内ネットワークの構築などで利用されます。

インターネット

LANやWANと異なり，開かれた世界中のネットワークにアクセス可能な巨大ネットワークが**インターネット**です。インターネット上では，公開されているWebサイトの閲覧や，電子メールの送受信など様々なサービスが利用できます。

インターネット技術を利用したLANを**イントラネット**と呼びます。

2. ネットワークの構成要素

LANの構成

LANには，大きくイーサネット（有線LAN）と無線LANという2つの構成があります。なお，同一LAN上に有線LANと無線LANが混在する構成も可能です。

イーサネット（有線LAN）

イーサネットは，**イーサネットケーブル**と呼ばれるLAN用のケーブルを利用して**ノード**（コンピュータとネットワーク機器やコンピュータ同士）を接続するLANの構成です。

イーサネットケーブルには，コンピュータと通信機器を接続する**ストレートケーブル**と，コンピュータ同士を接続するのに利用される**クロスケーブル**が存在します。また，通信速度などで分類されたカテゴリ5やカテゴリ6といった規格があります。

無線LAN

ケーブルを用いずに無線通信技術を用いて構築するLANを**無線LAN**と呼びます。コンピュータは，無線LANターミナルと呼ばれる通信機器に，主に電波を利用して接続します。

なお，無線LANと混同されやすい**Wi-Fi**は，多くの無線LAN機器で対応している国際標準規格である次のIEEE802.11シリーズを使用した通信を保障する認証であり，ブランド名にあたります。

<table>
<tr><th>規格</th><th>周波数帯</th><th>最大転送速度</th><th>説明</th></tr>
<tr><td>IEEE802.11a</td><td>5.2GHz帯</td><td>54Mbps</td><td>高速ですが，周波数帯が異なるIEEE802.11bと互換性はありません。</td></tr>
<tr><td>IEEE802.11b</td><td>2.4GHz帯</td><td>11Mbps</td><td>無線LAN普及のきっかけになった規格で現在も広く利用されています。</td></tr>
<tr><td>IEEE802.11g</td><td>2.4GHz帯</td><td>54Mbps</td><td>IEEE802.11bと周波数帯が同じで互換性のある高速な規格です。</td></tr>
<tr><td rowspan="2">IEEE802.11n</td><td>2.4GHz帯</td><td rowspan="2">300Mbps</td><td rowspan="2">非常に高速な新しい無線LAN規格で，互換性も高く，普及が見込まれます。</td></tr>
<tr><td>5.2GHz帯</td></tr>
</table>

プラスα

ESSID（Extended Service Set Identifier）
IEEE802.11シリーズの無線LANの混信を避けるために付けられるネットワーク名にあたるもので，ネットワークの識別子です。
英数字で最大32文字までを任意で設定できます。

ネットワークを構成する機器

ネットワークを利用するには，ネットワークの種類や規模，ネットワークの構成によって様々な機器が必要になります。

ケーブル

通信を実現する**伝送路**であり，有線LANの接続に利用するイーサネットケーブルや光通信を可能にする**光ケーブル**，電話線の接続などに使う**モジュラージャック**などがあります。無線LANの場合はケーブルの代わりに電波を利用します。

ネットワークインタフェースカード(NIC)

ケーブルを接続するポート(穴)を設置する拡張カードです。最近では，ほとんどのコンピュータに内蔵されていますが，一部のコンピュータには別途，ネットワークインタフェースカードを追加しなければならないものもあります。

ハブ・スイッチ

LAN内で利用される複数のLANケーブルの集約装置で，複数台のコンピュータをLANに接続するときに利用します。

接続する機器から受け取ったデータを単純に同じハブに接続された全機器に再送信する**リピータハブ**，受け取ったデータの宛先(送信先の機器)制御し再送信先を指定できる**スイッチングハブ**などがあります。本来は宛先を判断して通信を行う機器をスイッチと呼び，そのスイッチ機能を有したハブをスイッチングハブと呼んでいます。

ルータ

異なるネットワーク間でのデータ通信を中継する装置です。LAN上のコンピュータがインターネットなどの外部ネットワークを利用する際に利用します。外部のコンピュータにネットワーク接続するための機器である**デフォルトゲートウェイ**の代表的な装置です。

最近では，無線LANを利用するための集積装置にあたる**アクセスポイント**の機能を有した製品が増えてきています。

モデム・ターミナルアダプタ(TA)

モデムは，LANからインターネットやWANに接続するために利用する装置で，電話回線などのアナログ信号をディジタル信号に変換します。

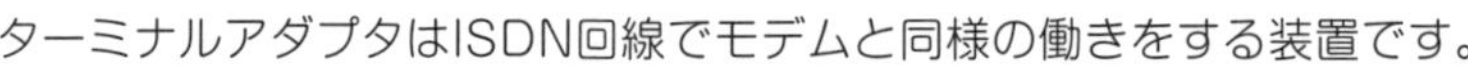

ターミナルアダプタはISDN回線でモデムと同様の働きをする装置です。

プロキシ

元々は「代理（Proxy）」の意味で，IT分野では，LANとインターネットの境にあって，直接インターネットに接続できないLAN上のコンピュータに代わってインターネットに接続するコンピュータのことを指します。

1台のプロキシで複数台のLAN上のコンピュータの代理を務めるため，プロキシサーバとも呼ばれます。

プラス α

MACアドレス（マック）

LANカードなどのネットワーク機器（ノード）を識別するために設定されている固有の物理アドレスのことです。

ネットワーク機器ごとに固有のIDがつくので，機器を確実に特定することができます。

SDN（Software-Defi ned Networking）

物理的な通信線によるネットワーク上に，ソフトウェアによって仮想的なネットワークを作り上げる技術全般を指します。

SDNを用いることで，同一回線上に別の仮想的なネットワークを構築することができます。

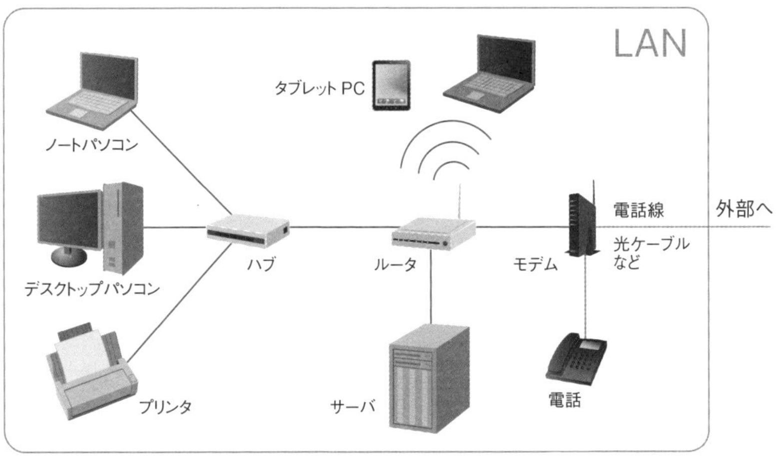

LANの接続形態(トポロジ)

LANには，代表的な3種類のトポロジ(LANの接続形態)が存在します。それぞれの特徴を確認しておきます。

バス型ネットワーク

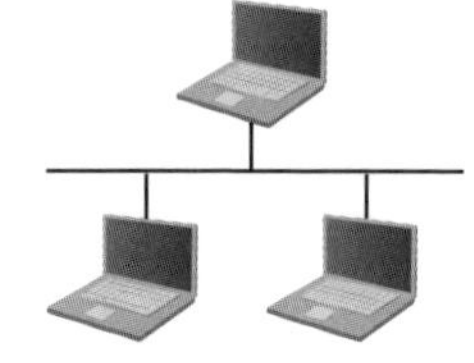

バス型は，1本の伝送路に，複数のコンピュータを並列接続する方式です。伝送路の両端には，**終端装置**(終端抵抗)が接続されています。

配線が簡単であるメリットがありますが，広い範囲にコンピュータが設置されている場合は伝送路が長くなり不経済になる，通信が集中した場合に通信が不能になりやすいといったデメリットもあります。主にユーザーが密集する場所での接続形態として利用されています。

リング型ネットワーク

リング型は，バス型の両端に終端装置を付けず，両端を結ぶことでリング状にしたネットワークです，比較的大規模のネットワークで利用されます。

伝送路に対して直列接続しているため，ネットワークの流れは一方向に定められます。

多くのリング型ネットワークの場合，データの送信権を持った**トークン**と呼ばれる信号をネットワーク内に巡回させ，トークンを獲得したコンピュータがデータ転送をすることができます。このようなネットワーク規格を**トークンリング**と呼びます。

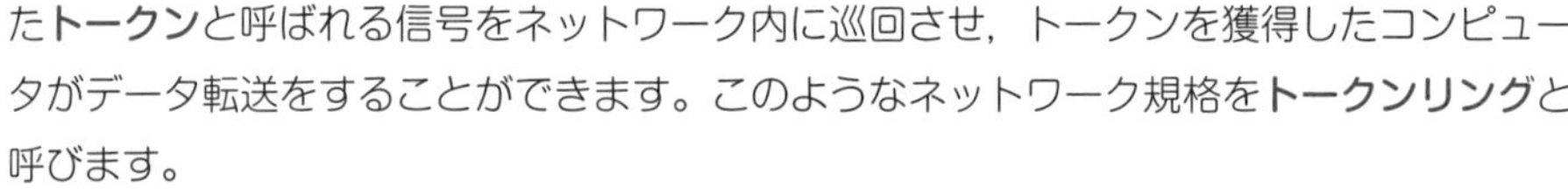

データが一方向に流れるため，データの衝突が起こらないというメリットがありますが，直列接続のため，接続されたコンピュータの故障がネットワーク全体へ障害になる危険性があります。

スター型ネットワーク

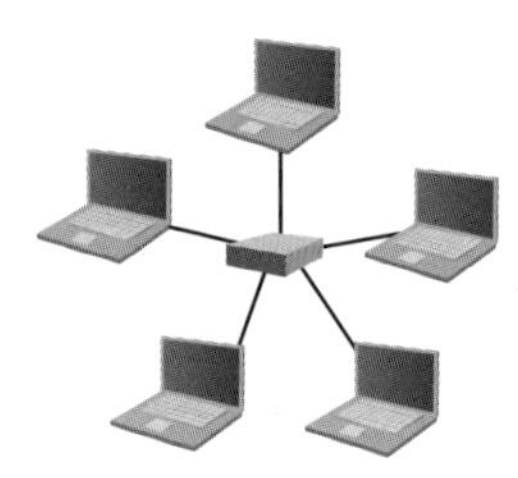

集積装置(ハブ)を中心に放射状にコンピュータを接続するイーサネットLANの代表的な接続形態です。

コンピュータの増設時に，他のコンピュータに影響を与えることなく接続できる拡張性の高さが最大の特徴です。集積装置の増設も可能であり，大規模なネットワークやコンピュータが広範囲にわたる場合の対応も比較的容易に行えます。

ネットワーク制御方式

LAN上でデータの送受信を行う通信方式には，CSMA/CD方式と，トークンパッシング方式があります。

CSMA/CD方式

データを送信したいノード（コンピュータやハブなどの通信機器）が通信状況を監視し，ケーブルが空くと送信を開始する方式です。もし複数のノードが同時に送信を開始するとケーブル内でデータが衝突します。その場合，両者は送信を中止し，ランダムな時間待って送信を再開します。ケーブルを複数のノードで共有し，互いに通信することができるというメリットがあります。

トークンパッシング方式

トークンと呼ばれる送信権がネットワーク内を巡回しており，これを獲得した端末がデータを送信する方式です。トークンを持つ端末のみがケーブルを利用するためCSMA/CD方式と異なりデータの衝突は起きません。

✎サンプル問題

LAN の説明として，適切なものはどれか。

ア　インターネット上で電子メールを送受信するためのプロトコル
イ　同じ建物の中など，比較的狭い範囲のコンピュータ間で高速通信を実現するネットワーク
ウ　電話回線や専用線を使用し，地理的に離れた拠点A と拠点B を接続し，通信を実現するネットワーク
エ　ネットワーク制御に使用されるインターネットの標準プロトコル

（ITパスポートシラバス　サンプル問題64）

解答：イ
ア　POPやSMTPなどの通信プロトコルの説明です。
イ　正解です。同建物内で比較的狭いネットワークはLANになります。
ウ　拠点間の接続とあるので，WANの説明です。
エ　HTTPプロトコルの説明です。

3. IoTエリアネットワーク

IoTデバイスとIoTゲートウェイ間のネットワークを**IoTエリアネットワーク**と呼びます。IoTエリアネットワークは，IoTに関わる様々な技術の標準化を図り，普及を支えるネットワークです。

今後様々な標準に則ったIoT機器やIoTサービスが普及し，社会の利便性向上が図られることが期待されています。

LPWA（Low Power Wide Area）

IoTネットワークを支える通信方式で，なるべく消費電力を抑えて遠距離通信を実現します。Bluetoothなど既存の無線接続技術ではカバーできない数kmの範囲も対応でき，ネットワークの維持に必要な電力も電池1つで1年ほど持ちます。一方で通信速度は極めて遅く，スマートフォンなどの通信には向いていません。

エッジコンピューティング（エッジ処理）

IoTネットワークを支えるネットワーク構築方式のひとつで，端末の近くにサーバを分散配置することで上位システムの負荷軽減や通信遅延を解消します。

BLE（Bluetooth Low Energy）

従来のBluetoothの規格と比較し，消費電力を最小まで抑えるために，チャンネル数を極限まで減らした規格です。なお，BLEは消費電力が減らせることで，Bluetooth機器に必要なバッテリも減らすことができ，機器の小型化などに役立ちます。

テレマティクス

自動車などの移動体に通信システムを搭載することで，さまざまな情報を送受信してサービスを提供することです。
従来のカーナビゲーションシステムに加えて，リアルタイムな渋滞情報や天候情報などを提供することができるようになります。

プラスα

ビーコン

電波を使い位置情報などを提供する設備や装置のことです。元々IT分野では航空管制やカーナビゲーションで利用されていますが，近年ではスマートフォンのナビゲーションアプリや近隣の店舗情報の表示などへの活用も進んでいます。

□ 9-4-2　通信プロトコル

人間同士のコミュニケーションに共通した言語が重要であるように，ネットワークでデータのやり取りを行うには，発信者と受信者が利用するための共通のルールが必要です。ここではそのルールについて確認します。

1. 通信プロトコル

通信プロトコルとは，情報の発信側と受信側で情報を伝達するための共通する規則のことです。通信プロトコルにはそれぞれ役割があり，それを組み合わせて利用しています。

TCP/IP

TCP/IPは，インターネットやイントラネットで利用される通信プロトコルです。TCP（Transmission Control Protocol）とIP（Internet Protocol）は別のプロトコルですが，ほとんどの場合組み合わせて利用されるため，TCP/IPと表現されることが多くなっています。

IPは，発信者の情報や宛先情報である**IPアドレス**などを含む**パケット**と呼ばれるデータを細かく分割するルールを規定するプロトコルです。なお，IPアドレスの後ろには**ポート番号**が割り当てられ，宛先のどのプログラムへの通信か特定することができます。

TCPは，データ送信の制御を行うプロトコルで，宛先情報やデータ到着の確認・データの重複や抜け落ちのチェックなどを行います。

また，IPアドレスを固定で設定せずに，コンピュータがネットワーク接続時に自動的にIPアドレスを割り当てる**DHCP**（Dynamic Host Configuration Protocol）というプロトコルも広く利用されています。

HTTP，HTTPS

HTTP（Hyper Text Transfer Protocol）は，**WWW**（World Wide Web）上でデータの送受信を行うためのプロトコルです。主に，クライアント側のWebブラウザを通じて出すリクエストに，Webサーバがレスポンスを返す形式の通信に活用されます。主にHTMLなどで記述されたファイルや画像データなどを取り扱います。

HTTPS（HyperText Transfer Protocol Security）は，その名の通りセキュリティ面を強化したHTTPで，**SSL**（Secure Socket Layer）という暗号化技術を利用した通信を利用するための通信プロトコルです。ショッピングサイトやコミュニティサイトなどの個人情報や銀行口座やクレジットカードの情報を取り扱うサイトで利用されています。

FTP

FTP（File Transfer Protocol）は，クライアントとサーバ間でファイルの転送を行うときに利用される通信プロトコルです。ファイル転送用に用意された**FTPサーバ**にクライアントからデータを転送することを**アップロード**，逆にFTPサーバからクライアントにファイルを転送することを**ダウンロード**と呼びます。クライアントからFTPサーバへのデータ転送は**FTPクライアント**と呼ばれるアプリケーションソフトウェアを利用します。

FTPサーバのほかに，WebサイトのファイルにあたるHTMLファイルなどをWebサーバにアップロードする場合などにも利用されます。

SMTP，POP，IMAP

SMTP（エスエムティーピー）（Simple Mail Transfer Protocol）は電子メールの送信，**POP**（ポップ）（Post Office Protocol）と**IMAP**（アイマップ）（Internet Message Access Protocol ）は電子メールの受信に利用される通信プロトコルです。

POP3は受信したすべてのメールをクライアントにダウンロードしてから閲覧するのに対し，**IMAP4**は，メールを管理するメールサーバ上でメールの操作や保存をすることができます。そのため，**Webメール**と呼ばれるWebサービスで広く利用されています。

NTP(Network Time Protocol)

ネットワークに接続されるコンピュータの内部時計を正しい時刻に調整するための通信プロトコルです。

✎サンプル問題

ネットワークを介してコンピュータ間で通信を行うとき，通信路を流れるデータのエラー検出，再送制御，通信経路の選択などについて，双方が守るべき約束事を何というか。

ア　アドレス　　イ　インタフェース　　ウ　ドメイン　　エ　プロトコル

（ITパスポートシラバス　サンプル問題65）

解答：エ
通信をするにあたり，データの送信側と受信側の双方で定期要するルールをプロトコルと呼びます。

□ 9-4-3　ネットワーク応用

私たちの生活にインターネットは無くてはならないものへと成長してきています。ここは，インターネットについて，さらに解説します。

1. インターネットの仕組み

インターネットは，TCP/IPを利用して，世界中のコンピュータやコンピュータネットワークを相互に接続した巨大ネットワークです。インターネットは基本的な仕組みである**WWW**によって，Webページの公開と閲覧を可能にし，他のWebページへジャンプする**ハイパーリンク**などの技術によって世界中の情報を広く結び付けています。

インターネットはアメリカの国防総省によって1969年に作られたARPANETが発展したものです。軍事目的で形成されたARPANETは，その後，学術研究分野で利用されるようになり世界中に広がりました。1980年代後半から商用での利用が開始されました。

インターネットに接続するコンピュータには，インターネット上の住所情報にあたる**IPアドレス**と呼ばれる数字が割り当てられます。

IPアドレスを文字列に置き換えたものが**ドメイン**で，私たちは通常ドメインで表現されたWebサイトのアドレスである**URL**を利用してインターネット上の情報にアクセスしています。このドメインの割り当てを管理するシステムが**DNS**（Domain Name System）です。

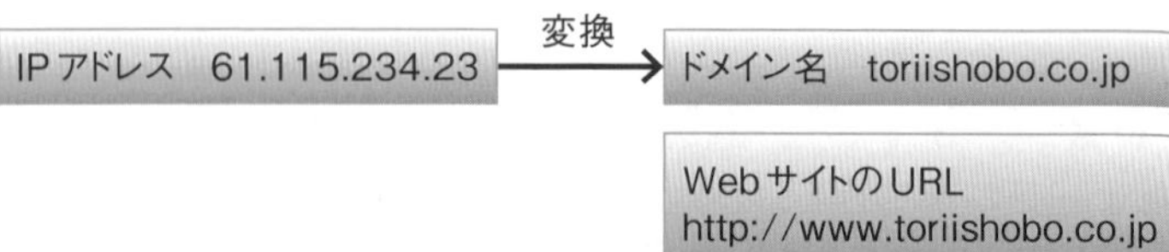

DNSは，**DNSサーバ**によって成り立っています。個々のDNSサーバには，管轄のドメイン名とIPアドレスの割り当て情報が管理され，ユーザーが指定したドメイン名やホスト名（ネットワークに接続された個々の機器に付けられた名前）からIPアドレスを検索し，通信を実現します。

なお，DNSサーバは，世界に13台存在する**ルートサーバ**を頂点とした階層方式の分散型のデータベースサーバとなっており，下位のDNSサーバに該当する情報がない場合は，上位階層のDNSサーバに情報を確認することで対応します。

IPアドレス

IPアドレスには，LAN内のPCに管理者が自由に割り当てることができる**プライベートIPアドレス**と，世界に１つしかない**グローバルIPアドレス**の2種類があります。

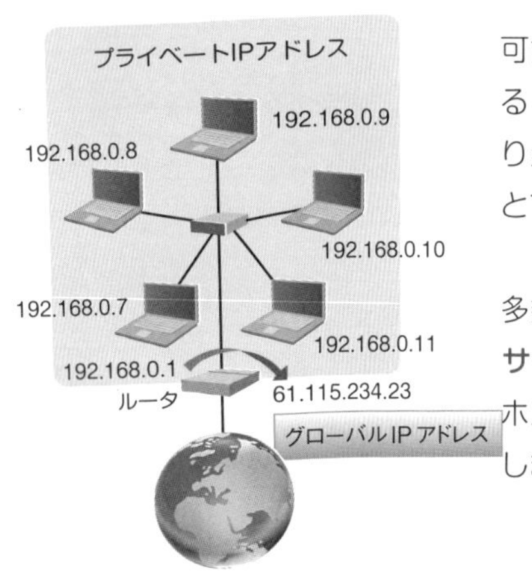

プライベートIPアドレスでは同一LAN上の通信は可能ですが，そのままではインターネットに接続することができません。そこで，ルータを中継して割り当てられたグローバルIPアドレスを割り当てることで，インターネット接続を可能にします。

固定のグローバルIPアドレスを持たない場合は，多数のグローバルIPアドレスを持つ**インターネットサービスプロバイダ**が空いているアドレス（リモートホスト）を割り当て，インターネットへの接続を実現します。

ポート番号

コンピュータがデータ通信を行う際に通信先のサービス（プログラム）を特定するための番号のことで，IPアドレスに付属する形で利用します。
複数のコンピュータと同時に通信したり，同じIPアドレスのコンピュータでも異なったサービスを同時利用できるようにしたりできます。

プラスα

IPv6

Internet Protocol Version 6 の略で，次世代のインターネットプロトコルです。
これまで32ビットで指定していたIPアドレス（IPv4と呼びます）を，128ビットに拡張することで，IPアドレスの枯渇問題を解消します。

ドメイン名

IPアドレスを文字列に変換したものをドメイン名と呼びます。ドメイン名は世界に1つしかないものです。ドメイン名は原則，先着順で取得することができます。

ドメインには，「.com」「.org」などの**トップレベルドメイン**，「.jp」「.uk」などの国別コードトップレベルドメイン，国別コードトップレベルドメインの前に付け，ドメインを利用している組織の属性を示す「.co」(企業)「.ac」(大学など)といった**セカンドレベルドメイン**があります。

http://www.toriishobo.co.jp
セカンドレベルドメイン　国別コードトップレベルドメイン

また，同一ドメインを複数のWebサイトで利用できるようするために，ドメイン名の前にwwwなど任意の文字列を加える**サブドメイン**が利用されます。

http://www.toriishobo.co.jp
http://shop.toriishobo.co.jp
サブドメイン

プラス α

cookie（クッキー）
Webサイトを閲覧したユーザーのコンピュータに一時的にデータを書き込んで保存する仕組みまたは，保存されたファイルを指します。
Webサーバの管理者がこの機能を利用することで，ユーザーが同Webサイトを再訪した時に，ログインなどをし直さなくても済むようになります。また，管理者側からは，ユーザー識別やセッション(接続状況)の管理などに役立てられます。

2. インターネットサービス

インターネットでは，様々なサービスが提供されています。代表的なサービスを確認します。

電子メール(e-mail)

電子メールは，インターネットを通じてメッセージの送受信を行うサービスです。これまでの手紙と同様，メッセージ本文に宛先情報や送信元情報を加えてやり取りします。

送信された電子メールは，**メールサーバ**と呼ばれるメールのやり取りを行うための機能を持ったサーバを介して受信ユーザーの電子メールクライアントの**メールボックス**(受信箱)に届きます。

最近では，受信者のコンピュータ上にメッセージを保存するのではなく，Webブラウザ上でメールサーバ内のメッセージを閲覧，管理できるサービスも増えてきています。これらのサービスを総称して**Webメール**と呼びます。

これまでの手紙との大きな違いは，複数の受信者に対して，同じ電子メールを一度に送信することができる点です。電子メールの宛先の指定方法には3通りあります。

指定方法	意味
to(宛先)	メッセージ内容の直接の相手となる受信先です。
cc(Carbon Copy)	メッセージを参照してほしい受信先を指定します。
bcc(Blind Carbon Copy)	他の受信先には知られずにccを送る指定方法です。

それぞれの指定方法には，複数の受信先を設定することができます。仮にtoに指定されたメールを受け取ったユーザーは，同じメールをtoやccで受け取った別のユーザーを確認することはできますが，bccで指定されたユーザーを見ることはできません。一方，bccで受信したユーザーは，toやccで指定された受信ユーザーは確認できますが，自分以外のbccで指定されたユーザーは確認できません。

ネットショップなどから多数のユーザーに一括して案内メールなどを送る**同報メール**(**メールマガジン**やWebダイレクトメール)では，bccを利用することで他の顧客のメール情報をばらまいてしまうことを防いでいます。

なお，複数のユーザーが1つのグループとしてメッセージのやり取りをする場合は，都度，宛先を個別に指定せず，あらかじめグループメンバーのメールアドレスを登録した**メーリングリスト**を作成し，そのメーリングリスト宛てにメッセージを送信することで，効率的なやり取りを行うこともできます。

MIME（マイム）

Multipurpose Internet Mail Extensions の略で，インターネット上で利用される電子メールの規格です。
通常テキスト情報しか扱えない電子メールで，MIMEを利用したインターネットメールでは様々なフォーマット(書式や画像などのマルチメディア)を扱うことができます。

検索エンジン

検索エンジンは，検索したいキーワードによって対象となるWebサイトやページを絞り込むためのサービスです。

検索エンジンはインターネット上にあるWebサイトの情報を元にするため，あらかじめ**クローラ**と呼ばれるプログラムをインターネット上に巡回させて情報を収集しておく必要があります。検索結果は，キーワードの出現率やWebサイトの更新頻度など様々な要素によって決定されます。

オンラインストレージ

ファイルサーバのディスクスペースの一部分を貸し出すサービスのことです。

ホスティングサービスの一部といえますが，多くのオンラインストレージが無料で利用できるものが多いため，個人利用者が急速に拡大しています。

その他のWebコミュニケーションサービス

電子メールの他にも，インターネットを利用してユーザー間のコミュニケーションを実現するインターネットサービスが増えています。

代表的なコミュニケーションサービス

サービス	説明
電子掲示板 (BBS)	開設者が設定したテーマに対して，参加者が掲示板にアクセスし自由にコメントを連ねていくサービスです。 コメントは時系列で並べて保存されており，時間を隔てたユーザー間のコミュニケーションを可能にしています。
チャット	チャットにアクセスした参加者同士がリアルタイムで会話をできるサービスです。 文字でやり取りするテキストチャットの他に，音声によるボイスチャット，Webカメラを利用して顔を見せて会話するビデオチャットなどがあります。
ブログ	WebとLogをあわせた造語のWeblogの略称で，日記形式のWebサイトです。日記の投稿や整理が容易であり，読者のコメントなどを受け付ける機能があります。 最近では，通常のWebサイトの代わりにブログを利用する企業や個人も増えています。 RSS：ニュースやブログなどのWebサイトの見出しや要約などの更新情報を記述し配信するための文書フォーマットの総称です。 ユーザーはRSSリーダーを利用することで，Webサイトに訪問することなく，更新の有無や更新内容の一部またはすべてを確認することができます。
ソーシャルネットワーキングサービス(SNS)	ブログや掲示板などのサービスを組み合わせた総合的なコミュニケーションサービスです。プロフィール機能やユーザー間のメッセージのやり取り，友達登録機能，趣味嗜好などを元にしたコミュニティ機能などが含まれています。 最近のWebコミュニケーションの中心的な存在になってきています。

プラス α

IP電話

VoIP(Voice over Internet Protocol)技術を利用する電話サービスです。

インターネット技術を活用することで，通常の電話回線とは異なる通信網を利用して音声通信を可能にします。

電話料金の削減や電話回線混雑時の通話手段として注目されています。

3. 通信サービス

インターネット上でのサービスを利用するには，インターネットへの接続サービスを利用する必要があります。

インターネットに接続するためには，グローバルIPアドレスの割り当てなどを行うISP(Internet Service Provider：インターネットサービスプロバイダ)と，インターネット接続に利用する回線を提供する回線事業者の2つのサービスを利用する必要があります。

固定通信回線

インターネットに接続するための回線には通信方式や通信速度の異なる種類の回線があります。一般的に，通信回線の速度は，1秒あたりに通信するデータ量(ビット)を示すbps(ビットパーセコンド)という単位で表されます。1kbpsだと，1000bps＝1秒間で1000ビットのデータを流すことができる回線であることを示しています。

固定通信回線の特徴

回線種別	回線速度	説明
電話回線	56kbps	インターネット普及の初期は，アナログ電話回線によってインターネットに接続する方法が一般的でした。モデムによって，電話回線のアナログ信号をコンピュータで扱えるディジタル信号に変換して利用します。
ISDN	128kbps	アナログ電話回線にディジタル信号を流す通信回線です。
ADSL	1.5Mbps～50Mbps	アナログ電話回線で，音声通話に利用しない周波数帯を使用することで高速のディジタル通信を実現した通信回線です。 なお，一般的にADSLの速度はデータを受信する下り回線速度を指し，データを送信する昇り回線速度は1～3Mbps程度のものが多くなっています。
FTTH	100Mbps～200Mbps	光ファイバを利用した通信回線で，100Mbps程度のディジタル通信を行える通信回線です。

パケット通信

パケット通信は，データを小さなまとまりに分割して一つ一つ送受信する通信方式で，モバイル通信で利用されています。パケット(分割されたデータ)は，データに加えて，受信先でデータの復元をするために送信先のアドレスや，自分がデータ全体のどの部分なのかを示す位置情報，誤り訂正符号などの制御情報が付加されています。

移動体通信(モバイル通信)

屋外でデータ通信を行うには，屋外に設置されたアンテナを介して携帯電話やPHS回線といった**移動体通信(モバイル通信)**に接続します。
現在は4G，LTEやWiMAXといった移動通信規格が広く採用されています。複数の通信規格を一体的に利用することで通信の高速化を実現するキャリアアグリゲーションと呼ばれる技術の活用も進んでいます。

5G(第5世代移動通信システム)

現在広く利用されている4Gに変わり，より高速で低コスト，低消費電力の通信を実現します。徐々に通信網の整備が進み利用開始が具体的になっています。

外出先でも大容量のデータを高速に通信できるため，動画を用いたコミュニケーションの普及による働き方の変化や新サービスの登場が期待されています。

仮想移動体通信事業者(MVNO : Mobile Virtual Network Operator)

自社で移動体通信用の設備を開設・運用せずに携帯電話やPHSなどのサービスを行う事業者のことです。既存の通信インフラをまとめて他社から借り受けて，自社ブランドで移動体通信サービスを提供することで，独自サービスや接続ルールを設けて安価なサービス提供を実現します。
契約者は。SIMフリーやSIMロック解除と呼ばれる状態の携帯電話を持っていれば，SIMカードと呼ばれる携帯電話加入者のIDを記録したICカードを携帯電話に差し替えることで異なる仮想移動体通信事業者の回線を利用することができます。

プラス α

テザリング

携帯電話回線に接続したスマートフォンなどをモデム兼無線LANアクセスポイントとして用いて，他のコンピューターをインターネットに接続する技術です。
外出先でインターネットを利用するときに利用されます。

従量制と定額制による課金方式の考え方

ISPの通信回線の使用料には，従量制と定額制の2通りの課金制度が存在します。

従量制は，回線を利用したデータ量や利用時間に応じて利用料を支払います。一方，定額制は，データ量や利用時間に関係なく，一定の料金を支払います。一般的に定額制は，月額制での契約となっています。

✎サンプル問題

問1　Aさんは Bさんにメールを送る際に“cc”にCさんを指定，“bcc”にDさんとEさんを指定した。このときの説明として，適切なものはどれか。

ア　Bさんは，Aさんからのメールが DさんとEさんに送られているのは分かる。
イ　Cさんは，Aさんからのメールが DさんとEさんに送られているのは分かる。
ウ　Dさんは，Aさんからのメールが Eさんに送られているのは分かる。
エ　Eさんは，Aさんからのメールが Cさんに送られているのは分かる。

（ITパスポートシラバス　サンプル問題66）

問1　解答：エ
bccで送られるDさんとEさんに送られていることが分かるのは本人のみです。

問2　あらかじめ定められた多数の人に同報メールを送る際，送信先の指定を簡易に行うために使われるものはどれか。

ア　bcc　　イ　メーリングリスト　　ウ　メール転送　　エ　メールボックス

（ITパスポートシラバス　サンプル問題67）

問2　解答：イ
あらかじめ送信先を登録して宛先にはそのグループ名にあたるものを指定して送信できるのはメーリングリストです。

✎練習問題

問1

無線LANに関する記述として，適切なものだけを全て挙げたものはどれか。

a. ESSIDは，設定する値が無線LANの規格ごとに固定値として決められており，利用者が変更することはできない。

b. 通信規格の中には，使用する電波が電子レンジの電波と干渉して，通信に影響が出る可能性のあるものがある。

c. テザリング機能で用いる通信方式の一つとして，使用されている。

ア　a　　イ　a，b　　ウ　b，c　　エ　c

（ITパスポート試験　平成27年秋期　問76）

問2

オフィスや家庭内のネットワークからインターネットなどの他のネットワークへアクセスするときに，他のネットワークへの出入り口の役割を果たすものはどれか。

ア　スプリッタ

イ　デフォルトゲートウェイ

ウ　ハブ

エ　リピータ

（ITパスポート試験　平成28年秋期　問64）

問3

IoT端末で用いられているLPWA(Low Power Wide Area)の特徴に関する次の記述中のa，bに入れる字句の適切な組合せはどれか。

LPWAの技術を使った無線通信は，無線LANと比べると，通信速度は［ a ］，消費電力は［ b ］。

	a	b
ア	速く	少ない
イ	速く	多い
ウ	遅く	少ない
エ	遅く	多い

（ITパスポート試験　平成31年春期　問86）

問4

NTPの利用によって実現できることとして，適切なものはどれか。

ア　OSの自動バージョンアップ
イ　PCのBIOSの設定
ウ　PCやサーバなどの時刻合わせ
エ　ネットワークに接続されたPCの遠隔起動

（ITパスポート試験　令和元年秋期　問94）

問5

ネットワークにおけるDNSの役割として，適切なものはどれか。

ア　クライアントからのIPアドレス割当て要求に対し，プールされたIPアドレスの中から未使用のIPアドレスを割り当てる。
イ　クライアントからのファイル転送要求を受け付け，クライアントへファイルを転送したり，クライアントからのファイルを受け取って保管したりする。
ウ　ドメイン名とIPアドレスの対応付けを行う。
エ　メール受信者からの読出し要求に対して，メールサーバが受信したメールを転送する。

（ITパスポート試験　令和元年秋期　問91）

問6

Aさんが，Pさん，Qさん及びRさんの3人に電子メールを送信した。Toの欄にはPさんのメールアドレスを，Ccの欄にはQさんのメールアドレスを，Bccの欄にはRさんのメールアドレスをそれぞれ指定した。電子メールを受け取ったPさん，Qさん及びRさんのうち，同じ内容の電子メールがPさん，Qさん及びRさんの3人に送られていることを知ることができる人だけを全て挙げたものはどれか。

ア　Pさん，Qさん，Rさん
イ　Pさん，Rさん
ウ　Qさん，Rさん
エ　Rさん

（ITパスポート試験　令和元年秋期　問79）

練習問題の解答

問1　解答：ウ

a. ESSIDとは、無線LANを識別するための名称にあたるもので、無線LANの管理者が変更することができます。

b. 電子レンジの発する電波の周波数帯は2.4GHz帯であり、IEEE802.11aなど一部の規格で干渉による悪影響が発生する可能性があります。

c. テザリングとは、携帯電話回線に接続したスマートフォンなどをモデム兼無線LANアクセスポイントとして用いて，他のコンピュータをインターネットに接続する技術です。

以上より、bとcが正しい記述であることが分かり、ウが正解となります。

問2　解答：イ

異なるネットワークの境界線に設置され、出入り口の役割を果たす機器のことをデフォルトゲートウェイと呼びます。デフォルトゲートウェイの代表的な機器にルータがあります。

ア　ADSLのデータ通信を利用する際に通信を音声信号とデータ信号に分離する装置です。

ウ　ケーブルの集線装置です。

エ　ケーブルを流れる信号の中継装置です。

問3　解答：ウ

LPWA（Low Power Wide Area）は，IoTネットワークを支える通信方式で，なるべく消費電力を抑えて遠距離通信を実現します。

無線LANなど既存の無線接続技術と比べると通信速度は遅くなりますが，消費電力は少なく，ネットワークの維持に必要な電力も電池1つで1年ほど持ちます。

問4　解答：ウ

NTP（Network Time Protocol）は，　ネットワークに接続されるコンピュータの内部時計を正しい時刻に調整するための通信プロトコルです。

問5　解答：ウ

ア　DHCPの役割です。

イ　ファイルサーバの役割です。

ウ　正解です。DHCPの役割です。

エ　POPの役割です。

問6　解答：エ

電子メールの宛先の指定方法には3通りあります。

To（宛先）：メッセージ内容の直接の相手となる受信先です。

Cc（Carbon Copy）：メッセージを参照してほしい受信先を指定します。

Bcc（Blind Carbon Copy）：他の受信先には知られずにccを送る指定方法です。

本問では，Aさんからのメールは

To　　Pさん

Cc　　Qさん

Bcc　　Rさん

を指定しています。

ここで、ToとCcについては受信者全員が確認できることになりますが，Bccの指定については，受信したメールからPさんとQさんにはわからないことになります。

よって，Bccを含めて3人にメールが送られていることが分かるのはRさんだけであることが分かります。

9-5 セキュリティ

□ 9-5-1　情報セキュリティ

情報が重要な価値を持つようになり，コンピュータなどのハードウェアだけでなく，情報資産へのセキュリティにもこれまで以上に注意をしなければいけなくなっています。
ここでは，情報セキュリティについて学習します。

1. 情報セキュリティの概念

情報セキュリティとは，企業や個人で管理されている資産価値のある情報に対する危機管理のことです。

情報が外部へ流出した場合，そこに含まれる情報を不正に利用されたり，悪意を持って扱われたりするリスクが発生します。また，企業であれば，顧客情報の流出などが発生した場合，社会的な信用を失う，賠償金が発生するといったリスクにも直面することになります。

情報を扱うすべての人がこれらのリスクを意識して対策を講じることが求められています。

サイバー攻撃

コンピュータやネットワークを活用して相手を攻撃することを指します。対象は特定の組織や個人に限らず，不特定多数に無差別攻撃を行う場合もあります。近年では，政治·軍事的な背景を持つサイバー攻撃の増加が懸念されています。

2. 情報資産

情報資産とは，それ自体に資産価値のある情報やそれを扱う機器を指します。情報資産は，大きく**有形資産**と**無形資産**に分類されます。

有形資産は，手で触れられるものを指し，具体的にはコンピュータなどの機器，印刷した紙，データを収めたディスク（CD-ROMなど），広い意味では資産価値のある知識や経験を持つ人間も含まれます。

一方，無形資産は，顧客情報，個人情報など資産価値のあるデータを指します。

3. 脅威と脆弱性

情報セキュリティを考えるとき，危機の原因や手段である脅威と管理環境として危機にさらされる要因となりえる脆弱性について考える必要があります。これらは大きく人的，物理的，技術的という3つの側面から整理することができます。

人的脅威の種類と特徴

人的脅威とは，人が原因となって起こる危機を指します。主な脅威は次の通りです。

種類	説明
漏えい	ユーザーが誤って情報を外部に公開，送付してしまう人的脅威です。メールの誤送信やサーバへの公開などがこれにあたります。
紛失・盗難	ユーザーがデータを保存した有形資産を紛失する人的脅威です。ディスクの置き忘れや盗難などもこれにあたります。
破損・誤操作	ユーザーデータの入った有形資産を破損してしまう，データを誤操作によって削除してしまうなどの人的脅威です。
盗み見	悪意のある人が操作画面を盗み見て情報を得る人的脅威です。
なりすまし	悪意のある人が社員や顧客のIDを不正に入手して，情報を引き出す人的脅威です。
クラッキング	悪意のある人が，システムの脆弱性を突いてシステムに不正侵入し情報の引き出しや破壊を行う人的脅威です。
ソーシャル エンジニアリング	ユーザーや管理者から，話術や盗み聞きなどの社会的な手段で，情報を入手する人的脅威です。なりすましの原因にもなります。
内部不正	企業や組織内部から不正を働く人物が情報を盗み出したり，システムを故障させたりする行為を指します。

物理的脅威の種類と特徴

物理的脅威とは，有形資産が直接的に危機にさらされる脅威を指します。主な脅威は次の通りです。

種類	説明
災害	火事や地震によって有形資産が利用不可能になる脅威です。悪意のある行為ではありませんが，事前に対策を用意する必要があります。
破壊・妨害行為	第三者によって有形資産が破壊され，業務を妨害する行為です。

技術的脅威の種類と特徴

情報技術を悪用してユーザーに不利益な行為を行うことや，技術的に危機にさらされる危険性があるものを総称して技術的脅威と呼びます。主な脅威は次の通りです。

主な技術的脅威

種類	説明
マルウェア	悪意のあるプログラムの総称です。以下のようなものがあります。 **コンピュータウイルス** コンピュータに侵入してファイル破壊活動などを行います。 **ボット** コンピュータを不正操作し情報の盗難や破壊を行います。 **スパイウェア** コンピュータに潜み，ユーザーが入力する情報などをインターネットにアップロードし不正取得します。 **ランサムウェア** コンピュータ内のファイルを勝手に暗号化し，暗号の解除に必要なパスワードの代わりに金銭の支払いを要求します。 **RAT** あたかもシステムに直接的にアクセスしているかのように遠隔操作を行うマルウェアです。ボットが1対多でコンピューターの不正操作を行うのに対し，RATは1対1であると言われてきましたが，RATが進化し徐々に区別が難しくなっています。
フィッシング詐欺	ショッピングサイトや金融機関のサイトを偽装し，利用者の個人情報やクレジットカード情報を不正入手する詐欺手法です。
ワンクリック詐欺	Webサイトや電子メール内のハイパーリンクをクリックすると，意図しないサービスの契約をしたと見なされ料金の請求画面を表示する技術的脅威です。IPアドレスや電話番号，位置情報などを取得し，逃れられないように偽装することもあります。

クロスサイトスクリプティング	他人のWebサイト上の脆弱性につけこみ，悪意のあるプログラムを埋め込む行為です。マルウェアの侵入などのきっかけになります。
ドライブバイダウンロード	Web サイトを閲覧時に，コンピュータウイルスなどの不正プログラムをパソコンにダウンロードさせる攻撃です。主にOS やアプリケーションソフトの脆弱性を利用します。
ガンブラー	感染したコンピュータが管理するWebサイトを改ざんして，Webサイト上に感染用プログラムを仕掛けることで，別のユーザーがサイトを閲覧することにより感染を拡大させる方式のコンピュータウイルスです。 また，感染したコンピュータは，バックドアと呼ばれる不正侵入のための仕掛けなどが埋め込まれるなどの被害にあいます。
SQLインジェクション	主にWebサイトと連動しているデータベースに対して，不正なSQL分を実行することで，データベースを不正に操作する攻撃です。
DoS攻撃	DoSはDenial of Service attackの略で，Webサーバに多大なデータを送りつける，一斉にアクセスするといった手段で，サーバに負荷をかけて，サーバを機能停止に追い込む手法です。
DDoS 攻撃	DoS攻撃を対処しきれないほどの複数のIPから攻撃をしかける分散攻撃の手法へと発展させたものです。マルウェアで不正に乗っ取った複数のコンピュータを活用してDoS攻撃を行います。
標的型攻撃	特定の企業やユーザーを狙った攻撃のことです。 狙った企業の従業員に知人を装ってウイルスメールを送信するなどの脅威がこれにあたります。 **水飲み場型攻撃** 特定の組織がよく利用するWebサイトなどを特定し改ざんすることで，その組織へのマルウェアの侵入を行う手法です。
ゼロデイ攻撃	ソフトウェアにセキュリティホールが発見されたときに，その対策用のパッチ（修正用の小さなプログラム）が配布される前にそのセキュリティホールを悪用して行われる攻撃のことです。
パスワードクラック	コンピュータに保存されているデータや，送受信するデータから，パスワードなどの暗号を割り出す攻撃です。 **辞書攻撃** 辞書にある単語を端から入力してアクセスを試みる手法です。 **総当たり攻撃** アルファベットのAや数字の0から順に，考えられる全ての暗号を試しアクセスを試みる手法です。 **パスワードリスト攻撃** 不正入手したID・パスワードをリスト化し，他のWebサイトなどへのアクセスを試みる手法です。

SPAM	無差別かつ大量に一括してばらまかれる迷惑メールと呼ばれる行為でしたが，近年では，メール以外のインターネットメディア上でも同様の迷惑行為も増加しています。
キャッシュポイズニング	DNSサーバにキャッシュ（一時保存）してあるホスト名とIP アドレスの対応情報を偽の情報に書き換えることで，偽サイトへアクセスさせる手法です。

コンピュータウイルスの種類

コンピュータウイルスは特徴によっていくつかの種類に分類されます。

ワーム

他のファイルに寄生せずに自己複製して破壊活動をします。狭義ではコンピュータウイルスと区別することもあります。

トロイの木馬

正体を偽って侵入し，データ消去やファイルの外部流出，他のコンピュータの攻撃などの破壊活動を行います。他のファイルに寄生したりはせず，自分自身での増殖活動も行いません。一定期間後に発症するものも多くあります。

マクロウイルス

Microsoft社のオフィスソフトのプログラム機能（マクロ）を利用したコンピュータウイルスで，文書ファイルなどに感染して自己増殖や破壊活動を行います。

技術的脅威きっかけ

バックドア	サーバなどのコンピュータに不正侵入を行うための侵入経路を，コンピュータの管理者に気づかれないように確保する不正アクセスのための脅威です。 主にマルウェアに感染した際に設置されます。
セキュリティホール	ソフトウェアが持つセキュリティ上問題のある脆弱性のことで，利用者のリスクにつながります。ソフトウェア提供者は，セキュリティホールが見つかり次第，修正プログラムを開発し，利用者に提供する必要があります。
キーロガー	キーボードからの入力を監視して記録するソフトウェアで，もともとはソフトウェア開発のテスト等で利用するツールでしたが，個人情報やパスワードを盗むためにこっそりと仕掛けられ悪用されることが増えています。
ファイル交換ソフトウェア	本来は，サーバを介さずにユーザーがお互いのコンピュータ内のデータを公開し，直接ファイルをやり取りするための便利なソフトウェアです。しかし，このソフトウェアを利用したトラブルが多くなっており社会問題化しています。

シャドー IT	企業側が把握していない状況で従業員がIT活用を行うことを指します。企業側で機器の管理ができなくなるため，悪意はなくてもセキュリティの脆弱性につながる行為と言えます。

不正のトライアングル（機会，動機，正当化）

「機会」「動機」「正当化」の3つが揃った時に不正が発生するという理論です。
この理論を念頭に統制環境を整えたり，内部監査を実施するなど社内体制を構築することで，不正を未然に防止する取り組みを実現します。

✎サンプル問題

問1　ソーシャルエンジニアリングに該当するものはどれか。

ア　Web サイトでアンケートをとることによって，利用者の個人情報を収集する。
イ　オンラインショッピングの利用履歴を分析して，顧客に売れそうな商品を予測する。
ウ　宣伝用の電子メールを多数の人に送信することを目的として，Web サイトで公表されている電子メールアドレスを収集する。
エ　パスワードをメモした紙をごみ箱から拾い出して利用者のパスワードを知り，その利用者になりすましてシステムを利用する。

（ITパスポートシラバス　サンプル問題68）

問1　解答：エ
ソーシャルエンジニアリングは，「社会的な行為」によって情報資産に危機をもたらす手法のことです。ごみ箱からメモ紙を広い不正に情報を得る行為は社会的な行為にあたるためエが正解になります。

1 企業と法務
2 経営戦略
3 システム戦略
4 開発技術
5 プロジェクトマネジメント
6 サービスマネジメント
7 基礎理論
8 コンピュータシステム
9 技術要素

問2　クロスサイトスクリプティングとは，Webサイトの脆弱性を利用した攻撃である。クロスサイトスクリプティングに関する記述として，適切なものはどれか。

ア　Webページに，ユーザの入力データをそのまま表示するフォーム又は処理があるとき，第三者が悪意あるスクリプトを埋め込むことでクッキーなどのデータを盗み出す。

イ　サーバとクライアント間の正規のセッションに割り込んで，正規のクライアントに成りすますことで，サーバ内のデータを盗み出す。

ウ　データベースに連携しているWebページのユーザ入力領域に悪意あるSQLコマンドを埋め込み，サーバ内のデータを盗み出す。

エ　電子メールを介して偽のWebサイトに誘導し，個人情報を盗み出す。

（ITパスポート試験　平成24年度春期　問77）

問2　解答：ア

クロスサイトスクリプティングは，他人のWebサイト上に悪意のあるプロオグラムを埋め込む技術的脅威です。

ア　正解です。

イ　セッションハイジャックの説明です。

ウ　SQLインジェクションの説明です。

エ　フィッシングの説明です。

□ 9-5-2 情報セキュリティ管理

企業において情報セキュリティを適切に実践するには，正しいマネジメントが重要です。

1. リスクマネジメント

リスクマネジメントとは，情報セキュリティを考える上で，どのようなリスクが存在するか，その確率や影響なども分析し，対策の準備を行う管理手法です。リスクマネジメントの流れは次の通りです。

リスクアセスメント

リスクマネジメントにおける、リスクの特定からリスク対応の方法や優先順位の決定までの流れをリスクアセスメントと呼びます。リスクアセスメントの流れは次の通りです。

1)リスク特定

対象となる情報資産に対し，どのようなリスクが存在するかを特定します。

2)リスク分析

特定したリスクが発生する確率，リスク発生による損失など影響の大きさを分析します。

3)リスク評価

リスク発生時の影響の大きさや発生確率から，想定されるリスクに優先順位を付けます。

リスク対応

リスクアセスメントを元に想定されるそれぞれのリスクに対応します。対応方法は次の通りです。

リスク回避	リスクの発生要因を停止，またはリスクの発生要因を含まない別の方法に変更します。
リスク低減	リスクの発生率または損失をできる限り小さくするように対策します。セキュリティ技術の導入や社員への研修などがこれに該当します。
リスク分散	データの分散管理や組織の他地域への分割などリスク発生時にすべてを失わずに済むように対策をします。
リスク共有 **リスク移転**	リスクの元になる原因を他社と分割して持ち合うことでリスク発生時の損失を軽減します。 このうち、保険への加入や業務委託時の損害賠償を含む契約などがリスク移転にあたります。

リスク保有(リスク受容)	発生頻度や損失が小さいリスクを許容範囲内のリスクとして受け入れます。リスクへの対応策にかかる費用と損失が見合わない場合などに選択します。

プラス α

サイバー保険

リスク移転の一環として，事業者が不正アクセスによる個人情報の流出や業務妨害などに備えるための保険です。情報漏洩などの事故が発生した場合に，法的責任に基づく損害賠償の補償やサービス中断による費用などが補償されます。

2. 情報セキュリティマネジメント

情報セキュリティマネジメントは，情報セキュリティを実現するための組織や仕組みの管理を指します。これらの情報セキュリティ体制を運用することを**ISMS**（Information Security Management System：情報セキュリティマネジメントシステム）と呼びます。

情報セキュリティの原則

情報セキュリティとは次の状態を維持することであると定義しています。

機密性	認められた人だけが情報にアクセスできる状態を確保していること。
完全性	情報の改ざん・破壊・消去が行われていない状況を確保していること。
可用性	必要な時に情報にアクセスできる状態を確保していること。
責任追跡性	改定の履歴をたどれること。
真正性	利用者や情報などが本物であること。
否認防止	利用事実を事後に否定することができないようにすること。
信頼性	与えられた条件下では期待された役割を安定的に果たすこと。

情報セキュリティポリシ

ISMSでは，情報の機密性，情報の完全性，情報の可用性を維持することが前提とされ，個人の独断で情報システムそのものやリスクに対応することがないよう，様々な規定を明文化することが重要です。明文化した規定を**情報セキュリティポリシ**と呼び，情報セキュリティポリシは内容に応じて分類されます。

基本方針	どの情報資産を，どの脅威から，なぜ保護しなければならないのかを明らかにし，組織の情報セキュリティに対する取組み姿勢を示します。
対策基準	基本方針を実現するための判断，行為の基準やルールを示します。
実施手順	対策基準の内容を情報システムや業務において，どのように実行していくのかを示すものです。厳密には情報セキュリティポリシに含まれません。

3. 個人情報保護

情報セキュリティの中でも，個人向けのサービスを提供する企業であれば，必ず意識しなければならないのが個人情報保護です。

個人情報保護の必要性

企業における個人情報保護とは，顧客に関する情報の漏えいを防ぎ，悪用されないようにしなければならない義務であり，そのために法律や認定制度の整備も進められています。

個人情報が万が一流出して悪意のある第三者に渡った場合，企業ではなく顧客自身が情報を元にした不当請求や情報そのものの不当な売買，不必要なダイレクトメールの送付などの被害に合うことになります。当然，その原因を作った漏えい元の企業は信用を失い，状況によっては法によって裁かれることになります。

プライバシポリシ（個人情報保護方針）

個人情報を遵守する事に関して，経営者が従業員・社外へ方針として掲げる方針です。

従業員への意識付けとともに，対外的に取り組み姿勢を表明することにつながります。

安全管理措置

個人情報保護法に規定されている，事業者に課される管理措置で，条文には，「個人情報取扱事業者は，その取り扱う個人データの漏えい，滅失又はき損の防止その他の個人データの安全管理のために必要かつ適切な措置を講じなければならない」と記されています。

プライバシーマーク

個人情報保護の中心的な役割を担う法律は，第1章で取り扱った**個人情報保護法**ですが，その他に最も普及している認定制度として**プライバシーマーク制度**があります。

プライバシーマーク制度は，個人情報の取扱について，適切な保護措置を実行できる体制を整備している企業や組織に対して，財団法人日本情報処理開発協会（JIPDEC）が，プライバシーマーク（Pマーク）という認定証を付与する制度です。

プライバシーマークは，日本工業規格の個人情報保護マネジメントシステム規格（JIS Q 15001）をベースに個人情報保護法，各省庁が作成した個人情報保護法に関するガイドラインや地方自治体による個人情報関連の条例などを取り込んだ認定基準を設けています。

企業はプライバシーマークを取得することによって，個人情報の保護意識が高い企業であると証明でき，消費者から信用を得ることができます。また，制度とロゴマークの普及により，消費者自身の個人情報保護意識を向上させる点も大きなメリットです。

個人情報取得時の注意事項

ホームページからの問い合わせや商品アンケートなどによって個人情報を取得する際には，個人情報の定義，その目的と利用範囲などを明示した上で，許諾を得なければなりません。
例えば，ある会社で取得した個人情報は，関連会社や子会社であっても利用してはならず，取得した企業であっても事前に許諾を得た内容以上の案内を送るといった行為は認められていません。

4. 情報セキュリティ組織・機関

セキュリティの重要性が増す中で情報セキュリティの体制や環境を適切に構築・運用するために、様々な組織内の機関や届出制度が登場しています。

企業内のセキュリティ組織

企業内で設置される代表的な情報セキュリティ組織は次の通りです。

CSIRT（Computer Security Incident Response Team）

セキュリティ上の問題が発生していないか監視する組織の総称で，万が一問題が発生した場合は，その原因究明や影響の調査なども行います。

情報セキュリティ委員会

組織の情報セキュリティ体制づくりの一環として設置されるCIOを中心とした組織横断型の委員会です。

組織全体のリスクを把握し，セキュリティ体制の運用や維持，リスク発生時の対応，新しい脅威，新しい法令等への対応などを速やかに行うために存在します。

SOC（Security Operation Center）

ネットワークや接続機器を専門スタッフが常に監視し，サイバー攻撃の検出，攻撃の分析と対応策のアドバイスを行う組織です。

CSIRTがインシデント（障害）発生時の対応に重きを置くのに対し，SOCはインシデントの検知に重きを置きます。

公的なセキュリティ機関

行政を中心に情報セキュリティ体制の確保に取り組む組織に対する支援活動も実施されています。

J-CSIP（サイバー情報共有イニシアティブ）

重要インフラで利用される機器の製造業者が参加して発足したサイバー攻撃に対抗するための官民による組織です。サイバー攻撃や不正アクセス，不審メールなどの情報をIPAによる分析情報を付加して共有しています。

サイバーレスキュー隊（J-CRAT）

IPAが，標的型サイバー攻撃の被害拡大防止のため，経済産業省の協力のもとに発足した，相談を受けた組織の被害の低減と攻撃の連鎖の遮断を支援する活動です。

標的型サイバー攻撃特別相談窓口にて，広く一般から相談や情報提供を受け付け，提供情報を分析して助言を実施します。また，その状況によっては，レスキュー活動にエスカレーションし，現場での対応を含む支援を行います。

セキュリティ届出制度

情報セキュリティ体制を適切に運用するための必要な公的機関への届出制度のうち，代表的なものは次の通りです。

コンピュータ不正アクセス届出制度

コンピュータ不正アクセス対策基準に基づいた届出制度で，被害情報をIPAが受け付けて国内の不正アクセス状況を発表し注意喚起や啓蒙活動に活かします。

コンピュータウイルス届出制度

コンピュータウイルス対策基準に基づいた届出制度で，被害情報をIPAが受け付けて国内のコンピュータウイルスに関する被害状況を発表し注意喚起や啓蒙活動に活かします。

ソフトウェア等の脆弱性関連情報に関する届出制度

ソフトウェア等脆弱性関連情報取扱基準に基づいた届出制度で，ソフトウェアなどに発見された脆弱性情報をIPAが受け付けて発表することで注意喚起や啓蒙活動に活かします。

✎サンプル問題

問1　企業の情報セキュリティポリシの策定に関する記述のうち，適切なものはどれか。

ア　業種ごとに共通であり，各企業で独自のものを策定する必要性は低い。

イ　システム管理者が策定し，システム管理者以外に知られないよう注意を払う。

ウ　情報セキュリティに対する企業の考え方や取組を明文化する。

エ　ファイアウォールの設定内容を決定し，文書化する。

(ITパスポートシラバス　サンプル問題69)

問1　解答：ウ
ア　業種が同じでも取り扱う情報資産は異なるため企業ごとに策定するべきです。
イ　セキュリティポリシは社員全体に周知するべきです。
ウ　正解です。
エ　ファイアウォールの設定を文書化し周知する必要はありません。

問2　システム運用における利用者ID とパスワードの管理に関する記述のうち，最も適切なものはどれか。

ア　業務システムごとに異なる利用者ID とパスワードを使用させ，利用者は入力を間違えないように，その一覧表を携帯する。

イ　パスワードは，会社が定期的に全社員に変更を促し，利用者自身が変更する。

ウ　パスワードは，システムが辞書から無作為に選んだ単語を利用者に配布し，定期的な更新日まで使用させる。

エ　パスワードは，利用者自身の誕生日や電話番号などの，覚えやすくて使いやすい数字列を使用させる。

(ITパスポートシラバス　サンプル問題70)

問2　解答：イ
ア　一覧表の携帯は情報の紛失につながるため控えるべきです。
イ　正解です。定期的な変更により安全性が高まります。
ウ　パスワードは利用者自身が設定し，利用者以外が分からない状態にすべきです。
エ　推測されやすい誕生日や電話番号などはパスワードにすべきではありません。

問3　個人情報を他社に渡した事例のうち，個人情報保護法において，本人の同意が必要なものはどれか。

ア　親会社の新製品を案内するために，顧客情報を親会社へ渡した。

イ　顧客リストの作成が必要になり，その作業を委託するために，顧客情報をデータ入力業者へ渡した。

ウ　身体に危害を及ぼすリコール対象製品を回収するために，顧客情報をメーカへ渡した。

エ　請求書の配送業務を委託するために，顧客情報を配送業者へ渡した。

（ITパスポート試験　平成24年秋期　問20）

問3　解答：ア

ア　正解です。たとえ親会社であっても個人情報を他の企業に無断で渡してはいけません。

イ　委託業務で他社が個人情報に触れることは問題ありません。

ウ　利用目的外ですが身体に危害を及ぼす可能性があるケースではで同意は必要なく対応できます。

エ　自社による利用の範囲内になるので委託業務であっても問題ありません。

□ 9-5-3　情報セキュリティ対策・情報セキュリティ実装技術

今日の情報セキュリティは，多様化する脅威に対応するために様々な技術や体制を組み合わせて実施しなければならなくなっています。ここでは，情報セキュリティの具体的な対策について学習します。

1. 情報セキュリティ対策の種類と対策

情報セキュリティ対策は，脅威と同様に人的，物理的，技術的の3つの側面から分類することができます。

人的セキュリティ対策の種類

人的セキュリティ対策は，人的な要素から情報セキュリティを実現するための対策を施すことを指します。

情報セキュリティポリシ，各種社内規定，マニュアルの遵守，情報セキュリティに関する教育や訓練の実施などがこれにあたります。

また，不正アクセスを防ぐために適切なアクセス権の管理を行うことも重要な人的セキュリティ対策の１つです。

組織における内部不正防止ガイドライン

IPAが公開するガイドラインで，企業内で内部不正が発生しないように取り組むべき対策をまとめたものです。

基本原則として，「犯罪を難しくする（やりにくくする）」「捕まるリスクを高める（やるとみつかる）」「犯行の見返りを減らす（割に合わない）」「犯行の誘因を減らす（その気にさせない）」「犯罪の弁明をさせない（言い訳させない）」という5原則のもとに管理方法や関連法規，不正事例集，対策などがまとめられています。

物理的セキュリティ対策の種類

ハード面や環境面からセキュリティ対策を行うのが物理的セキュリティ対策です。特に，情報を扱うコンピュータが設置されている場所への出入りには細心の注意を払う必要があります。その具体的な策として監視カメラの設置や施錠管理，入退室管理などがあります。

入退室管理では，ID カードを用いた入退室の管理や生体認証(バイオメトリクス認証)などを取り入れる組織も増えています。

生体認証

生体認証とは，人間の顔や網膜，指紋，手形，血管，声紋など個人を特定できる情報によって行う認証システムです。人間の身体そのものが認証の対象となるため，なりすましなどの不正侵入の危険性が低くなります。一方で，一部には双子の区別がつきにくいなど技術的な問題も残っていますが，今後の発展，普及が期待されています。

多要素認証

本人認証をする際に，複数の認証方法によって行う方式で，より精度の高い認証を行うことができます。

多要素認証では，ID/パスワード認証やICカード認証の他に，静脈パターン認証，虹彩認証，声紋認証，顔認証，網膜認証などが用いられます。

クリアデスク･クリアスクリーン

人的な情報漏洩対策として，離席する際に心がけるべきことで，クリアデスクは机上に書類や記憶媒体などを置いておかないこと，クリアスクリーンはコンピュータの画面上に覗き見されて困るファイルを開いた状態のままにしないことを指します。

また，操作をされないようにすることも重要で，パスワード付きのスクリーンセーバーなどを利用することで情報漏洩を防ぎます。

遠隔バックアップ

バックアップファイルを遠隔地に保管するサービスで，災害対策のためのバックアップ手法として注目されています。

手元のコンピュータでバックアップを実行後，そのファイルをインターネットを経由して遠隔地に複製します。複製先を提供するサービスが登場しており，遠隔地に事務所を持たない中小企業や個人であっても遠隔バックアップが利用できる環境が広がっています。

技術的セキュリティ対策の種類

技術的セキュリティ対策とは，IT技術を用いて情報資源を守る対策を指します。主な対策は次の通りです。

ID・パスワード	個人認証やアクセス許可に利用します。IDはユーザー自身または管理者が作成し，パスワードはユーザー自身で作成・管理します。パスワードは定期的に変更することが求められています。 **ワンタイムパスワード** 時間限定で使いきりのパスワードのことで，トークンと呼ばれる機器やアプリケーションに周期的に変更されるパスワードが表示されます。これを利用することで，トークン所有者を特定でき，なりすまし防止につながります。

アクセス制御	システムやファイルごとに読取り，書込みなどユーザーのアクセス権限を技術的に制御することです。
ファイアウォール	異なる外部ネットワークと内部ネットワークの間に設置され，外部ネットワークからの攻撃から内部を守る技術です。外部からのアクセスを許可するWebサーバなどはDMZ（非武装地帯）と呼ばれ，内部ネットワークとは別の領域に設置します。DMZはファイアウォールによって外部ネットワークと内部ネットワークのどちらにも属さない領域として確保されます。
DLP（Data Loss Prevention）	企業の機密情報を流出させないための包括的な情報漏えい対策のことです。システムによって機密情報とそうでないものを区別し管理することで機密情報を守ります。 DLPシステムは，パソコンに常駐するクライアントソフトであるDLPエージェント，機密データを登録やDLPエージェントの監視するDLPサーバ，ネットワークを監視するDLPアプライアンスによって構成されます。
コンテンツフィルタ	ネットワーク上の情報を監視し，コンテンツ（内容）に問題がある場合に接続を遮断する技術です。
VPN（Virtual Private Network）	公衆回線をあたかも専用回線であるかのように利用することを指します。物理的に遠くに存在するコンピュータが同一のLAN内にあるように見えるので，複数の拠点を持つ企業のLAN間の接続に広く利用されています。
MDM（Mobile Device Management）	企業において携帯端末（スマートフォンやタブレットPCなど）を管理することです。またはそのため機能やサービスなども指します。 携帯端末を導入時に企業内のネットワークに接続するための設定やシステムの利用の許可などを行い，またアプリのインストール制限や紛失時のリモートロック（遠隔操作によるロック）などを行います。
検疫ネットワーク	外部から持ち込まれたコンピュータを組織内のLANに接続する場合に，いったん検査専用のネットワークに接続して検査を行い，問題がないことを確認してからLANへの再接続を許可する仕組みのことを指します。
コールバック（かけ直し）	クライアントサーバシステムなどでリモートアクセスに利用する場合に用いる技術で，クライアントからサーバに接続要求がある場合に，認証を経た上で，逆にサーバからクライアントに接続をしなおすことでリモートアクセスを行います。
電子透かし	コンテンツに情報を埋め込む形式の"透かし"で，見た目にはわからない状態で普段はコンテンツを利用できますが，検出用のソフトを利用することで埋め込まれた情報を確認することができます。 著作権保護，不正コピー対策などに役立てられています。

ブロックチェーン	仮想通貨の中核技術として発明された分散型台帳管理技術で，台帳を保持する者（仮想通貨の保有者）が仮想通貨の保有量や取引履歴を分散して保有しあい管理する仕組みです。 相互の情報を管理しあうことで，権限が一箇所に集中することはなく，不正がないように相互に情報を照合しあうことでデータの改ざんを防ぎます。
ペネトレーションテスト（侵入テスト）	実際に行われる可能性のある攻撃方法や侵入方法などをシステムに対して行うことで，コンピュータやネットワークのセキュリティ上の弱点を見つけるテスト手法です。
OSのアップデート	アップデートすることでセキュリティホールを修正します。 修正用に配布されるファイルをパッチファイルと呼びます。
ウイルス対策ソフト	ウイルスの侵入を検知し隔離や削除を行うソフトウェアです。ウイルス定義ファイルを更新しないと，最新のウイルスに対応することができません。
ソフトのセキュリティ設定	Webブラウザや電子メールソフトウェアに用意されているセキュリティ設定を有効にすることで脅威から安全を確保します。

ディジタルフォレンジックス

情報漏えいや特許侵害などコンピュータに関する犯罪や法的紛争などが生じた際に，法的な証拠になるデータや機器を調査し，情報を集めることを指します。

プラスα

一度の認証により，様々なコンピュータ上のリソースが利用可能になる技術を**シングルサインオン**と呼びます。サービスやシステムごとにログインする必要がなくなり，利用者の手間を軽減できますが，ID・パスワードの流出時の被害が大きくなるため注意が必要です。

2. 暗号技術

暗号化とは，やり取りする情報のデータを変換することで，通信途中の不正傍受や不正侵入によってデータがコピーされたとしても，その情報を悪用されないようにする技術です。

データは**暗号鍵**によって暗号化され単独で復元することはできず，復元用の暗号鍵を用いることで扱うことができるようになります。この暗号化されたデータを復元することを**復号**と呼びます。

暗号化の方法には暗号鍵の取り扱いによって共通鍵暗号と公開鍵暗号の2種類が存在します。

共通鍵暗号

共通鍵暗号は，**共通鍵**と呼ばれる1つの暗号鍵を暗号化と復号に共通して利用する暗号化方式です。共通鍵は秘密を確保しなければならないため，秘密鍵とも呼ばれます。

暗号鍵が共通しているので復元が早いというメリットがありますが，反面，安全性を確保するために複数の相手に対してはそれぞれに別の暗号鍵を用意しなければならない点や共通鍵を相手に渡す際に鍵そのものに流出のリスクが生じるというデメリットがあります。

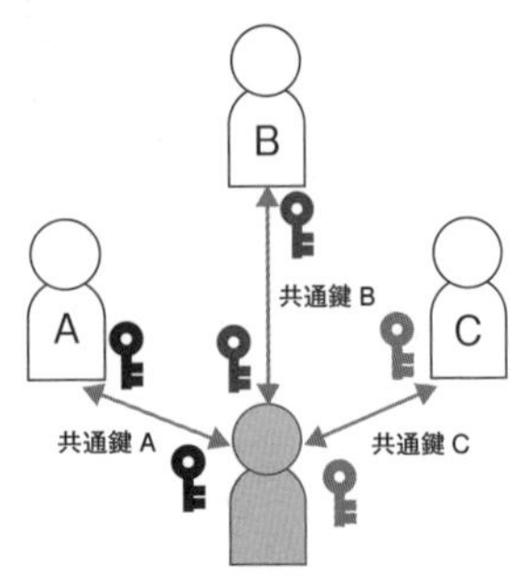

公開鍵暗号

公開鍵暗号は，異なる暗号化用の暗号鍵と復号用の暗号鍵を対で用意する暗号化方式です。暗号鍵の1つは**公開鍵**として認証局に預けて公開し，もう一方の鍵は**秘密鍵**として本人が厳重に管理します。公開鍵で暗号化したデータは対の秘密鍵でしか復号できません。

データの送信者は認証局から受信者の公開鍵を受け取り，受信者の公開鍵でデータを暗号化し送信します。受信者はデータを自分の秘密鍵によって復号します。

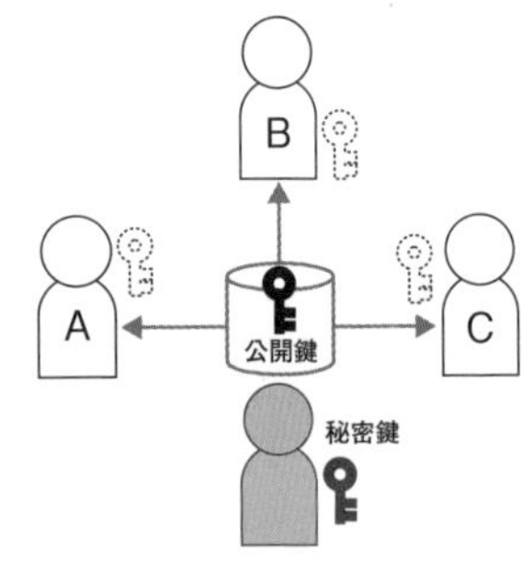

公開鍵暗号は，複数の送信者がいる場合でも，それぞれに暗号鍵を用意する必要がない点が大きな特徴です。また，相手に鍵を送信する必要がないため暗号鍵の流出というリスクもなくなります。

ハイブリッド暗号方式

共通鍵暗号方式と公開鍵暗号方式の仕組みを組み合わせた暗号方式です。

送信者は共通鍵を用意し，「共通鍵で暗号化した送付文書」と「受信者の公開鍵で暗号化した共通鍵」を送信します。受信者は，自分の秘密鍵で暗号化された共通鍵を復号し，さらにこの共通鍵で暗号化された文書を復号します。こうすることで，共通鍵を引き渡す際に流出するリスクに対応しつつ，文書の復号処理の速度向上が図れます。

ディジタル署名

ディジタル署名は，公開鍵暗号を応用し，文書の送信者を証明し，かつその文書が改ざんされていないことを確認するものです。
送信者は，文書からハッシュ関数と呼ばれる計算手順で算出したハッシュ値（短いデータ）を秘密鍵で暗号化したディジタル署名を作成し，文書とともに送信します。
文書を受け取った受信者は，同時に受け取ったディジタル署名を送信者の公開鍵で復号し，同じハッシュ関数で算出したハッシュ値と比較します。
これにより，送信者の本人証明や文書の改ざんがないか確認することができます。

プラスα

SSL/TLS(Secure Sockets Layer/Transport Layer Security)
公開鍵暗号や秘密鍵暗号，ディジタル証明書などのセキュリティ技術を組み合わせ，データの盗聴や改ざん，なりすましを防ぐ通信プロトコルです。
なお，TLSはSSLの次世代規格で既に運用されており，現在SSLと呼んでいるものは実はTLSを指していることも多いため，「SSL/TLS」と表記されることもあります。

保存データの暗号化

ネットワークを通じたやりとりだけでなく、コンピュータ内に保存されたデータを，暗号化技術を用いて守る技術も利用されています。

ディスク暗号化

データをフォルダやファイル単位で暗号化するのではなく，ハードディスク全体を暗号化することで安全性を高めます。ディスク全体が自動的に暗号化されるようになるので，ユーザは暗号化を意識せずに安全に利用できるようになります。

また，OSなどシステムファイルを含めた領域も暗号化でき，OS起動時に復号のためのパスワードが求められるため，特に外出先で盗難リスクのある持ち出しPCなどで有効です。

ファイル暗号化

ユーザが特定のフォルダやファイルを指定して暗号化を行います。対象のフォルダやファイルは毎回暗号化の処理をする必要があります。

3. 社会基盤

情報化社会の進展に伴い、暗号技術や認証技術を用いた安全な社会基盤の整備が進められています。

PKI(Public Key Infrastructure：公開鍵基盤)

公開鍵暗号を用いたセキュリティインフラ(技術・製品全般)を指す言葉です。

PKIは**ディジタル証明書**(公開鍵証明書)などを発行する**CA**(Certification Authority：**認証局**)と証明書を集中管理して利用者に配布する**リポジトリ**(データが保存されているWebサーバ)によって構成され、ネットワークでやり取りされる情報の信頼性を維持する情報基盤の総称です。

耐タンパ性

IT機器やソフトウェアのデータが,外部から不正に閲覧,解析,改竄されにくいようになっている状態を表します。ソフトウェアだけでなく,機器のハードウェアの構造などにも注意して,対策を行います。

プラス α

タイムスタンプ(時刻認証)

データに付加することでデータがある時刻に確実に存在していたことを証明する電子的な時刻証明書です。「いつ」「どのような情報があったのか」を証明することができます。

IoTシステムのセキュリティ

IoTが社会に浸透するなかで、IoT 機器の設計や開発について指針やガイドラインが策定されています。

IoT セキュリティガイドライン

IoTを活用した革新的なビジネスモデルを創出していくとともに,国民が安全で安心して暮らせる社会を実現するために,必要な取り組み等について検討を行うことを目的に経済産業省が作成したガイドラインです。

コンシューマ向け IoT セキュリティガイド

IoT利用者を守るために,IoTを活用した製品やサービスを提供する事業者が考慮すべき事柄をまとめたものです。

IoTの安全な活用のために求められる各種仕様や技術などについてまとめられています。

✎サンプル問題

問1　コンピュータウイルス対策に関する記述のうち，適切なものはどれか。

ア　PCが正常に作動している間は，ウイルスチェックは必要ない。
イ　ウイルス対策ソフトウェアのウイルス定義ファイルは，最新のものに更新する。
ウ　プログラムにディジタル署名が付いていれば，ウイルスチェックは必要ない。
エ　友人からもらったソフトウェアについては，ウイルスチェックは必要ない。

(ITパスポートシラバス　サンプル問題71)

問1　解答：イ
ア　正常に動作しているように見えても，ウイルスが侵入している可能性はあります。
イ　正解です。更新をしないと新しいウイルスの対策ができません。
ウ　ディジタル署名は暗号化技術による改ざん防止で，ウイルスチェックにはなりません。
エ　悪意がなくてもウイルスが紛れ込む場合があるためウイルスチェックは必要です。

問2　暗号化又は復号で使用する鍵a～cのうち，第三者に漏れないように管理すべき鍵だけを全て挙げたものはどれか。

a.　共通鍵暗号方式の共通鍵
b.　公開鍵暗号方式の公開鍵
c.　公開鍵暗号方式の秘密鍵

ア　a，b，c　　イ　a，c　　ウ　b，c　　エ　c

(ITパスポート試験　平成23年度秋期　問84)

問2　解答：イ
暗号化方式には大きく共通鍵暗号方式と公開鍵暗号方式があります。
共通鍵暗号方式では，互いに保持する暗号鍵を厳重に管理する必要があります。一方で公開鍵暗号では，公開鍵は公にされ，対となる暗号鍵は自身が厳重に管理します。このように第三者にもれないようにすべき暗号鍵を秘密鍵とも呼びます。

✎練習問題

問 1

攻撃者が他人のPCにランサムウェアを感染させる狙いはどれか。

ア　PC内の個人情報をネットワーク経由で入手する。

イ　PC内のファイルを使用不能にし，解除と引換えに金銭を得る。

ウ　PCのキーボードで入力された文字列を，ネットワーク経由で入手する。

エ　PCへの動作指示をネットワーク経由で送り，PCを不正に操作する。

（ITパスポート試験　令和元年秋期　問98）

問 2

脆弱性のあるIoT機器が幾つかの企業に多数設置されていた。その機器の1台にマルウェアが感染し，他の多数のIoT機器にマルウェア感染が拡大した。ある日のある時刻に，マルウェアに感染した多数のIoT機器が特定のWebサイトへ一斉に大量のアクセスを行い，Webサイトのサービスを停止に追い込んだ。このWebサイトが受けた攻撃はどれか。

ア　DDoS攻撃

イ　クロスサイトスクリプティング

ウ　辞書攻撃

エ　ソーシャルエンジニアリング

（ITパスポート試験　令和元年秋期　問100）

問 3

企業での内部不正などの不正が発生するときには，"不正のトライアングル"と呼ばれる3要素の全てがそろって存在すると考えられている。"不正のトライアングル"を構成する3要素として，最も適切なものはどれか。

ア　機会，情報，正当化

イ　機会，情報，動機

ウ　機会，正当化，動機

エ　情報，正当化，動機

（ITパスポート試験　平成31年春期　問65）

問4

情報セキュリティのリスクマネジメントにおけるリスク対応を，リスクの移転，回避，受容及び低減の四つに分類するとき，リスクの低減の例として，適切なものはどれか。

ア　インターネット上で，特定利用者に対して，機密に属する情報の提供サービスを行っていたが，情報漏えいのリスクを考慮して，そのサービスから撤退する。

イ　個人情報が漏えいした場合に備えて，保険に加入する。

ウ　サーバ室には限られた管理者しか入室できず，機器盗難のリスクは低いので，追加の対策は行わない。

エ　ノートPCの紛失，盗難による情報漏えいに備えて，ノートPCのHDDに保存する情報を暗号化する。

(ITパスポート試験　令和元年秋期　問86)

問5

AさんはBさんだけに伝えたい内容を書いた電子メールを，公開鍵暗号方式を用いてBさんの鍵で暗号化してBさんに送った。この電子メールを復号するために必要な鍵はどれか。

ア　Aさんの公開鍵

イ　Aさんの秘密鍵

ウ　Bさんの公開鍵

エ　Bさんの秘密鍵

(ITパスポート試験　平成31年春期　問75)

問6

重要な情報を保管している部屋がある。この部屋への不正な入室及び室内での重要な情報への不正アクセスに関する対策として，最も適切なものはどれか。

ア　警備員や監視カメラによって，入退室確認と室内での作業監視を行う。

イ　室内では，入室の許可証をほかの人から見えない場所に着用させる。

ウ　入退室管理は有人受付とはせず，カード認証などの電子的方法だけにする。

エ　部屋の存在とそこで保管している情報を，全社員に周知する。

(ITパスポート試験　令和元年秋期　問67)

練習問題の解答

問1　解答：イ

ランサムウェアは，コンピュータ内のファイルを勝手に暗号化し，暗号の解除に必要なパスワードの代わりに金銭の支払いを要求するマルウェアです。

ア　スパイウェアの狙いです。

ウ　キーロガーの狙いです。

エ　ボットの狙いです。

問2　解答：ア

ア　正解です。DDoS攻撃は，DoS攻撃を対処しきれないほどの複数のIPから攻撃をしかける分散攻撃の手法へと発展させたものです。マルウェアで不正に乗っ取った複数のコンピュータを活用してDoS攻撃を行います。

イ　クロスサイトスクリプティングは，他人のWebサイト上の脆弱性につけこみ，悪意のあるプログラムを埋め込む行為です。マルウェアの侵入などのきっかけになります。

ウ　辞書攻撃は，コンピュータに保存されているデータや，送受信するデータから，パスワードなどの暗号を割り出すパスワードクラックのうち，辞書にある単語を端から入力してアクセスを試みる手法です。

エ　ソーシャルエンジニアリングは，ユーザーや管理者から，話術や盗み聞きなどの社会的な手段で，情報を入手する人的脅威です。なりすましの原因にもなります。

問3　解答：ウ

不正のトライアングルは，「機会」「正当化」「動機」の3つが揃った時に不正が発生するという理論です。

この理論を念頭に統制環境を整えたり，内部監査を実施するなど社内体制を構築することで，不正を未然に防止する取り組みを実現します。

問4　解答：エ

本問で扱われるリスク対応の分類は以下の通りです。

リスク移転：リスクの原因を他社と分割して持ち合うことでリスク発生時の損失を軽減します。

リスク回避：リスクの発生要因を停止，または発生要因を含まない別の方法に変更します。

リスク受容：発生頻度や損失が小さいリスクを許容範囲内のリスクとして受け入れます。

リスク低減：リスクの発生率または損失をできる限り小さくするように対策します。

ア　リスク回避に該当します。

イ　リスク移転に該当します。

ウ　リスク受容に該当します。

エ　正解です。リスク低減に該当します。

問５　解答：エ

公開鍵暗号は，異なる暗号化用の暗号鍵と復号用の暗号鍵を対で用意する暗号化方式です。暗号鍵の1つは公開鍵として認証局に預けて公開し，もう一方の鍵は秘密鍵として本人が厳重に管理します。公開鍵で暗号化したデータは対の秘密鍵でしか復号できません。

つまり，Aさんが暗号化で利用したBさんの鍵とは，Bさんの公開鍵であり，これを復号するために用いるのはBさんの秘密鍵となります。

問６　解答：ア

ア　正解です。警備員の配置により入退室管理を行うことで不正な入室を防ぎ，監視カメラで入室している者が不正アクセスを行わないための監視を行うことができます。

イ　入室の許可証は，他者に見える着用を義務付け，入室許可の有無を明確にすべきです。

ウ　カードの不正使用の可能性もあるため、有人のほうがより安全性は高くなります。

エ　不要に重要な情報を周知すべきではありません。

第９章　技術要素
キーワードマップ

9-1　ヒューマンインタフェース

9-1-1 ヒューマンインタフェース技術

1. ヒューマンインタフェース
2. GUI　⇒アイコン，メニューバー，プルダウンメニュー，ポップアップメニュー，ヘルプ機能，ラジオボタン，リストボックス，チェックボックス，サムネイル

9-1-2 インタフェース設計

1. 画面・帳票設計
   - ・画面設計　⇒画面遷移図，画面階層図
   - ・帳票設計　⇒帳票，ヘッダ，フッタ
2. Webデザイン　⇒ユーザビリティ，CSS（カスケーディングスタイルシート）
3. ユニバーサルデザイン
   ⇒Webアクセシビリティ

9-2　マルチメディア

9-2-1 マルチメディア技術

1. マルチメディア　⇒Webコンテンツ，ストリーミング，光ファイバー
2. マルチメディアのファイル形式
   ⇒GIF，PNG，JPEG，MPEG-2，MPEG-4，FLV，MP3，MIDI，PDF，DRM，フレーム，フレームレート
3. 情報の圧縮と伸張　⇒圧縮，伸張，可逆圧縮，非可逆圧縮
   - ・ファイル圧縮（アーカイブ）
     ⇒ZIP，LZH

9-2-2 マルチメディア応用

1. **グラフィックス処理**
 ・色の表現　⇒色空間，RGB（光の3原色），CMY（色の3原色），色相，明度，彩度
 ・画像の品質　⇒画素数，解像度，階調，画素（ピクセル），4K/8K
 ・グラフィックスソフトウェア　⇒ペイント，ドロー，フォトレタッチ

2. **マルチメディア技術の応用**
 ・コンピュータグラフィックス（CG）　・バーチャルリアリティ　・拡張現実（AP）　・CAD

9-3 データベース

9-3-1 データベース方式

1. **データベース**　⇒データベースモデル，階層型データベース，ネットワーク型データベース，リレーショナル型データベース，テーブル，NoSQL
2. **データベース管理システム**
 ⇒RDBMS，データウェアハウス，データマート

9-3-2 データベース設計

1. **データ分析**
2. **データの設計**　⇒テーブル，フィールド，フィールド名，レコード，主キー，外部キー
3. **データの正規化**　⇒第1正規化，第2正規化，第3正規化，インデックス

9-3-3 データ操作

1. **データ操作**　⇒選択，射影，挿入，結合，更新，SQL

9-3-4 トランザクション処理

1. **データベース管理システムの機能**
 ・トランザクション処理
 ・排他処理　⇒ロック
 ・リカバリ機能　⇒ログファイル，バックアップファイル，ロールフォワード，ロールバック

9-4 ネットワーク

9-4-1 ネットワーク方式

1. ネットワークの構成　⇒LAN，WAN，インターネット，イントラネット

2. ネットワークの構成要素

・LANの構成　⇒イーサネット，ストレートケーブル，クロスケーブル，無線LAN，IEEE802.11a/b/g/n，Wi-Fi，ESSID

・ネットワークの構成機器　⇒ケーブル，伝送路，光ケーブル，ネットワークインタフェースカード(NIC)，ハブ，スイッチ，リピータハブ，スイッチングハブ，ルータ，アクセスポイント，デフォルトゲートウェイ，モデム，ターミナルアダプタ(TA)，プロキシ，SDN

・LANの接続形態　⇒トポロジ，バス型ネットワーク，リング型ネットワーク，スター型ネットワーク

・ネットワーク制御方式　⇒CSMA/CD方式，トークンパッシング方式，トークン，ビーコン

3. IoTエリアネットワーク　⇒LPWA，エッジコンピューティング，BLE，テレマティクス

9-4-2 通信プロトコル

1. 通信プロトコル

・TCP/IP　⇒IPアドレス，パケット，ポート番号，DHCP

・HTTP，HTTPS　⇒WWW，SSL

・FTP　⇒FTPサーバ，アップロード，ダウンロード

・SMTP，POP，IMAP　⇒POP3，IMAP4

・NTP

9-4-3 ネットワーク応用

1. インターネットの仕組み　⇒ハイパーリンク，ドメイン，URL，DNS，ルートサーバ

・IPアドレス　⇒プライベートIPアドレス，グローバルIPアドレス

・ドメイン名　⇒トップレベルドメイン，セカンドレベルドメイン，サブドメイン

2. インターネットサービス

・検索エンジン

・オンラインストレージ

・電子メール　⇒メールサーバ，メールボックス，Webメール，to/cc/bcc，同報メール，メールマガジン，メーリングリスト，MIME

・その他のWebコミュニケーションサービス　⇒電子掲示板，チャット，ブログ，SNS，IP電話

3. 通信サービス

・固定通信回線　⇒bps，電話回線，ISDN，ADSL，FTTH

・移動体通信（モバイル通信）　⇒モバイル通信，キャリアアグリゲーション，MVNO，SIMカード，パケット通信，5G

9-5　セキュリティ

9-5-1 情報セキュリティ

1. 情報セキュリティの概念

2. 情報資産　⇒有形資産，無形資産，サイバー攻撃

3. 脅威と脆弱性

・人的脅威の種類と特徴　⇒漏えい，紛失・盗難，破損，誤操作，盗み見，なりすまし，クラッキング，ソーシャルエンジニアリング，内部不正

・物理的脅威の種類と特徴　⇒災害，破壊，妨害行為

・技術的脅威の種類と特徴　⇒マルウェア，コンピュータウイルス，ボット，スパイウェア，ランサムウェア，RAT，フィッシング詐欺，ワンクリック詐欺，クロスサイトスクリプティング，ドライブバイダウンロード，ガンブラー，SQLインジェクション，DoS攻撃，DDoS攻撃，標的型攻撃，ゼロデイ攻撃，パスワードクラック，SPAM，キャッシュポイズニング，バックドア，セキュリティホール，キーロガー，ファイル交換ソフトウェア，シャドーIT，不正のトライアングル

9-5-2 情報セキュリティ管理

1. リスクマネジメント

・リスクアセスメント　⇒リスク特定，リスク分析，リスク評価

・リスク対応　⇒リスク回避，リスク軽減，リスク分散，リスク共有，リスク移転，リスク保有

2. 情報セキュリティマネジメント　⇒ISMS

・情報セキュリティの原則　⇒機密性，完全性，可用性，責任追跡性，真正性，否認防止，信頼性

・情報セキュリティポリシ　⇒基本方針，対策基準，実施手順

3. 個人情報保護

・個人情報保護の必要性　⇒プライバシポリシ，安全管理措置

・プライバシーマーク　⇒個人情報保護法，プライバシーマーク制度

4. 情報セキュリティ組織・機関

・企業内のセキュリティ組織　⇒CSIRT，情報セキュリティ委員会，SOC

・公的なセキュリティ機関　⇒J-CSIP，サイバーレスキュー隊(J-CRAT)

・セキュリティ届出制度　⇒コンピュータ不正アクセス届出制度，コンピュータウイルス届出制度，ソフトウェア等の脆弱性関連情報に関する届出制度

9-5-3 情報セキュリティ対策・情報セキュリティ実装技術

1. 情報セキュリティ対策の種類と対策

・人的セキュリティ対策の種類
⇒教育訓練の実施，アクセス権，
組織における内部不正防止ガイドライン

・物理的セキュリティ対策の種類
⇒IDカード，生体認証，多要素認証，
クリアデスク・クリアスクリーン，遠隔バックアップ

・技術的セキュリティ対策の種類
⇒ID･パスワード，ワンタイムパスワード，アクセス制御，電子透かし，
ブロックチェーン，ファイアウォール，DLP，コンテンツフィルタ，
VPN，MDM，検疫ネットワーク，コールバック，
ペネトレーションテスト(侵入テスト)，OSアップデート，
ウイルス対策ソフト，ソフトのセキュリティ設定，
ディジタルフォレンジックス

2. 暗号化技術 ⇒暗号化，復号，暗号鍵

・共通鍵暗号 ⇒共通鍵
・公開鍵暗号 ⇒ディジタル署名
・ハイブリッド暗号方式
・保存データの暗号化 ⇒ディスク暗号化，ファイル暗号化

3. 社会基盤

・PKI(公開鍵基盤) ⇒ディジタル証明書，CA，リポジトリ，耐タンパ性，
タイムスタンプ
・IoTシステムのセキュリティ ⇒IoTセキュリティガイドライン，
コンシューマ向けIoTセキュリティガイドライン

索引

数字

A

B

C

D

E

R

S

T

U

V

W

X

Z

き

く

け

こ

さ

し

す

せ

な

に

ね

の

は

ひ

ふ

へ

ほ

ま

み

む

〔著 者〕

滝口直樹（たきぐち なおき）

1977年東京に生まれる。東洋大学社会学部卒業。大学で学んだ教育と学生時代に出会ったITに関わる職業を求め，大手資格スクールに入社し，情報システム部・企画開発部にて，デジタルコンテンツ制作・eラーニングプロジェクトを担う。2006年に独立。Webコンサルティング・Webマーケティング・Webサイト制作・IT顧問を中心に活動をはじめる。現在は，大学講師や専門学校講師として、ITパスポートやPCスキルの講義，IT系書籍執筆など活動の幅を広げている。Microsoft Certified Trainer，IC3認定インストラクター。HP：「elstyle」http://www.elstyle.net/

■ 免責

Web音声講義は本テキストに準拠していますが，あくまでも補助教材としてご提供するものです。予告なく配信を中止する場合もあります。
また本書の改訂や法律改正等によりWeb講義の内容や配信が変更になる場合もありますのであらかじめご了承ください。
なお，Web講義の配信期間は下記発行日から概ね１年間といたします。

ゼロからはじめる
ITパスポートの教科書 改訂第六版

2010年9月7日初版発行
2012年8月22日改訂第一版第一刷発行
2014年12月5日改訂第二版初版発行
2016年4月5日改訂第三版初版発行
2017年3月25日改訂第三版第二刷発行
2018年4月7日改訂第四版初版発行
2019年2月21日改訂第五版初版発行
2020年3月10日改訂第六版初版発行

発行人　大西京子
編　集　笠井栄子
発行元　とりい書房
〒164-0013　東京都中野区弥生町2-13-9
TEL 03-5351-5990　FAX 03-5351-5991
制　作　喜安理絵（TechnikLAB*）
印　刷　音羽印刷

乱丁・落丁本等がありましたらお取り替えいたします。

ISBN978-4-86334-117-3